AIGC技术探索丛书

AIGC
绘画与音视频生成
ComfyUI工作流应用与实践

王双 白玉棋 朱美霞 王佑琳 凌易中◎编著

清華大学出版社
北京

内容简介

本书从ComfyUI的基础知识、绘画工作流、音视频工作流和复杂工作流开发几个方面详解ComfyUI的用法与应用实践。本书基于当前的新模型与节点对AIGC各应用方向的ComfyUI工作流进行全面、深入的介绍，并展示如何基于工作量开发与发布Web应用。本书提供教学视频、案例素材图片、提示词文件、工作流文件、教学PPT和软件安装文件等超值配套资源，便于读者高效、直观地学习。

本书共14章，分为4篇。第1篇基础知识，主要介绍ComfyUI与AIGC的基本概况、ComfyUI的安装与使用、ComfyUI的在线平台和云部署等相关知识。第2篇绘画工作流，首先介绍ComfyUI绘画基础知识和在ComfyUI中使用ControlNet控图的方法，然后介绍ComfyUI的常用控图工作流、绘画工作流、趣味工作流和新型绘画工作流的用法与技巧。第3篇音视频工作流，主要介绍ComfyUI的语音和视频类工作流的用法与技巧。第4篇复杂工作流的开发，首先通过一个虚拟换装实战案例，详细介绍如何在ComfyUI中开发复杂的工作流，然后介绍如何创建自定义节点并开发基于ComfyUI的Web应用，最后简要介绍NodeComfy开发平台的相关知识。

本书内容丰富，讲解详细，案例典型、实用，适合AIGC领域有一定基础而想进一步学习ComfyUI工作流的绘画与音视频创作人员与爱好者阅读，也适合相关培训机构和高等院校设计与艺术等专业作为教材或参考书。

图书在版编目（CIP）数据

AIGC绘画与音视频生成：ComfyUI工作流应用与实践 / 王双等编著 .
北京：清华大学出版社，2025. 4. -- (AIGC技术探索丛书).

ISBN 978-7-302-68740-5

Ⅰ. TP391.413

中国国家版本馆CIP数据核字第20253J6A62号

责任编辑： 王中英
封面设计： 欧振旭
责任校对： 胡伟民
责任印制： 丛怀宇

出版发行： 清华大学出版社
网　址： https://www.tup.com.cn，https://www.wqxuetang.com
地　址： 北京清华大学学研大厦A座　　**邮　编：** 100084
社 总 机： 010-83470000　　**邮　购：** 010-62786544
投稿与读者服务： 010-62776969，c-service@tup.tsinghua.edu.cn
质量反馈： 010-62772015，zhiliang@tup.tsinghua.edu.cn
印 装 者： 小森印刷（北京）有限公司
经　销： 全国新华书店
开　本： 185mm × 260mm　　**印　张：** 16.75　　**字　数：** 422千字
版　次： 2025年5月第1版　　**印　次：** 2025年5月第1次印刷
定　价： 109.80元

产品编号：111037-01

前　言

FOREWORD

以 AIGC（人工智能生成内容）为代表的人工智能浪潮正在以前所未有的速度席卷各行各业。各种新模型层出不穷，基于新模型的新应用场景不断涌现。然而，绝大部分新模型和新应用场景仅支持 ComfyUI 平台，这使得 ComfyUI 工作流成为设计师、自媒体内容创作者等相关 AIGC 从业者以及大中专院校艺术等相关专业的师生必须掌握的技能。

为了帮助 AIGC 从业者全面、系统、深入地学习绘画、音频和视频生成与处理技术，“可学 AI”团队于 2023 年便开始组织人员筹划相关图书的写作和出版事宜，并于 2024 年先后出版了《AI 绘画大师之道：轻松入门》和《AI 绘画全场景案例应用与实践》。这两部图书上市后均获得了广大读者的好评。为了帮助广大读者更加系统地学习 AIGC 相关技术，“可学 AI”团队经过调研，计划进一步推出《AIGC 绘画与音视频生成：ComfyUI 工作流应用与实践》《AI 视频生成：原理、工具、应用与实践》《AI 音频生成：原理、工具、应用与实践》《AI 绘画模型微调应用与实践》等图书，这些图书组成“AIGC 技术探索丛书”供读者阅读。

本书为“AIGC 技术探索丛书”中的《AIGC 绘画与音视频生成：ComfyUI 工作流应用与实践》分册。本书从 ComfyUI 基础知识、绘画工作流、音视频工作流、复杂工作流的开发 4 个方面详细介绍 ComfyUI 的核心知识、操作技巧与应用实践等。本书结合 69 个工作流案例，全面展示 AIGC 的常见应用场景，可以帮助有一定 AI 基础的读者快速掌握 ComfyUI 绘画与音视频生成等相关知识，也可以帮助企业用 ComfyUI 解决真实场景的相关问题。

本书采用全彩印刷，效果精美，并对书中的重点中英文提示词用蓝色突出显示，对重点选项和按钮用紫色突出显示，以提高读者的阅读体验。

本书特色

- 轻松上手：通过“图书 + 教学视频 + 拓展学习 + 答疑解惑”的立体教学方式，带领读者轻松上手。
- 内容全面：全面涵盖 ComfyUI 的基础知识、绘画工作流、音视频工作流、复杂工作流的开发等相关知识与应用实践，带领读者一站式掌握 ComfyUI 的使用。
- 技术新颖：紧跟技术发展趋势，基于当前新版本模型、节点和平台进行讲解，以确保内容的时效性与准确性。
- 图文并茂：结合近 120 幅图进行讲解，直观地展现 ComfyUI 工作流的操作技巧与实际出图效果。

- 实践性强：详解 69 个类型丰富、由易到难的经典工作流应用案例，基本覆盖绘画、语音和视频等 AIGC 的常见场景应用，帮助读者快速提高 ComfyUI 工作流应用水平。
- 举一反三：针对同一功能或场景应用，提供多种实现思路，帮助读者融会贯通，从而达到举一反三的学习效果。
- 资料超值：提供大量的超值配套学习资源（见后文），帮助读者高效、直观地学习。
- 服务完善：提供 QQ 书友群、电子邮箱、B 站和微信公众号等多种售后服务渠道，为读者的学习保驾护航。

本书内容

第 1 篇　基础知识

第 1 章介绍 ComfyUI 与 AIGC 的基本概况，让读者对其发展有个基本的了解。

第 2 章介绍 ComfyUI 的安装与使用，带领读者顺利搭建 ComfyUI 平台并初步掌握其基本操作。

第 3 章介绍 ComfyUI 的在线平台、云部署和学习资源扩展等相关知识。

第 2 篇　绘画工作流

第 4 章介绍 ComfyUI 绘画基础知识，包括文生图、图生图、涂鸦、局部重绘和蒙版组合重绘等基本操作。

第 5 章详细介绍如何在 ComfyUI 中使用 ControlNet 控图，涵盖 ControlNet 入门知识及其在线条控制、风格定制和其他控制方面的应用。本章通过案例演示，带领读者学习如何利用 ControlNet 精准控制图像中的线条、色彩和整体风格，从而创作出更加符合审美和项目要求的作品。

第 6 章介绍 ComfyUI 常用控图工作流的用法与实用技巧，包括人物控制、图像分区和精准抠图等，帮助读者轻松应对复杂的图像处理任务，如人物姿态调整、背景替换和细节优化等。

第 7 章介绍 ComfyUI 的绘画工作流的相关知识，包括移除、扩图、转绘、换脸和放大共 5 大类绘画功能工作流的使用方法与技巧。

第 8 章介绍 ComfyUI 的趣味工作流的相关知识，包括 IC-Light 光影、3D 视图、艺术字、艺术二维码、实时绘画和黏土风等工作流的使用方法与技巧。

第 9 章介绍 ComfyUI 的新型绘画工作流的相关知识，涵盖 Layer Diffusion、Omost、SD3、SD3.5、快手可图、腾讯混元、Paints-Undo 和 FLUX 等模型的用法与技巧，帮助读者了解相关技术的发展趋势。

第 3 篇　音视频工作流

第 10 章介绍 ComfyUI 的语音类工作流的相关知识，包括文字转语音、数字人口播、语音克隆和音乐生成几大类工作流的用法与技巧。

第 11 章介绍 ComfyUI 的视频类工作流的相关知识，包括文生视频、图生视频、视频转绘、图片跳舞及其他创意视频等工作流的用法与技巧。

第 4 篇　复杂工作流的开发

第 12 章通过一个虚拟换装实战案例，详细介绍如何在 ComfyUI 中开发复杂的工作流。

第 13 章主要介绍如何创建自定义节点并开发基于 ComfyUI 的 Web 应用，从而进一步拓展 ComfyUI 的应用范围并加深读者的理解。

第 14 章简要介绍 NodeComfy 开发平台的相关知识，帮助读者了解 NodeComfy 的基本概况和相关工具的使用，最后给出一个实战案例带领读者进行实践。

读者对象

本书主要针对有一定 AI 基础的进阶提升读者。没有基础的读者建议先阅读“可学 AI”团队编写的《AI 绘画大师之道：轻松入门》和《AI 绘画全场景案例应用与实践》。具体而言，本书的读者对象如下：

- 有 AI 绘画基础想进一步提升的人员；
- 想开发自己的工作流的人员；
- 音视频领域的自媒体从业者；
- 对 AIGC 感兴趣的程序员和工程师；
- 自媒体内容创作者；
- 向 AIGC 转型的人员；
- 高等院校设计与艺术等相关专业的学生和教师；
- AIGC 培训机构的学员。

配套资源获取方式

本书赠送以下超值配套资料：

- 教学视频；
- 案例素材图片；
- 提示词文件；
- 工作流文件；
- 教学 PPT；
- 软件安装文件。

上述配套资源有两种获取方式：一是关注微信公众号“方大卓越”，回复数字“44”自动获取下载链接；二是在清华大学出版社网站（www.tup.com.cn）上搜索到本书，然后在本书页面上找到“资源下载”栏目，单击“网络资源”按钮进行下载。另外，读者也可以在“B 站”上查找 UP 主“可学 AI”，在线观看本书配套教学视频。

意见反馈

ComfyUI 作为一个持续高速发展的用户界面框架，其功能迭代日新月异。尽管本书在写作过程中已竭力保持内容的时效性与准确性，但鉴于技术的快速变化和作者认知的局限性，书中难免存在一些未尽完善之处或细微疏漏，敬请各位读者批评、指正，笔者会及时进行调整和修改，您的宝贵意见是我们不断进步的动力。读者可以通过本书 QQ 书友群或电子邮箱（bookservice2008@163.com）联系我们，也可关注微信公众号“可学 AI”，了解 AIGC 的进展信息。读者可关注微信公众号“方大卓越”，回复数字“44”自动获取书友群号等信息。

致谢

感谢林杰、秦天琪、王浩铭、张洋、夏小康、尹子成和陈金怡等人在本书写作期间给予“可学 AI”团队的支持与帮助！

感谢欧振旭在本书策划出版过程中给予笔者的大力支持与帮助！

感谢清华大学出版社参与本书出版的所有人员！是你们一丝不苟的精神，才使得本书得以高质量出版。

感谢妻子琼和女儿朵朵在漫长且艰难的写书过程中给予笔者的无私支持。爱你们！

王双

2025 年 3 月

目　录

CONTENTS

第 1 篇　基础知识

第 1 篇

基础知识

第 1 章
ComfyUI 与 AIGC 概述

当前最流行的 AI 绘画工具 SD-WebUI 的功能局限性较为明显，其主要用于图像生成且对显存资源有较高的要求。此外，SD-WebUI 工具在操作过程中存在诸多限制，如一次仅能运行一个大型模型，缺乏工作流的复用机制，每次使用时均需重新配置参数，难以实现高效的工作流程定制化。同时，SD-WebUI 不支持并行处理，也无法通过编程方式轻松拓展新功能，这在很大程度上限制了其灵活性和扩展性。类似的问题也普遍存在于其他音视频类的 UI 工具中。

值得注意的是，相较于 SD-WebUII，ComfyUI 展现出了更为完善的生态系统与强大的功能优势。众多支持 WebUI 的插件与模型同样兼容 ComfyUI，更有许多知名插件与模型在选择支持对象时将 ComfyUI 置于首位而非 SD-WebUI。对于从事 AI 视频制作的专业人士而言，采用 ComfyUI 所构建的视频工作流几乎已成为不可或缺的选项，其重要性不言而喻。

基于以上原因，ComfyUI 凭借其生态的完备性、功能的强大性等显著的优势，已逐步确立了自己在 AIGC（人工智能生成内容）领域通用 UI 工具的地位。众多工作室在招聘 AIGC 工程师时已将掌握 ComfyUI 技能列为必要条件之一，这进一步凸显了 ComfyUI 在业界的广泛认可与重要性。

1.1 什么是 ComfyUI

AIGC 基于各种生成式模型生成内容，如生成对抗网络（Generative Adversarial Networks，GAN）、变分自编码器（Variational Autoencoders，VAE）、扩散模型（Diffusion Models）与注意力机制（Transformer）。对于熟练掌握相关原理或代码的程序员，可以通过代码调用开源框架实现内容生成。但对于大部分非程序员特别是以设计师、艺术家、音视频多媒体从业者等人群而言，如果没有程序基础，只能通过菜单式 GUI（图形用户界面）、使用鼠标操控，利用 AIGC 生成模型内容生成。

以 AI 绘画模型 Stable Diffusion（后面简写为 SD）为例，知名的 Automatic1111 WebUI 为 SD 提供了集成的菜单式 GUI，并将复杂的模型调用、采样器、控制器、功能插件隐藏在各个选项卡背后，使得所有人通过简单学习即可使用 SD。

其他开源的音视频项目也提供了各式各样的操作工具。它们大部分基于 Gradio 框架，其中部分项目在 Hugging Face 等开源项目托管网站上提供试用。

长期跟踪开源项目的 AIGC 爱好者很快就会陷入一个巨大的困境：在 SD-WebUII 中使用 SD 大模型生成底图，在另一个 GUI 里使用 DragDiffusion 修改底图，然后在一个新的 GUI 里使用开源视频大模型 Stable Video 用修改后的底图生成视频，最后在一个完全不同的 GUI 里使用开源语音复制工具 SO-VITS 进行配音……完成一个项目可能需要安装很多 GUI，然后耗费大量时间熟悉并掌握这些 GUI。经历过的读者能够体会到，安装有时候并不轻松，环境配置、依赖包安装经常会莫名其妙地报错，也许通过大量网络搜索可以找到解决方案，也许请高手帮忙也解决不了，然后就放弃了……

早就无法忍受这一混乱现象的 AIGC 开发者们找到了解决方案：ComfyUI。

1.1.1 ComfyUI 简史

关于 ComfyUI 发展历史的资料难以找到，一方面是其不到“2 岁”，还谈不上什么历史，另一方面则是其历史很简单。不过，AIGC 的爆发始于 2022 年，之后的相关工具、模型和算法都是新生儿。

据公开信息显示，用户 Comfyanonymous 在开源项目 Litegraph（项目地址为 https://github.com/jagenjo/litegraph.js）的基础上开发出了 ComfyUI 这一用户界面框架。Litegraph 是用 JavaScript 编写的类似于 PD 或 UDK 蓝图的图形节点引擎和编辑器，带有自己的 HTML5 Canvas2D 编辑器。该引擎可以使用 Node.js 运行客户端或服务器端。此外，Litegraph 还具备将编辑好的图形导出为 JSON 格式的功能，以便开发者能将其无缝集成到各自的应用程序中。访问 Litegraph 的在线使用站点（网址为 https://tamats.com/projects/litegraph/editor/），可以观察到，无论是从节点及其工作流的操作模式，还是从整体的用户界面（UI）风格来看，其与 ComfyUI 均呈现出显著的一致性，如图 1-1 所示。

Comfyanonymous 作为先行者，独立发起了 ComfyUI 项目（项目地址为 https://github.com/comfyanonymous/ComfyUI），在广大社区开发者的积极参与和协助下，该项目得以迅速发展与完善。

对于初学者而言，ComfyUI 的安装和使用有一定的门槛，不熟悉命令行操作或者 Python 编程的设计师更加感觉困难。相比于一些开箱即用的 SD-WebUI 版本（如最流行的秋叶版），ComfyUI 的安装过程较为烦琐，需要一定的技术基础。为了解决这个问题，Comfyanonymous 等社区开发者成立了 Comfy org（https://www.comfy.org/）这个公益组织，并于 2024 年 10 月发布 ComfyUI V1 桌面版本。ComfyUI V1 安装包可以跨平台一键安装，为初学者解决了安装这个难题。

此外，值得一提的是，Blender 这款开源的三维图形软件也提供了一种与 ComfyUI 颇为相似的节点工作流模式。在 2023 年初，有开发者成功推出了一个将 ComfyUI 整合进 Blender 的插件包，这一举措进一步拓宽了 ComfyUI 的应用领域。

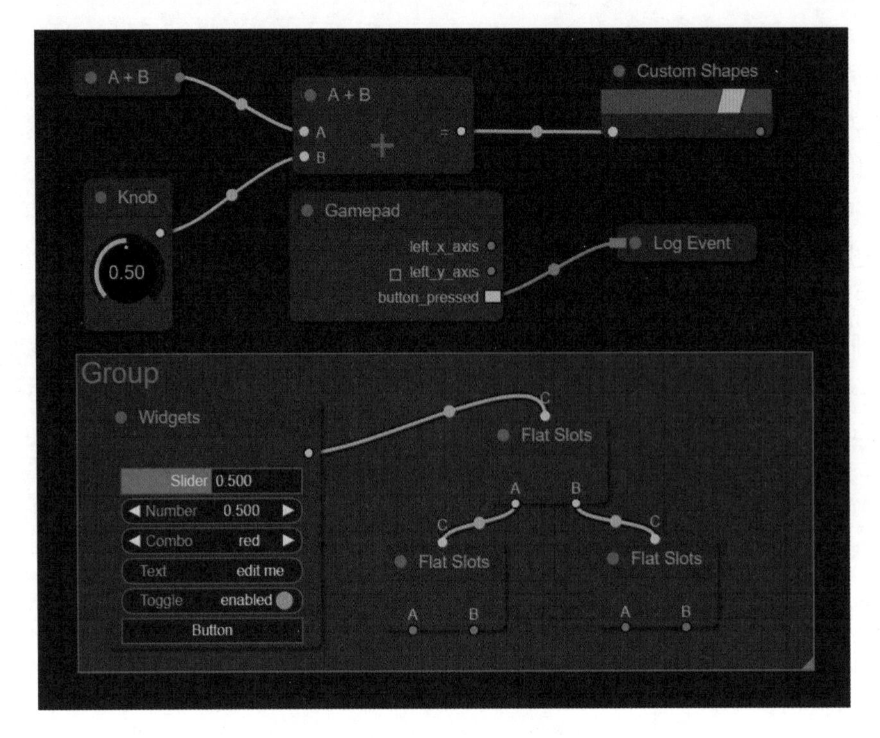

图 1-1　Litegraph 界面

1.1.2　ComfyUI 的基本原理

ComfyUI 基于 SD 稳定扩算原理，是专为 SD 设计的模块化、节点式的 GUI。它允许用户直观地设计和执行复杂的 SD 管道，无须编写任何代码。当然，ComfyUI 也可以作为 GPT、音视频等非绘画类大模型的 GUI，成为 AIGC 的通用工具。

了解 ComfyUI 的工作原理，有助于理解 ComfyUI 各模块的功能、各节点中的属性含义，如 CLIP 模块、噪声、采样方法等专有名词。下面以 SD 为例，简要介绍其潜在扩散模型及工作原理。

1. 潜在扩散模型

SD 使用的是潜在扩散模型（Latent Diffusion Model，LDM），结合了 GAN 的感知能力、扩散模型的细节保持能力和 Transformer 的语义能力，不仅节省了内存，还产生了多样化、高度详细的图像，保留了数据的语义结构。LDM 在低维潜空间上操作，与像素空间相比，大大降低了存储和计算需求。例如，SD 中使用的自动编码器的缩减系数为 8，则形状为（3，512，512）的图像在潜空间中变为（3，64，64），内存需求减少了 8 × 8=64 倍。

潜在扩散模型由图 1-2 所示的 3 个部分组成：Pixel Space（像素空间）、Latent Space（潜空间）、Conditioning（条件）。以下是对稳定扩散过程的详细介绍。

（1）像素空间：将输入图像 X 编码为一个离散特征 Z。

（2）潜在空间：上半部分是加噪过程，用于将特征 Z 加噪为 ZT。下半部分是去噪过程，去噪的核心结构是一个由交叉注意力（Cross Attention）组成的 U-Net，用于将 ZT 还原为 Z。

（3）条件：将图像、文本等前置条件编码成一个特征向量，从而影响扩散模型的去噪过程。

2. ComfyUI 的工作原理

根据上述潜在扩算模型原理，ComfyUI 生成图像可以简化为如下过程。

（1）利用编码器技术，将高维的像素空间图像信息有效地映射并编码至一个较低维度的潜空间中。

（2）在潜空间内，依次执行前向扩散过程与反向降噪过程。前向扩散过程旨在逐步添加噪声，使数据分布逐渐趋于先验分布；而反向过程则致力于逐步去除噪声，从而恢复并提炼出有用的图像信息。

（3）通过解码器的运用，将经过潜空间处理后的图像信息精准地解码回原始的像素空间，完成整个图像生成与还原的过程，如图 1-3 所示。

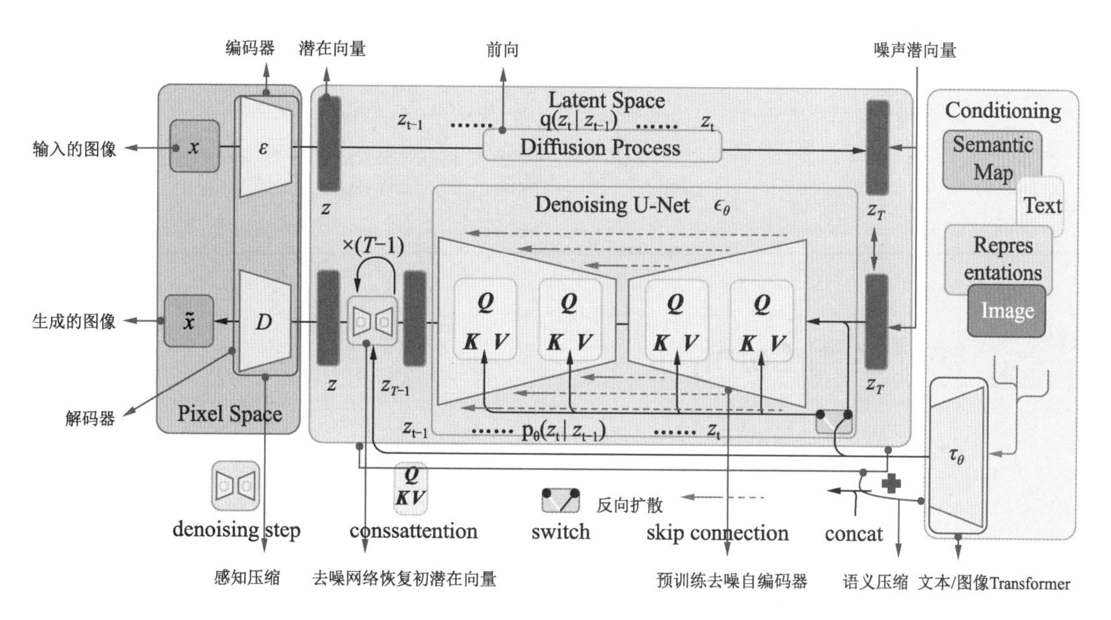

图 1-2　潜在扩散模型原理示意

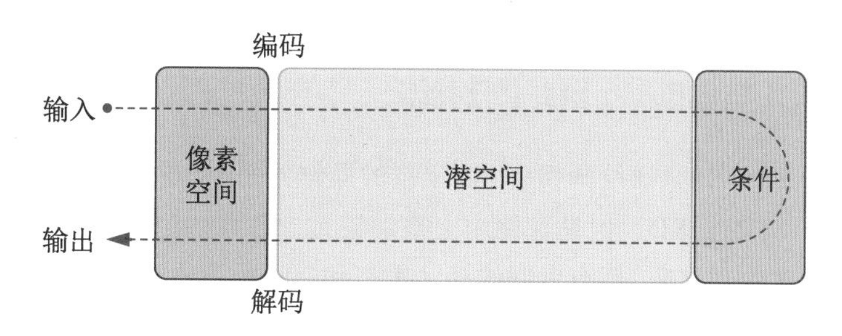

图 1-3　ComfyUI 生成图像原理 1

更进一步，我们把上述 ComfyUI 生成图像过程进行详细展示，如图 1-4 所示。

❑ Latent Image（潜空间图像）：创建潜空间，潜空间包含与图像相关的所有信息。

- CLIP Encoder（语义编码）：搭建提示词（Prompt）与图像的桥梁，负责将输入的提示词转换成可以被 U-Net 理解的嵌入空间，从而让扩散模型能够“听懂”人类的提示并遵循指令生成内容。
- Model Loader（加载模型）：加载大模型（Checkpoint）或微调模型（Lora）等。
- Conditioning（条件）：约束条件，如 ControlNet 约束图像生成。
- Sampler（采样器）：采样并对潜空间去噪，使去噪结果图越来越接近提示文本。
- VAE（自编码）：自编码与解码，将潜空间转换为像素空间。
- Decoder（解码）：解码输出。

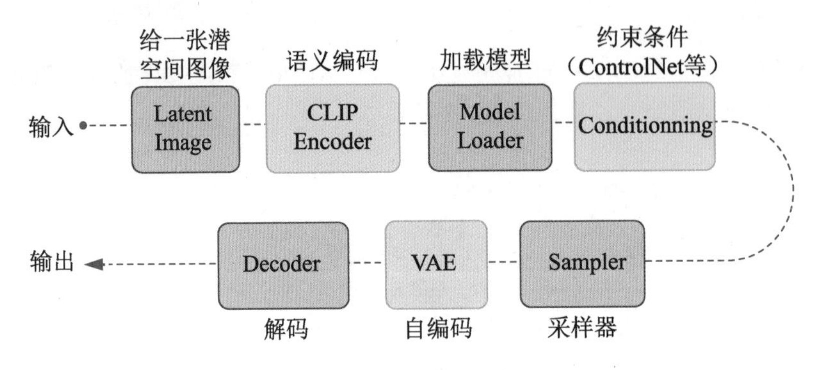

图 1-4　ComfyUI 生成图像原理 2

1.2　为什么用 ComfyUI

ComfyUI 作为一款专为 AI 绘画模型 Stable Diffusion 设计的界面工具，其设计理念在于提供更高的灵活性和自定义能力，以满足专业用户对高效工作流程的追求。它不仅降低了对硬件配置的要求，提高了系统运行稳定性，而且在用户界面和操作逻辑上进行了创新，即便是复杂的图像生成任务也能得心应手地完成。接下来，我们将对 ComfyUI 和 SD-WebUI 进行对比介绍，详细分析 ComfyUI 在操作难度、配置要求和使用方面的便捷性。

1.2.1　ComfyUI 与 SD-WebUI 的对比

SD-WebUI 是为知名的 AI 绘画模型 SD 定制的操作界面，与同样为 SD 服务的 ComfyUI 相比，二者虽然同样源于 SD，但是在使用上差别较大，各有特色。这两大工具均为开源工具，由第三方开发者精心打造，拥有良好的社区生态和广泛的用户群体。与 SD-WebUI 相比，ComfyUI 具有以下特点。

1. 操作难度

SD-WebUI 以其操作简便与直观性受到广泛赞誉。其界面设计清晰明了，可视化操作区域一目了然，即便是初次接触的用户也能迅速上手，轻松掌握各项功能。若以台式计算机为喻，SD-WebUI 如同一台功能完备、操作简便的一体化计算机，为用户提供了一个直观、高效的图像生成界面。SD-WebUI 功能齐全，社区插件丰富，入门简单，适合新手。

而 ComfyUI 更似一台可自由配置的组装计算机，它允许用户根据个人需求与偏好，灵活调整与定制各项功能。ComfyUI 可以定制出独特的工作流，适合想深入研究和学习的同学。

一般，传统菜单式界面的 SD-WebUI 学起来更快，因为我们平时使用的软件都是类似的操作风格，很容易上手。反之，我们会觉得基于节点的 ComfyUI 入门较难，主要原因也在于我们不习惯这种操作逻辑。

同时，不同专业背景的使用者的感受也不一样。对于程序员或者有一定编程基础的人而言，反而更喜欢 ComfyUI 的工作流模式，因为其逻辑流程清晰，使用者很清楚每一步在做什么。然而，对于艺术类从业者，他们并不关心原理（或者难以理解原理），也不关心逻辑流程，更无须关心每个步骤的功能与效果，他们只关心设计流程与最终效果。

使用 AI 绘画进行工作的主流人群是艺术从业者，因此 SD-WebUI 成为主流人群的首选，相关的学习教程、学习视频也更多。但是让艺术从业者掌握 ComfyUI 有一定难度，首先是操作逻辑的转变需要适应，其次是需要了解相关原理，学习曲线较为陡峭。根据环艺设计专业学生的学习反馈，如果已经掌握了 SD-WebUI 想要进一步学习 ComfyUI，在老师带领下大概 6 个小时内能够熟练使用。如果没有 SD-WebUI 基础直接学习 ComfyUI，在老师带领下大概 30 个小时内能够熟练使用。

对于理工科学生，他们在思维方式上能直接接受 ComfyUI，学习时间会比艺术从业者少一半，他们学习 ComfyUI 和直接学 SD-WebUI 没什么区别。

有一个现象很有意思，笔者接触到的先学 SD-WebUI 后来转学 ComfyUI 的人，在学会 ComfyUI 后再也不愿意使用 SD-WebUI 了。笔者自己也是同样的感受。如果一定要举个例子进行比喻，用 SD-WebUI 就像坐高铁去旅行，简单、直接但是路线固定；用 ComfyUI 就像自驾车去旅游，要有开车技巧，想走国道、省道还是高速可以自定义，来去自由。

2. 配置要求

SD-WebUI 对计算机的配置要求较高，如 SDXL 要求显卡最低为 8GB。为了流畅运行此类模型，用户通常需要配备高端显卡，如 GTX 4060 以上型号，这不仅增加了用户的成本，也限制了其推广普及。

由于对显存需求较高，SD-WebUI 在使用过程中时常会出现显存错误，大大影响了用户体验的流畅性。同时，一旦某个环节运行不畅，报错信息会让用户感到困扰，甚至可能导致整个工作流程中断。

与 SD-webUI 相比，ComfyUI 显著降低了显存要求，6GB 显存起步的模型可以在 3GB 显存条件下通过 ComfyUI 进行使用。由于占用显存较少，所以能在相同显存条件下生成更大尺寸的图像。另外，ComfyUI 的生成速度是 SD-WebUI 的两倍以上，在生成视频时的速度差距尤为明显。

与 SD-WebUI 相比，ComfyUI 的运行机制相当稳健，即使在出现错误的情况下也能保持部分功能正常运行，有效避免了整个流程的中断。

3. 使用便捷性

ComfyUI 允许用户同时使用多个大模型，运行相同的工作流时参数不会发生变化，不会导致重新计算，加快了出图速度。而在 SD-WebUI 中，一次只能使用一个大模型，更换大模型后需要重新计算。

ComfyUI 允许用户根据个人需求自由搭建节点式工作流，提供了广泛的自定义空间。用户可以依据自己的创作风格和需求，灵活调整参数和配置，实现个性化的图像生成效果。

SD-WebUI 适合要求操作简便、直观、易用的用户。但 ComfyUI 更快捷、更方便，更适合那些追求高度自定义、灵活性和高效工作流程的用户。用户可以根据自己的需求和偏好，选择适合自己的工具进行图像生成，从而实现更出色的创作效果。SD-WebUI 与 ComfyUI 的对比如表 1-1 所示。

表 1-1 SD-WebUI 与 ComfyUI 对比

	SD-WebUI	ComfyUI
界面操作	清晰明了的可视化界面	节点式操作界面
配置要求	配置要求较高（显存 4GB 以上，SDXL 1.0 要求最低显存为 8GB）	配置要求较低（支持用 CPU 生成图片，支持显存低于 3GB 的 GPU 生成图片）
性能对比	相对 ComfyUI 更占用显存，生成速度慢	占用显存较少，可批量快速出图
功能对比	能满足大部分出图要求	工作流可定制化
使用推荐	适合初次尝试 AI 绘画和学习成本投入较低的用户	适合追求高度自定义、灵活性和高效工作流程的用户

1.2.2 ComfyUI 全面支持 AIGC

ComfyUI 作为当前市场上独树一帜的 AIGC 通用工具，几乎全面覆盖并支持各类开源模型，展现了其独特的优势。借助 ComfyUI 所提供的图形用户界面及其创新的节点工作流模式，用户能够轻松接入由社区开发者精心制作的多样化节点。这些节点不仅种类繁多，而且能够依据用户需求进行自由组合，构建出个性化的工作流，实现文字、图片、音频、视频、3D 的任意生成及任意组合式生成。

ComfyUI 广泛支持多种模型，包括但不限于 SD1.x、SD2.x、SDXL、Stable Video Diffusion、Stable Cascade、SD3、Stable Audio、FLUX、HunyuanDiT 及 kolors 等，几乎囊括所有开源的绘画、音频与视频模型，展现出了极强的兼容性与灵活性。

此外，ComfyUI 还允许用户添加如 LLAMA3、chatGLM 等先进的大语言模型节点，这些节点在提示词、歌词等文字生成方面发挥着重要作用，进一步丰富了 ComfyUI 的应用场景与功能。

相比之下，SD-WebUI 在模型支持方面则显得较为有限，特别是无法支持上述提及的大部分模型，尤其是音频和视频模型。同时，就当前市场而言，除了 ComfyUI 之外，尚未有其他图形用户界面能够实现将文字、图片、音频、视频以及 3D 元素进行组合生成的功能。这一独特优势使得 ComfyUI 在开源大模型推出时，往往被作为配套的节点一同推出，以便用户能够更加方便地利用这些大模型进行创作。

1.2.3 ComfyUI 支持开发、分享与生成 App

ComfyUI 可以通过编程自定义节点，从而实现常规 GUI 无法实现的高级功能。ComfyUI 中的自定义节点支持 Python 语言，提供了节点开发框架与文档，参考规范框架与示例文档，我们可以轻松制作自己的自定义节点。

在自定义节点中，我们可以打包开源模型制作相关的模型节点，也可以添加自己的逻辑，实现复杂的逻辑判断、自动化运行、外部程序调用、文件读取与输出等功能。

在 ComfyUI 中利用节点组装成的工作流可以轻松分享给他人或者留给自己下次复用，下次使用时，导入 JSON 文件或者图片即可加载出工作流，工作流中已经保存了相关参数，无须重新输入参数。分享复用大大提高了生产效率，很多工作室或公司针对设计任务的某一环节或者全流程制作好工作流后全员推广使用，能够快速规模化地提升 AI 设计能力。

最后，基于 ComfyUI 中的工作流可以快速生成在手机端和网页端可用的 App，用户远程访问即可使用。这一特性使得公司可以基于 ComfyUI 快速开发 AI 设计产品。

1.3 ComfyUI 的现状与未来

比尔·盖茨将始于 2022 年 10 月以 ChatGPT 为代表的 AIGC 浪潮称为“第四次工业革命”。ComfyUI 是高效的 AIGC 工具，基于节点组装工作流的操作方式，ComfyUI 能同时支持 AI 绘画、AI 音频、AI 视频、GPT 的生成任务。在当前 AIGC 领域蓬勃发展的背景下，ComfyUI 作为唯一的通用型、可开发、可复用、高效率的生产力工具，必将随着 AIGC 一起全面普及。下面介绍 ComfyUI 的现状及其未来的展望。

1. ComfyUI 开始拥有正式开发团队

ComfyUI 的创始人 Comfyanonymous 于 2024 年 6 月辞去 Stability AI 的工作，全心投入 ComfyUI 的开发。他召集了几位知名开发者创立了 Comfy.Org（网址为 https://www.comfy.org），他们将继续持续优化 ComfyUI。

这代表着 ComfyUI 由一个松散的、靠爱好者维持的开源社区项目，成为一个有正式组织、有明确开发计划、有公开官网与社群的项目，但其仍然保持开源，预期将来会有更强有力的维护、优化与功能扩展。

2. ComfyUI 更快进入企业

越来越多的 AIGC 团队选择 ComfyUI 作为公司的生产力工具。在电商营销方面，许多团队使用 ComfyUI 定制海报生成、艺术字、艺术二维码、IP 等 AI 绘画工作流；在环境艺术方面，工作室定制家装、建筑等效果图生成工作流；在 AI 视频方面，影视动画团队几乎没有选择，因为凡是甲方提出的具体要求，都需要高度控图并使用开源视频模型进行配合，而这些只能使用 ComfyUI。

通用型、可开发、可复用、高效率不是一句空话，企业在反复测试了多种 AIGC 解决方案后，最终都选择了 ComfyUI。由于企业对成本效率高度敏感，ComfyUI 能在以下 3 个方面帮助企业实现降本增效。

- 降低人才流失风险。在工作流开发完成后，即便开发工作流的 AIGC 人才因为薪资等原因流失，换其他人也可以轻松接手。
- 灵活布置工作流程。基于 ComfyUI 开发的工作流灵活多变，可以适应不同的设计要求，让团队能快速跟随市场需求。
- 减少人才成本。由于高端 AIGC 人才稀缺，特别是能开发出稳定、高效的工作流的人才非常少，市场上已经出现了新模式，即向高端人才购买定制工作流的服务，待工作流开发完成后，再交由本公司的 AIGC 新手接管的。该模式避免了雇佣成本极高的高端人才，同时又能获得其服务。

企业主动采取上述策略，本质上还是基于 ComfyUI 工作流的可复用、可开发的特点，这些特点使得企业在招聘 AIGC 人才时提出会使用 ComfyUI 的招聘要求。

3. ComfyUI 将取代其他 GUI

基于 SD 图像生成模型而衍生的 WebUI 图形界面工具有前面提到的 Automatic1111 WebUI，也有 Invoke UI、SD NEXT 等，但是从 2023 年下半年开始，ComfyUI 开始在 AIGC 圈里流行起来。

前面我们将 ComfyUI 与 SD-WebUI 进行了对比，并总结了 ComfyUI 的诸多优点。基于这些认识我们发现，即使 ComfyUI 具有入门很难这个缺点，也难以阻挡 ComfyUI 取代其他 GUI 成为唯一的 AIGC 生产力工具。

企业与市场已经做出了选择，高校和培训机构为企业与市场培养人才，必将从简单、好教学的 SD-WebUI 转向为复杂、灵活、学习周期相对较长的 ComfyUI。上手难不难、内容多不多，从来不是高等教育最关心的问题，匹配市场需求，让毕业生能顺利就业才是培养导向。

第 2 章 ComfyUI 的安装与使用

ComfyUI 将 SD 的流程拆分成节点，用户可以根据自己的需求自由搭建工作流。安装 ComfyUI 软件较为简单，使用 ComfyUI 时需要将相应节点组装成工作流。考虑到硬件配置要求和便利性，相关平台提供了在线版 ComfyUI 和常见的 ComfyUI 工作流。鉴于其高度的灵活性，我们可以将 ComfyUI 视为一台允许用户根据个人偏好和需求进行定制和自由组装的模块化计算机。

本章将从 ComfyUI 安装、节点安装与管理、熟悉默认工作流、常用快捷键及报错处理等 5 个方面全面而系统地介绍 ComfyUI 使用前必备的基础知识与操作。

2.1 ComfyUI 的安装及其界面介绍

部署 ComfyUI 可以为用户带来更好的使用体验，特别是隐私保护。本节主要阐述 ComfyUI 的本地安装步骤，并在成功部署 ComfyUI 后，对 ComfyUI 最新版本的基本界面进行简要的介绍。

2.1.1 ComfyUI 的安装

在满足一定的配置要求之后，用户可以选择适配的 ComfyUI 安装方法来体验 AI 绘画，下面具体介绍 ComfyUI 的安装方法及计算机配置要求。

1. 安装方法

我们可以根据自己的计算机配置情况选择一键使用或者源码安装方法使用 ComfyUI。

对于一键使用方法，解压压缩包即可使用 ComfyUI，这种方法适合没有程序基础的用户。压缩包分为两种，一种是 ComfyUI 官方最新版本；另一种是国内资深用户的整合包版本。在此，我们推荐使用国内秋叶老师制作的整合包（链接网址为 https://pan.quark.cn/s/64b808baa960）。本书附送的电子资料中提供了百度网盘下载链接，下载完成后，解压文件夹，双击文件中的“AI 绘画启动器”即可使用。

对于源码安装，有一定代码基础，想了解源码或基于源码开发的用户，可以一键使用官方版本和源码安装这两种安装方法。

- 一键使用。在 GitHub 的 ComfyUI 项目官网（项目地址为 https://github.com/comfyanonymous/ComfyUI/releases）上下载并解压 new_ComfyUI_windows_portable_nvidia_cu121_or_cpu.7z 文件，双击文件夹中的 run_cpu.bat 文件使用 CPU 加载出 ComfyUI 页面，双击文件夹中的 run_nvidia_gpu.bat 文件使用 GPU 加载 ComfyUI 页面。
- 源码安装。首先安装 Python，推荐安装 Python 3.10.6；其次安装 Git；然后安装 ComfyUI，通过选择安装目录，在地址栏中输入 cmd，调出命令行窗口，输入“git clone https://github.com/comfyanonymous/ComfyUI.git”；接着安装 PyTorch；最后安装依赖并通过双击项目文件夹的 main.py 加载 ComfyUI 页面。

注意：若采用一键使用的安装方法，用记事本或者其他文本编辑工具打开 extra_model_paths.yaml.example 文件，将 base_path 的路径改为装有 webui-user.bat 文件的文件夹路径，保存修改，对文件夹重命名去除“.example”后缀，将文件保存为 yaml 类型，即可实现共享 SD-WebUI 的模型了。

---

2. 配置要求

与使用 SD-WebUI 相比，ComfyUI 对计算机硬件的配置需求差别不大，其仍然聚焦在是否配置具有足够显存的显卡。当然，AIGC 对内存的消耗也显著增长，也需要予以关注。

- 显存配置。相较于 SD-WebUI，ComfyUI 降低了对显存的要求，不仅可以用 CPU 生成图像，还支持显存低于 3GB 的 GPU 生成图像。如果使用显存低于 3GB 的 GPU 生成图像，则需要在 run_nvidia_gpu 文件中添加“--lowvram”命令。但不停涌现的新模型对显存的要求越来越高，显存配置越大越好，从成本与适用性方面考虑，建议配置 16GB 及以上显存为宜。
- 内存配置。为确保音频和视频类工作流的兼容性并提升图像生成类工作流的顺畅度，建议使用配备有 16GB 或更高容量的运行内存，并搭载不低于 128GB 容量的固态硬盘（SSD）的系统配置，以便更迅速地访问和加载大型模型数据。

2.1.2　ComfyUI 的界面介绍

ComfyUI 官方于 2024 年 10 月 21 日宣布，其 V1 版本（发布网址为 https://blog.comfy.org/comfyui-v1-release/）已正式推出面向普通用户的本地客户端，该客户端全面支持 Windows、Mac 及 Linux 平台，并内置了 Python 环境及自定义节点管理器。

1. 完全打包的桌面版本

- 安全性提升。ComfyUI 已进行代码签名，可以确保在不触发安全警告的情况下打开，保障用户安全。

- 跨平台兼容。支持 Windows、macOS 及 Linux 系统，可以满足不同用户的需求。
- 自动更新机制。通过自动更新功能，确保用户始终处于 ComfyUI 的稳定发布轨道。
- 轻量级安装包。捆绑包体积仅 200MB，便于用户下载与安装。
- 推荐的 Python 环境。提供预配置的 Python 环境，简化了安装流程。
- 附带管理器。默认附带 ComfyUI 管理器，支持从注册表安装节点并访问最新的语义版本控制节点。
- 多工作流程管理。支持使用选项卡打开并切换多个工作流程。
- 自定义键绑定。允许用户定义自定义键并绑定，避免浏览器级命令干扰。
- 自动资源导入。支持在安装过程中选择目录，自动导入现有输入和输出模型。
- 集成日志查看器。提供服务器日志查看功能，便于用户调试。

2. 全新的用户界面

- 顶部菜单栏。整合多项操作，便于扩展开发人员附加自定义菜单项。
- 快速访问功能。右击托盘图标，即可快速访问模型、自定义节点、输出文件和日志。
- 模型库。支持浏览所有模型并可直接从库中拖放加载。
- 工作流浏览器。支持保存和导出工作流，便于用户管理。
- 自动模型下载。允许用户将模型 URL/ID 嵌入工作流程，实现自动下载。

ComfyUI V1 全新的用户界面如图 2-1 所示。

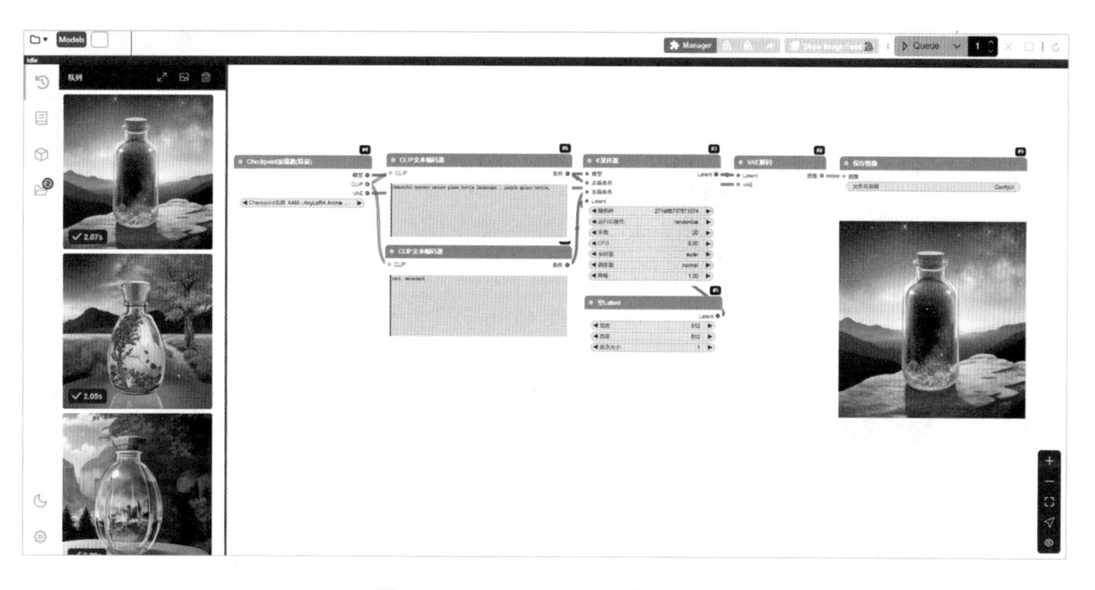

图 2-1　ComfyUI V1 的全新界面

3. 启用新 UI 操作指南

为了使用 ComfyUI V1 版本，用户需要进行两步操作：第一步，更新 ComfyUI 至最新版本；第二步，在设置菜单中启用 ComfyUI V1 版本。

2.2 节点安装与管理

在成功部署 ComfyUI 之后，下一步需要进行节点的安装与管理。在此之前，明确节点的分类是至关重要的。具体而言，ComfyUI 中的节点可以划分为两大类：内置节点与自定义节点。以下是对两大类节点的具体介绍。

1. 内置节点

内置节点是 ComfyUI 官方直接提供的，具有固定的功能和属性，用于实现图像生成、编辑、合成等核心任务。这些节点涵盖从文本编码到图像生成、编辑、合成的整个流程，以及调整模型参数、控制图像生成细节等高级功能。

2. 自定义节点

自定义节点（Custom Nodes）是用户或开发者根据特定需求自行开发的节点，可以实现内置节点所不具备的功能或优化现有功能，如给生成的图片添加自定义文案、支持中文提示词等。自定义节点类似于 SD-WebUI 中的扩展和插件，为用户提供了更丰富和个性化的功能选择，大幅提升了使用 ComfyUI 的灵活性，但同时增加了使用 ComfyUI 的难度。

2.2.1 节点安装

ComfyUI 的节点安装也有两种方式，分别为使用源码安装和使用 Git Clone 安装，下面具体介绍这两种节点安装方式。

1. 使用源码文件安装节点

以 Manager 节点为例（项目地址为 https://github.com/ltdrdata/ComfyUI-Manager），在其中的 GitHub 项目页面找到 Download ZIP 选项，单击即可下载代码文件的压缩包，如图 2-2 所示。下载完成后，将其放至 ComfyUI 文件夹下的 custom_nodes 路径地址下解压即可使用。注意，确保文件夹名称与节点名称一致，以便 ComfyUI 能够正确识别并加载该节点。

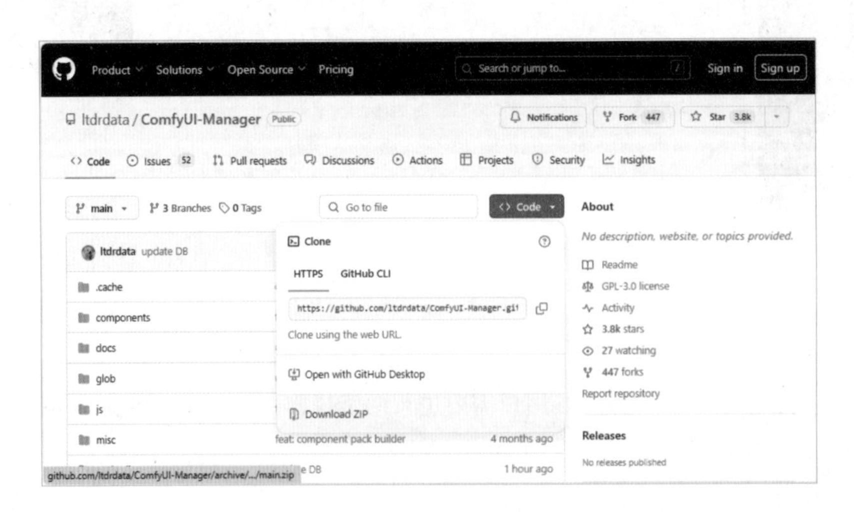

图 2-2　下载压缩包

2. 使用 Git Clone 安装节点

1）安装 Git 软件配置管理（SCM）应用

Git 是进行版本控制和代码管理的必要工具。访问 Git 官方网站（https://git-scm.com/），可下载并安装适合其操作系统的 Git 软件。

2）安装 ComfyUI Manager 节点

在 ComfyUI 的 custom_nodes 文件夹的地址栏中输入 cmd 后按 Enter 键，调出命令行窗口。以安装 ComfyUI Manager 节点为例，在命令行中输入 git clone https://github.com/ltdrdata/ComfyUI-Manager.git 后按 Enter 键，如图 2-3 所示。

ComfyUI 的 custom_nodes 的文件夹出现与新节点对应的文件夹，表明节点安装成功。

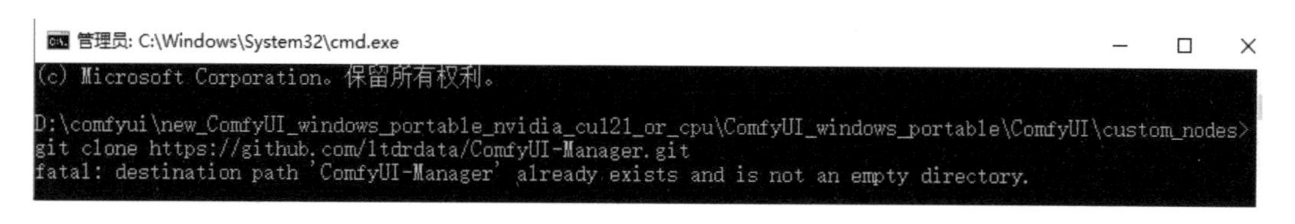

图 2-3 使用 Git Clone 安装节点

无论是通过下载解压压缩包安装节点，还是通过 Git Clone 安装节点，成功安装自定义节点后，都需要重新启动 ComfyUI。

2.2.2 节点管理

ComfyUI Manager（项目地址为 https://github.com/ltdrdata/ComfyUI-Manager）是由 Dr.Lt.Data（@ltdrdata）开发并维护的一个实用节点，提供了一系列下载、管理其他自定义节点与更新 ComfyUI 等功能，如图 2-4 所示。可以通过 2.2.1 节的自定义节点安装方法安装 ComfyUI Manager 节点。安装成功之后，在控制台里会出现 Manager 按钮。

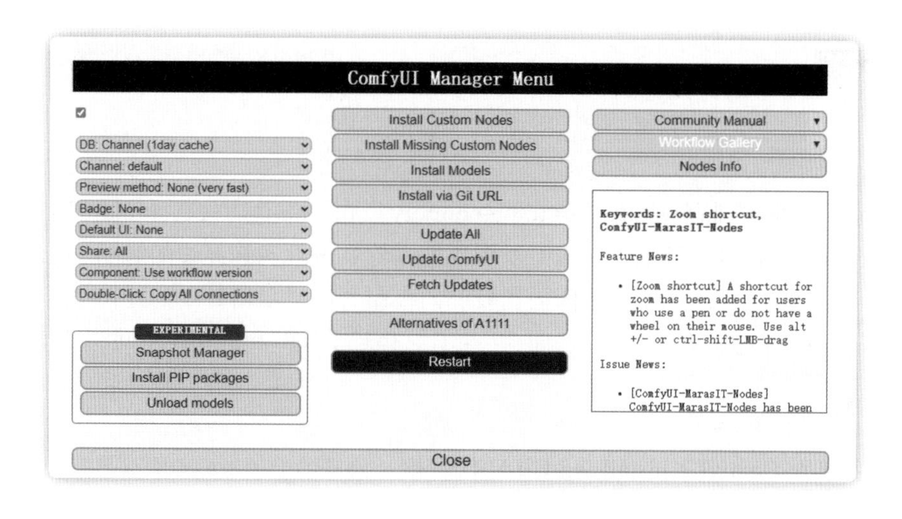

图 2-4 ComfyUI Manager 节点

搜索并安装节点与自动安装缺失节点是 ComfyUI Manager 的两大核心功能，此两大功能极大提升了用户的使用体验和操作效率。下面具体介绍 ComfyUI Manager 的这两大核心功能。

1. 搜索并安装节点

ComfyUI Manager 提供了搜索并安装节点的功能，下面将逐一进行介绍。

- 搜索节点。单击 Manager 菜单中间最上方的 Install Custom Nodes（安装自定义节点）选项，即可从在线地址中加载包含众多开发者开发的自定义节点的“节点列表”。以安装 Crystools 插件为例，在搜索框内输入 Crystools，选择目标节点。
- 安装节点。单击列表右侧的 Install（安装）按钮，即可开始安装过程。安装成功后，Crystools 右侧将会呈现 3 个操作按钮：Try Update（更新）、Disable（禁用）和 Uninstall（卸载），分别用于节点的更新操作、临时禁用及卸载。
- 重启。完成安装后，用户需要单击弹出的 Restart（重启）按钮，等待 ComfyUI 重启完毕即可使用，如图 2-5 所示。

图 2-5　安装 Crystools 插件

Crystools（项目地址为 https://github.com/crystian/ComfyUI-Crystools）是一个重要的实时查看数据的插件，该插件可以查看资源监视器、进度条和经过的时间、元数据和两个图像之间的比较、两个 JSON 之间的比较、向控制台或显示器显示的任何值及管道信息等，提供了加载 / 保存图像、预览等功能，并在不加载新工作流程的情况下可以查看“隐藏”数据。

注意：单击 ComfyUI Install via Git URL，输入项目的 GitHub 地址，具有同样的安装效果。

2. 自动安装缺失节点

当在 ComfyUI 界面导入他人优秀的工作流时，ComfyUI 界面往往会因为缺失节点而出现“满屏飘红”的情况。使用 ComfyUI Manager 自动安装缺失节点功能，可以一键安装所有缺失节点。

单击 ComfyUI Manager 菜单中 Install Missing Custom Nodes（安装缺失节点），Manager 便会自动读取当前打开的工作流中缺失的节点名称并下载安装。如果缺失的节点数量较多，那么安装过程可能会较长。重启 ComfyUI 即可使用节点，从而实现复刻优秀工作流的效果。

注意：在 ComfyUI_windows_portable\update 路径下可以看到 update_comfyui 和 update_comfyui_and_python_dependencies 文件，二者分别用于更新 ComfyUI 和配置环境。单击 update_comfyui 文件可以更新 ComfyUI，出现 Done 后提示更新完成，一般情况下不建议更新配置环境。

2.3 熟悉默认的工作流

ComfyUI 通过解读提示词、采样去噪与生成空白潜空间图像、对图像编码和解码等过程构成的工作流，基于基础模型生成图像。接下来以 ComfyUI 基础文生图工作流为例，对各个节点进行解读，如图 2-6 所示。

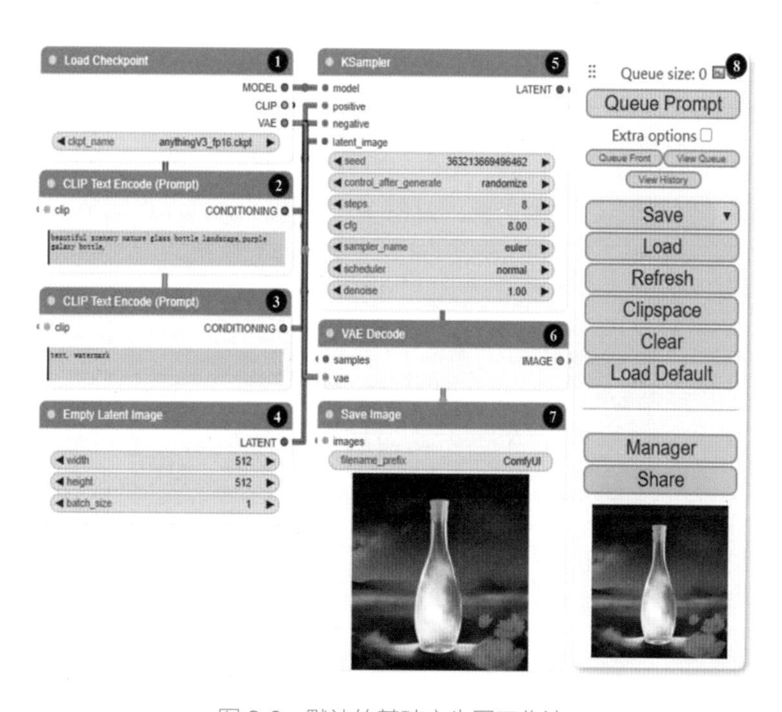

图 2-6　默认的基础文生图工作流

基于图 2-6 中默认的基础文生图工作流示例，我们可以看到 ComfyUI 中的文生图工作流包含 7 个节点，下面依次介绍这 7 个节点。

- Load Checkpoint（模型加载器）：用于加载不同风格的大模型。“模型加载”节点还可以修改权重影响图像的生成。
- CLIP Text Encode（Prompt）：CLIP 文本编辑器。CLIP Text Encode（Prompt）的全称为对比性语言—图像预训练（Contrastive Language-lmage Pre-training），其可以将自然语言、视觉信息进行联合训练，实现图像与文本之间的跨模型理解。可以在两个 CLIP 文本编辑器内分别输入正负面提示词来引导图像的生成。
- Empty Latent Image（空白潜空间）：用于生成图像空白潜空间，可以设置生成图像的尺寸及生成批次数。
- KSampler（K 采样器）：KSampler 表示降噪的过程，可以设置种子、采样步数、提示词引导系数、采样器、调度器及重绘幅度。
- VAE Decode（VAE 解码）：可将运算的潜空间数据解码为图片。VAE（Variational Auto Encoder，变分自编码器），可以将一张图片的像素空间转换为潜空间（或逆向转换），是像素空间与潜空间的桥梁。
- Save Image（保存图像）：Save Image 是图片展示区，ComfyUI 生成的图像在这个区域进行展示。

基于上述内容，在掌握了基本的文生图的 7 个节点之后，ComfyUI 系统默认采用的工作流即为文生图工作流。用户通过单击设置面板中的 Queue Prompt 按钮即可生成图像。该基础文生图工作流细分为六大关键环节：模型加载、提示词解析、空白潜空间图像生成、采样与去噪处理、图像解码及图像保存。为了进一步加深理解并快速熟悉工作流的构建过程，接下来我们通过单击设置面板的 Clear 按钮来清除原有的工作流程，并从头开始逐步搭建一个新的文生图工作流程。

1. 模型加载

在 ComfyUI 界面任意位置右击，在弹出的快捷菜单中依次选择 Add Node | loaders | Load Checkpoint，创建模型加载节点，如图 2-7 所示。Loaders 加载的模型包括 LoRA、VAE 和 ControlNet 等模型，Load Checkpoint 用于加载基础模型。

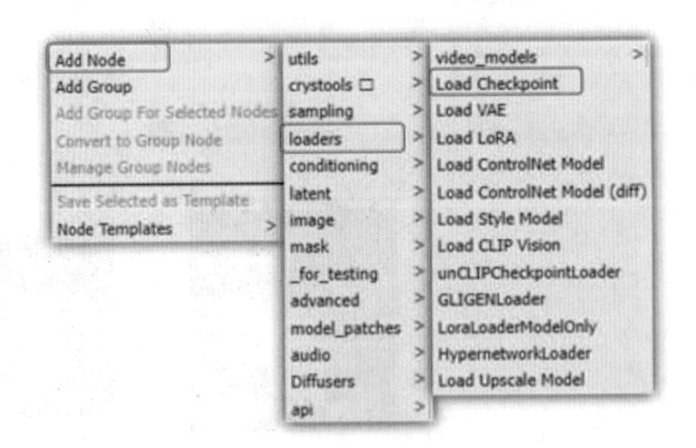

图 2-7 模型加载

如果想要使用 LoRA 模型，则在工作流中直接添加 LoRA 节点即可。在 Loaders 分类中选择 Load LoRA，由于 Load LoRA 节点的输入和输出端口是 Model 和 Clip，只需要将其与 Load Checkpoint 和 CLIP Text Encode（Prompt）串联在一起即可。

如果需要多个 LoRA 同时使用，则只需要再复制 LoRA 节点，将多个 LoRA 串联起来即可。

注意：单击选中节点，通过拖曳来修改节点位置，可调整界面节点布局。

2. 提示词解析

提示词节点的加载过程与加载模型基本一致，在 ComfyUI 界面任意位置右击，在弹出的快捷菜单中依次选择 Add Node | conditioning | CLIP Text Encode（Prompt），可创建提示词节点。由于提示词分为正面提示词和负面提示词，所以需要添加两个 CLIP Text Encode（Prompt）节点，如图 2-8 所示，以匹配连接对应的端口。

注意：性质相同（颜色相同）的端口可以完成匹配连接，一个输出端口可以连接多个接收端口，但一个接收端口不能连接多个输出端口。

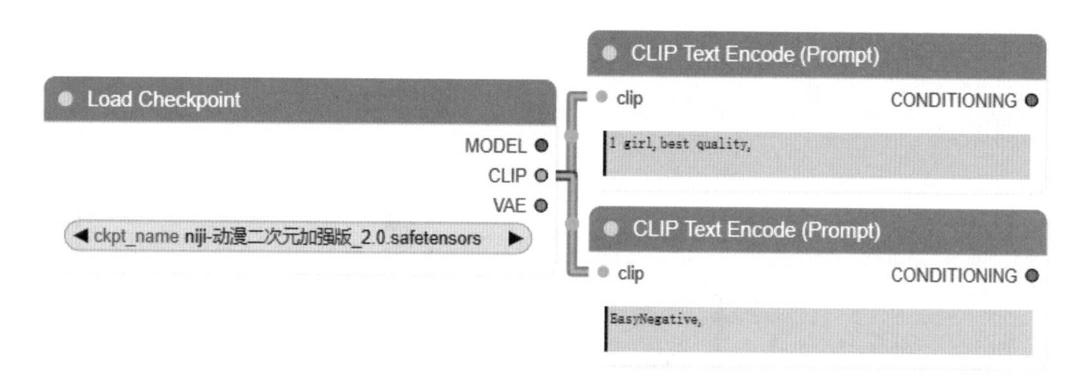

图 2-8　匹配提示词节点

3. 空白潜空间图像生成

潜空间图像节点的加载过程与加载模型基本一致，在 ComfyUI 界面任意位置右击，依次选择 Add Node | latent | Empty Latent Image，创建生成空白潜空间图像节点。Latent 分类包括图像的编码、解码、尺寸缩放等节点。

4. 采样与去噪处理

采样去噪节点的加载过程与加载模型基本一致，在 ComfyUI 界面任意位置右击，在弹出的快捷菜单中依次选择 Add Node | sampling | KSampler，创建采样去噪节点。下面对 Ksampler 中的参数进行详细解释。

- ❑ Control_after_generate（生成后控制）：具有 4 个选项，分别是 fixed、increment、decrement 与 randomize。fixed 为固定当前种子值；increment 为增加种子值，幅度为 1；decrement 为降低种子值，幅度为 1；randomize 为随机数种子值。
- ❑ Sampler_name（采样器名称）。以 DPM++2M Karras 采样方法为例，dpmpp_2m 就是采样器，其中，pp 代表两个 plus，即“++”。推荐使用 euler、dpmpp_2m、dpmpp_sde 与 lcm 采样器。
- ❑ Scheduler（调度器）：负责去噪的程度，以 DPM++2M Karras 采样方法为例，Karras 为调度器。在调度器中，normal 表示均匀减少噪声；karras 表示慢慢加速减少噪声，为使用最多且效果较好的方式；exponential 表示突然加速减少噪声；sgm_uniform 表示对低步数的采样进行了优化，和 LCM 采样器搭配使用。
- ❑ Denoise（重绘幅度）：表示图生图时图像的变换程度。

5. 图像解码

需要将空白潜空间数据转换成图像，因此，添加 VAE 解码节点，解码空白潜空间数据。与生成空白潜空间图像相同，在 Latent 分类中选择 VAE Decode，创建 VAE Decode 节点。

6. 图像保存

保存图像节点的加载过程与加载模型基本一致，在 ComfyUI 界面任意位置右击，在弹出的快捷菜单中依次选择 Add Node | image | Save Image，创建图像保存节点。Image 分类中的节点可以实现图像加载、保存和预览以及对图片进行特定裁切、应用放大模型以实现图像放大的操作。如图 2-9 所示，连接各个节点，单击 Queue Prompt 按钮，即可获取相应的效果图。

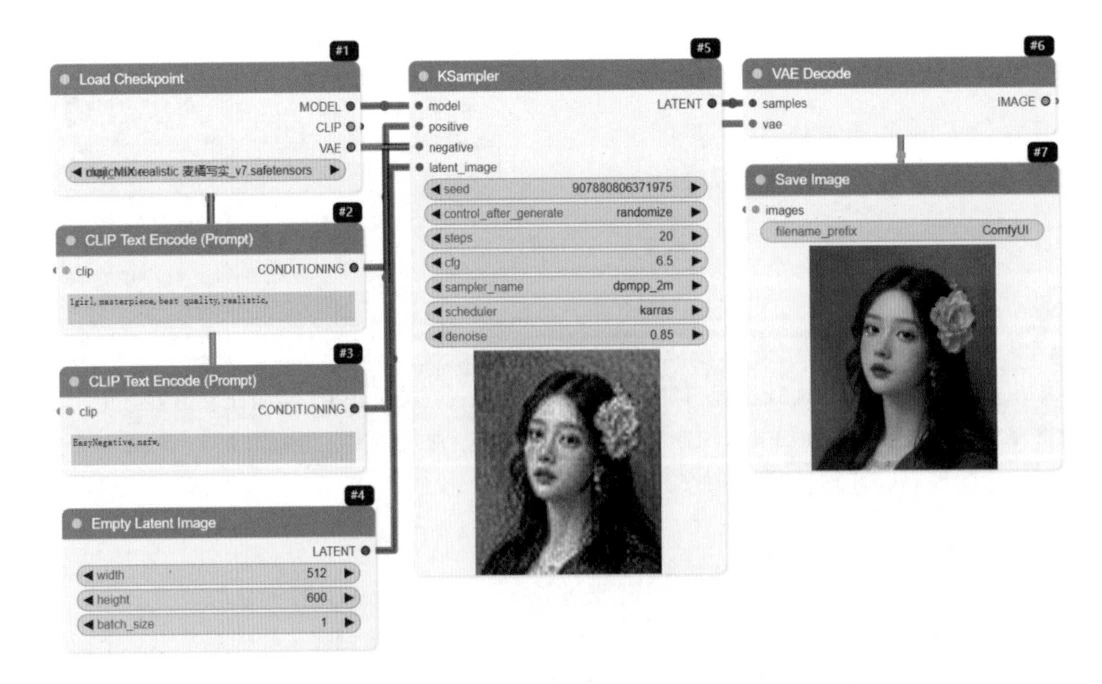

图 2-9　从零开始搭建工作流

2.4 ComfyUI 的常用快捷键

常用的快捷键可以辅助我们快速编辑工作流，各组快捷键的功能如表 2-1 所示。

表 2-1　ComfyUI 的常用快捷键

命　　令	功　　能
Ctrl + Enter	将当前图形排队以便生成图像
Ctrl + Shift + Enter	将当前图形队列作为生成的第一个图像
Ctrl + Z/Ctrl + Y	撤销 / 重做
Ctrl + S	保存工作流
Ctrl + O	加载工作流
Ctrl + A	选择所有节点
Alt + C	折叠 / 取消折叠所选节点
Ctrl + M	将所选节点静音 / 取消静音
Ctrl + B	绕过选定的节点(就像从图形中删除节点并重新连接电线一样)
Delete/Backspace	删除选定的节点
Ctrl + Delete/Backspace	删除当前图形
Space	按住并移动光标时移动画布
Ctrl/Shift + Click	将单击的节点添加到所选内容中
Ctrl + C/Ctrl + V	复制和粘贴选定的节点（不维护与未选定节点的输出的连接）
Ctrl + C/Ctrl + Shift + V	复制和粘贴所选节点（保持从未选择节点的输出到粘贴节点的输入的连接）
Shift + Drag	同时移动多个选定节点
Ctrl + D	加载默认图形
Alt + +	画布放大
Alt + −	画布缩小
Ctrl + Shift + LMB + Vertical drag	画布放大或缩小
Q	查看工作流排队队列
H	查看历史记录
R	刷新图表
Double-Click LMB	打开节点快速搜索调色板

注意：在 ComfyUI 界面中按 Ctrl 键的同时拖动鼠标，可以框选需要整体拖动的节点；按 Shift 键的同时拖动鼠标，可以同时移动多个选定的节点。

2.5 报错处理

在使用 ComfyUI 的过程中，可能会遇到多种类型的报错信息，这些报错通常可以归纳为基础问题报错、工作流问题报错、网络问题报错、模型问题报错以及环境配置问题报错 5 类。下面详细介绍这些报错及其解决措施。

2.5.1 基础问题报错

基础问题报错主要包括模型不匹配、参数设置错误、节点缺失以及显存不足，下面逐一进行介绍。

1. 模型不匹配

在使用 ControlNet 工作流时，虽然工作流能够正常运行，但是输出的图像效果不理想，可能表现为图像出现大量色块、细节模糊或不符合预期的风格。这通常是由于加载的 ControlNet 模型与预处理器之间存在不匹配所致。解决方法是检查模型与预处理器兼容性，确保所使用的 ControlNet 模型与相应的预处理器版本相匹配，或选择文档推荐使用的配置。

2. 参数设置错误

以使用 ComfyUI 默认工作流为例，如果出现工作流能正常运行但出图效果不好，如生成的图像“塑料感”明显、人物不真实等，一般为采样器等参数调整不佳，出图质量不好。可以通过多次调整采样器参数，使图像达到最好效果来解决问题。具体解决方法是调整参数设置，通过调整采样器（如 DDIM、Euler A 等）的参数，如步长、噪声水平以及工作流中的其他关键参数来优化输出图像的质量。建议进行多次试验，对比不同参数组合条件下的效果。

3. 节点缺失

在构建或加载工作流时，界面中的某些节点显示为红色或特定报错提示，表明这些节点在当前环境中缺失，无法正常工作，解决方法如下：

- 安装缺失节点。根据报错信息或界面提示确定缺失的节点类型，并按照 2.2.1 节中的指导进行安装。确保从官方或可信来源下载节点插件，并按照正确步骤进行安装。
- 检查软件版本。确保软件版本支持所需节点，有时软件更新会引入新节点或修复旧节点的问题。

4. 显存不足

在运行视频处理或高分辨率图像生成等显存密集型工作流时，如果计算机的物理显存不足以支持当前任务，可能会导致程序崩溃或报错，解决方法如下：

- 增加物理内存。如果条件允许，最直接的方法是升级计算机的显卡来增加物理显存。
- 调整虚拟内存。对于无法立即升级硬件的情况，可以通过增加虚拟内存来暂时缓解显存压力。

调整虚拟内存的具体操作步骤如下：

（1）右击“此电脑”，在弹出的快捷菜单中选择“属性”命令，弹出“系统”窗口。

（2）单击“高级系统设置”弹出“系统属性”对话框。

（3）在“高级”选项卡中，单击“性能”区域的“设置”按钮。

（4）在弹出的“性能选项”对话框中，选择“高级”选项卡，然后单击“虚拟内存”区域的“更改”按钮。

（5）取消勾选“自动管理所有驱动器的分页文件大小”复选框，选择一个拥有较大可用空间的硬盘，然后设置初始大小和最大值（建议设置为物理内存的 1.5 ~ 3 倍）。

（6）单击“设置”后，确认并重启计算机使设置生效。

注意：虚拟内存虽然能缓解显存压力，但是无法完全替代物理显存的性能，因此在进行大规模或高要求的任务时仍需考虑硬件升级。

2.5.2 工作流问题报错

工作流问题报错主要包括节点连接问题、插件下载不完全或导入失败，下面逐一进行介绍。

1. 节点连接问题

在运行复杂的工作流时，如果某个必要的节点未能正确连接输入端或输出端至其他节点，可能会导致工作流执行中断并报错。发生这种情况通常是因为节点间的逻辑链路未建立完整或存在连接错误，解决方法如下：

- 检查节点连接。仔细核查工作流中每个节点的输入和输出端口，确保它们已按照预期的逻辑关系正确连接。特别关注那些标记为“必需”或“关键”的节点，这些节点往往是工作流顺利运行的基础。
- 查阅文档和教程。如果对工作流的具体构建不熟悉，可以参考相关的文档、教程或社区讨论，了解每个节点的功能和正确的连接方式。

2. 插件下载不完全或导入失败

在通过插件管理器（如 Manager）下载并安装插件时，可能会遇到安装成功但实际导入失败的情况。这通常表现为在 Manager 中显示安装成功，文件夹中也存在对应的插件文件，但在启动 ComfyUI 时插件无法被正确加载或导入，如图 2-10 所示，解决方法如下：

- 检查控制台错误日志。启动应用程序后，注意观察控制台或日志文件中的错误信息，这些信息通常会指出导入失败的具体原因，如文件损坏、版本不兼容、依赖缺失等。
- 重新下载插件。如果怀疑插件文件下载不完整或有损坏，可以尝试从可靠的源重新下载插件，并确保下载过程中网络的稳定。
- 验证插件兼容性。确认所下载的插件与当前使用的应用程序版本是兼容的。有时，新版本的插件可能不支持旧版本的应用程序，反之亦然。
- 手动安装依赖。如果错误信息指出缺少依赖项，那么应根据提示手动安装缺失的依赖库或框架。

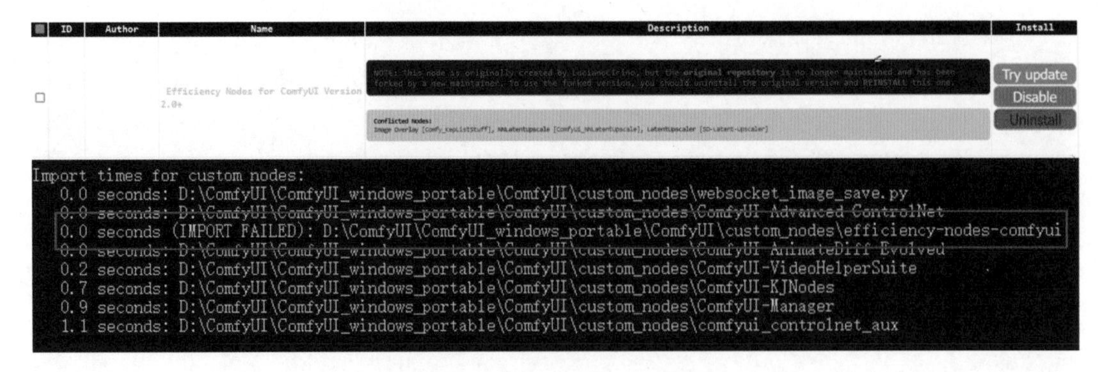

图 2-10　效率节点插件无法导入

2.5.3　网络问题报错

在运行工作流过程中，若遇到 http、connection、URL 错误，或明确提示“信号灯时间超时”这类问题，通常为网络连接层面的问题。在诸多工作流应用场景中，尤其是涉及自动化下载模型或必要文件的环节，这类错误尤为常见。需要说明的是，此处所指的模型并非特指大规模模型（如大模型或 LoRA 等），而是指该工作流正常执行所必需的组件或依赖文件。

针对此类问题，以下是两种有效的解决方案。

- 使用学术加速服务解决网络连接问题。如果下载地址指向的是国外服务器，直接访问可能因网络延迟或访问限制而失败。此时推荐利用学术加速服务（如 VPN、代理服务器等）来改善网络连接质量，确保能够稳定访问所需资源。配置好加速服务后，重新运行工作流，直至所有必要的模型或文件下载成功。
- 从国内镜像站点下载并手动配置。为减少因网络问题导致的下载失败问题，可考虑从国内的镜像网站（网址为 https://hf-mirror.com/）查找并下载所需的模型或文件。一旦下载完成，需要按照工作流或应用程序的文档说明将这些文件放置到指定的文件夹或路径下。完成此步骤后，再次尝试运行工作流，以验证问题是否得到解决。

注意：采取上述任一措施时，请确保遵循相关的网络安全政策和法规，避免使用未经授权或可能带来安全风险的加速服务。

2.5.4　模型问题报错

模型问题报错主要包括缺失模型文件问题和模型不匹配问题，下面逐一进行介绍。

1. 缺失模型文件问题

在运行工作流时，出现 no such file xxx 的报错，这通常意味着程序试图在加载一个不存在的模型文件，即该模型文件缺失，解决方法如下：

- 确认文件路径。检查程序或工作流中指定的模型文件路径是否正确，确认文件名和路径是否与文件系统中的实际位置相匹配。

- 下载模型。如果模型文件确实缺失，则需要在可靠的来源下载相应的模型文件。对于使用 Hugging Face Transformers 库的情况，可以访问 Hugging Face 的模型仓库（项目地址为 https://huggingface.co/models）或国内镜像网站（网址为 https://hf-mirror.com/）下载所需的模型。
- 放置模型文件。模型下载完成后，将模型文件放置在程序或工作流所期望的目录中，确保文件权限允许程序读取该文件。
- 更新配置文件。如果模型文件的路径在配置文件中已经指定，确保更新配置文件以反映新的文件路径。

2. 模型不匹配问题

如果在运行工作流时出现 NoneType object has no attribute lower 或者 mat1 and mat2 shapes cannot be multiplied (32 × 2048 and 768 × 320) 报错，通常是由于加载了与工作流需求不匹配的模型。例如，工作流需要加载的是一个能够处理文本并执行“.lower()”方法的模型（如 SDXL），但实际上加载了一个不支持此操作的模型（如 SD1.5），解决方法如下：

- 检查模型类型。确认加载的模型类型是否符合工作流的需求。查阅工作流的文档或源代码，了解它期望的模型类型和版本。
- 更换模型。如果当前加载的模型不符合需求，你需要下载并加载正确的模型。使用与上述“下载模型”相同的步骤来获取正确的模型文件。
- 修改代码。如果修改模型不可行或不方便，那么应该考虑修改工作流的代码以适应当前加载的模型，具体包括调整数据处理方式、调用不同的模型方法等。
- 测试。在做出任何更改后，彻底测试工作流以确保所有功能都按预期工作。特别注意那些可能因模型更改而受影响的部分。

2.5.5 环境配置问题报错

环境配置问题报错主要包括缺失特殊的配置文件、缺失模块、插件导入失败、ComfyUI 版本较低，接下来详细介绍这些报错及解决办法。

1. 缺失特殊的配置文件

下面以缺失 InsightFace 配置文件为例，在官方版 ComfyUI 上演示如何配置特殊文件。

1）找到对应的 Python 文件

在 ComfyUI 的 python_embeded 文件夹的地址栏中输入 cmd 后按 Enter 键调出命令行窗口，然后输入 python 按 Enter 键，如图 2-11 所示，显示 Python 版本号为 3.11.8。

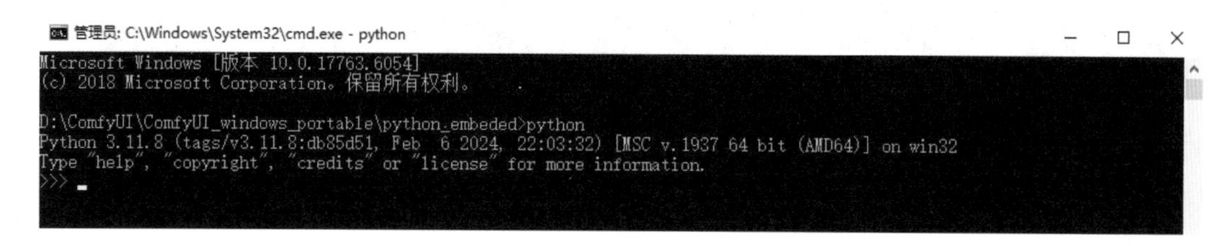

图 2-11 Python 版本号查询

2）下载对应的 InsightFace 文件

在 GitHub 的 InsightFace 项目页面（项目地址为 https://github.com/Gourieff/Assets/tree/main/Insightface）中下载与 Python 版本对应的 InsightFace 文件。如图 2-12 所示，选择并下载 cp311 的 InsightFace 文件。

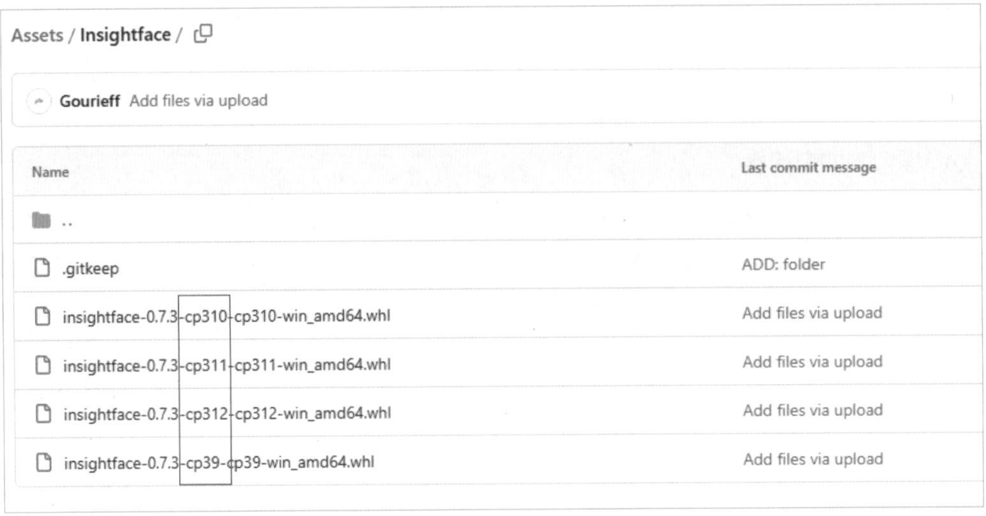

Assets / Insightface /

Gourieff Add files via upload

Name	Last commit message
..	
.gitkeep	ADD: folder
insightface-0.7.3-cp310-cp310-win_amd64.whl	Add files via upload
insightface-0.7.3-cp311-cp311-win_amd64.whl	Add files via upload
insightface-0.7.3-cp312-cp312-win_amd64.whl	Add files via upload
insightface-0.7.3-cp39-cp39-win_amd64.whl	Add files via upload

图 2-12　选择并下载对应的 InsightFace 文件

3）配置文件

成功下载 InsightFace 文件之后，复制 InsightFace 文件的地址。在 ComfyUI 的 python_embeded 文件夹的地址栏中输入 cmd 后按 Enter 键，调出命令行窗口。输入 python.exe -m pip install <复制的地址> onnxruntime 后按 Enter 键，如果出现 Successfully 字符，则表示 InsightFace 文件配置成功，如图 2-13 所示。

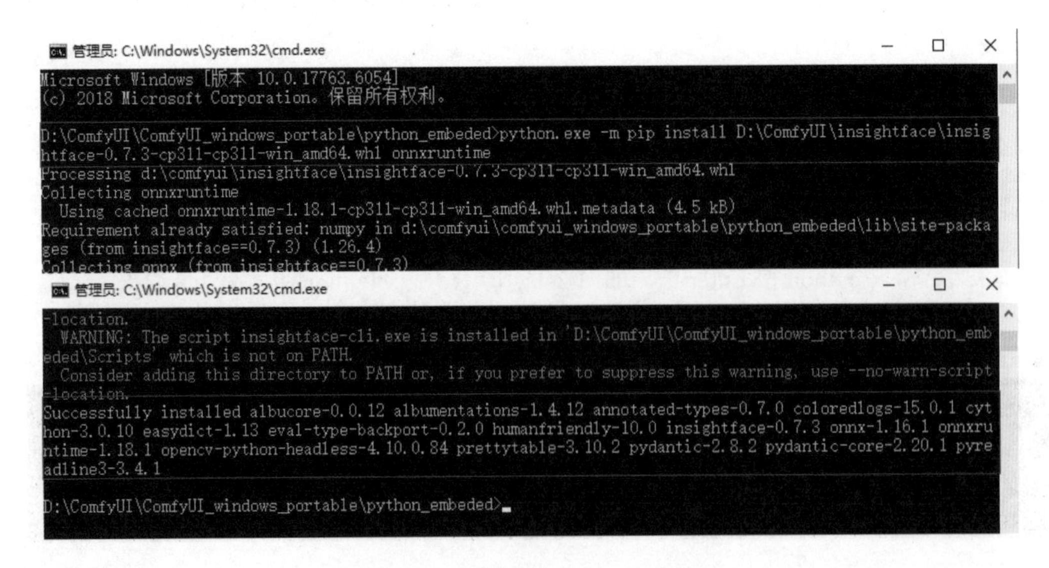

图 2-13　配置 InsightFace 文件

2. 缺失模块

在运行工作流时，如果遇到 no module xxx 错误，如图 2-14 所示，通常表明 Python 环境中缺少某个必要的模块。接下来具体讲解在官方版 ComfyUI 上下载缺失模块的方法。

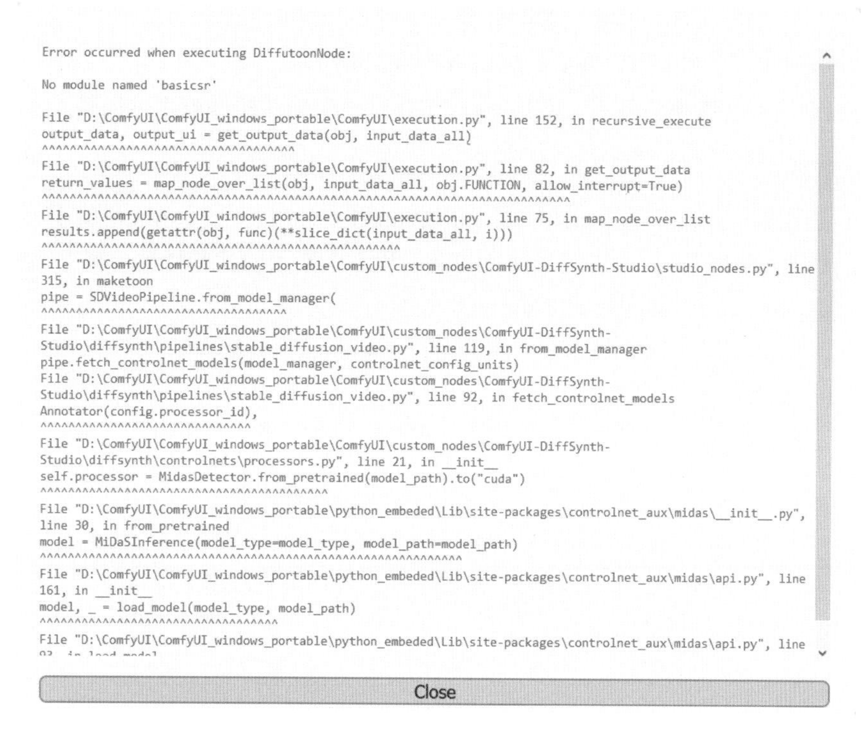

图 2-14　报错显示

在 ComfyUI 的 python_embeded 文件夹的地址栏中输入 cmd 后按 Enter 键，调出命令行窗口。在其中输入 python.exe -m pip install <缺失的模块名>后按 Enter 键，如果出现"Successfully installed <模块名>"的字样，则表示缺失的模块下载成功，如图 2-15 所示。

图 2-15　解决方法

3. 插件导入失败

在运行工作流时，如果遇到“__init__”错误，通常表明插件因缺失某些文件而无法正确导入，解决方法如下：

- ❑ 重新下载插件。访问插件的官方来源或下载页面，下载最新版本的插件。
- ❑ 检查文件的完整性。确保下载的插件包含所有必要的文件和目录。
- ❑ 换掉旧插件。用新下载的插件替换掉旧的或损坏的插件。
- ❑ 重启环境。在替换插件后，重启 ComfyUI 以确保新的插件被正确加载。

4. ComfyUI 版本较低

在运行工作流时，如果遇到 module 'comfy.model_base' has no attribute 错误，很可能是因为 ComfyUI 的版本过低，不支持当前工作流或程序中使用的某些特性，解决方法如下：

- ❑ 检查版本。确认当前使用的 ComfyUI 版本。
- ❑ 更新 ComfyUI。在 ComfyUI_windows_portable/update 文件夹下双击 update_comfyui 文件以更新 ComfyUI。

第 3 章 ComfyUI 平台简介

ComfyUI 在线平台如哩布、吐司和 eSheep 等可以帮助读者获取工作流及模型等资料，还可在线出图，也可云部署 ComfyUI 实现出图。

一系列高效实用的插件工具能够极大地辅助用户在使用 ComfyUI 进行设计时更加得心应手，成果更加出类拔萃。本章将详细介绍 ComfyUI 在线平台、云部署及 ComfyUI 扩展的相关知识。

3.1 ComfyUI 的在线平台

采用在线平台作为 ComfyUI 的访问与运用方式不仅有效规避了高昂的 GPU 购置成本，还极大地简化了 ComfyUI 的部署流程，使得用户能够轻松跨越技术门槛，实现随时随地、即开即用的高效体验。下面介绍几个常用的 ComfyUI 在线平台。

3.1.1 哩布平台

2024 年 7 月 25 日哩布（LiblibAI）上线 ComfyUI 平台，网址为 https://www.liblib.art/comfy。LiblibAI 支持 4000 多个节点，1000 多工作流，可提高图像生成效率和创作体验。作为规模越大的工作流分享平台，哩布不仅允许用户上传及下载各类工作流，还提供了全中文的在线图像生成服务。该服务会消耗一定的算力资源，但平台为鼓励用户日常使用，规定每日登录赠送 300 算力，39 元可以购置基础版 VIP，每月 15 000 点算力大约可生图 15 000 张或训练 70 次（生图按照默认参数预估；训练按照图像张数 20 张 × 单张训练次数 15 × 训练轮数 10 预估）。哩布工作流操作界面如图 3-1 所示。

3.1.2 吐司平台

吐司（网址为 https://tusiart.com/）对 ComfyUI 的功能进行了明确的划分，主要包括创建工作流与导入工作流两大模块，并将控制台的功能精简为运行操作。吐司同样缺失 Manager 管理器，只能使用已有插件，不支持自行安装插件。标准用户每日赠送 100 算力，生图按照默认参数预估，一张图像约 1 个算力。吐司工作流操作界面如图 3-2 所示。

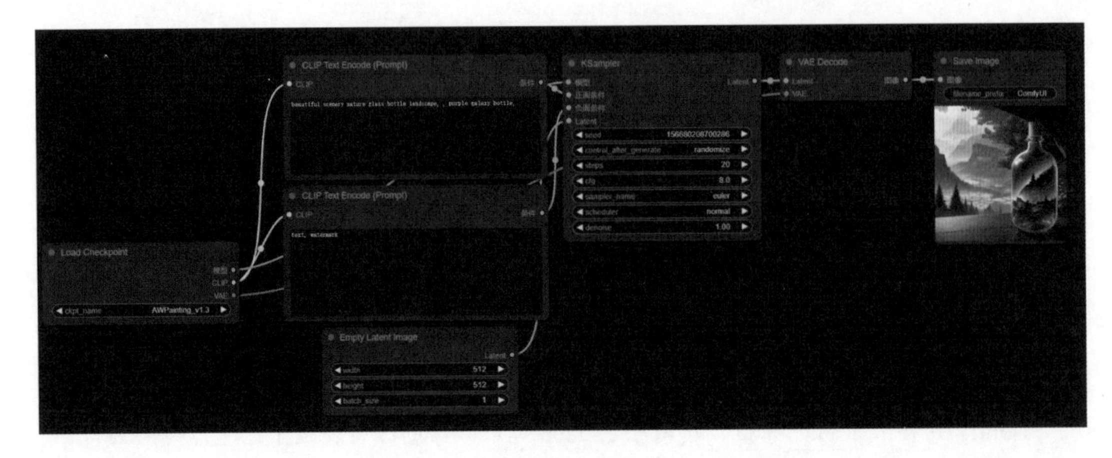

图 3-1　哩布工作流

图 3-2　吐司默认的工作流

3.1.3　eSheep 平台

相较于哩布与吐司平台，eSheep（网址为 https://www.esheep.com/）虽然提供了基本的设置面板，但是不支持更多的自定义功能，如不能修改 ComfyUI 界面属性。作为国内一个重要的工作流分享网站，eSheep 同样支持用户上传、下载工作流及进行在线图像生成功能，并且平台全程采用中文界面，操作便捷，响应速度快。eSheep 平台在进行在线图像生成时会消耗一定的“羊毛”，但为回馈用户，平台设定了每日登录赠送 100 羊毛的优惠活动，同时用户也可以通过支付 1 元人民币购得 100 羊毛。但遗憾的是，从 2024 年 7 月 29 日起，eSheep 平台的注册需要企业邀请码，暂不支持个人用户注册。

3.1.4　RunningHUB 平台

RunningHUB（网址为 https://www.runninghub.cn/）只有 ComfyUI 工作流模式，其在工作台界面提供了工作流预设模板、导入工作流、新建空白工作流 3 种使用方式。RunningHUB 同样缺失 Manager 管理器，只能使用已有插件，不支持自行安装插件。RunningHUB 工作流操作界面如图 3-3 所示。

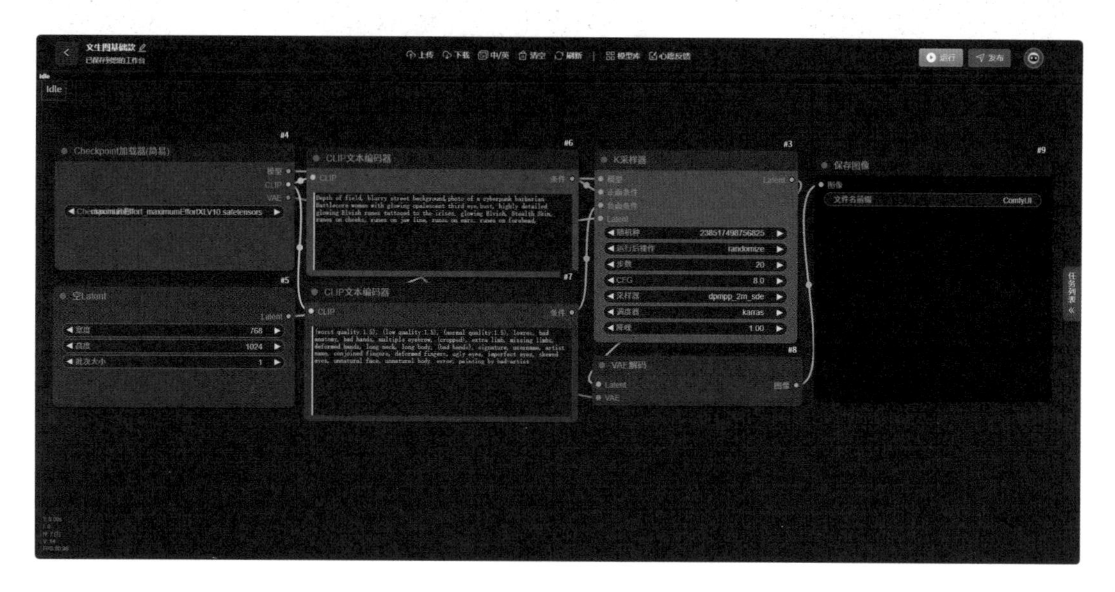

图 3-3　RunningHUB 文生图基础工作流

3.1.5　Nodecomfy 平台

Nodecomfy（网址为 https://nodecomfy.com/）是一个在线平台，它集成了工作流模式和开发模式，为用户提供全面的支持。在工作流模式下，用户可以轻松使用他人上传的优秀工作流，生成高质量图像、视频或者语音。

更为出色的是，Nodecomfy 还支持将工作流转换为代码的开发模式。这个功能使得用户能够深入探索工作流的内部逻辑，通过代码的形式对工作流进行自定义和扩展。开发模式为用户提供了更高的自由度，让他们可以根据自己的需求来优化工作流或者将工作流集成到更大的系统中。

关于 Nodecomfy 平台的详细介绍和更多功能，可以参考第 14 章的内容。在第 14 章中读者能够更深入地了解 Nodecomfy 的使用方法和应用场景，以及如何利用这个平台来提升自己的工作效率和创新能力。Nodecomfy 工作流操作界面如图 3-4 所示。

图 3-4　Nodecomfy 文生图基础工作流

3.2 ComfyUI 的云部署

我们可以选择购买云平台上的 ComfyUI 服务，规避购买 AI 绘画的台式机的成本，使用更加便携。

国内几大云厂商都开通了 AI 绘画 ComfyUI 云服务，不同平台的收费方式不同，一般有包月、按小时付费、按资源消耗量付费 3 种。在多个云平台试用云部署 ComfyUI 后，笔者将根据用户的使用习惯给出合理建议。

3.2.1　基于轻度用户的云部署

若用户在使用云部署生图时单位时间内生成的图像较少，则建议选择按量付费。推荐使用腾讯云 TI-ONE 训练平台的 ComfyUI 项目。云部署 ComfyUI，可以选择不同的硬件配置，如 CPU 核心数、内存大小和 GPU 类型。

按照网页 ComfyUI 部署说明（网址为 https://cloud.tencent.com/document/product/851/104607）指引，创建应用成功后，可以使用 ComfyUI 的全部功能，包括管理自定义模型、插件扩展。仅在实际调用 GPU 进行图像生成时才计费，编写提示词、浏览图库图像均不计费。

以第一次打开 ComfyUI，加载自定义模型（平均耗时 20~100 秒）后生成一张 512 × 512 像素大小的图片（10 秒）为例，共计 30~110 秒，该过程的费用为：0.0003074（元 / 内存秒）× 32（GB 内存）× 30~110 秒生图时间 =0.3~1.1 元。模型越大，该过程的费用就越高。

模型加载完后的平均生图的费用，以生成 512 × 512 像素的图像，配置迭代步数（steps）为 20，平均花费 5~10 秒为例，生成单张图像的平均费用为：0.0003074（元 / 内存秒）×

32（GB 内存）×（5~10）秒生图时间 =0.05~0.1 元（即大量生图的平均生成单张图像花费为 0.05~0.1 元，该费用会根据图片分辨率的提升、迭代步数的增减以及是否启用如 ControlNet 等额外插件或步骤而有所变动，并且与图片生成所需时间成正比）。阿里云函数也提供类似的服务。

3.2.2　基于重度用户的云部署

若用户在使用云部署生图时，单位时间生成图像较多或图像较大，则建议选择按小时付费。笔者推荐使用 LanruiI 网站（网址为 http://www.lanrui-ai.com/）。该网站允许用户根据实际需求选择显卡型号，并以小时为单位结算费用。如果选择 4090 型号的显卡（配备 24GB 显存）。其每小时的使用费用约为 3.1 元。

笔者在 Lanrui 上使用 ComfyUI 近 60 个小时，有以下感受。

- 提供一键部署和灵活扩展两种方式，文档指引清晰，操作简单。
- 启动很慢，生成图像的速度时快时慢，存在等待时间较长的情况。
- 按小时结算，不足一小时按一小时计价。
- 一天内可能会出现两三次服务器中断的情况，重启后重新按 1 小时计费。
- 虽然官方宣称每个人使用一个 GPU（类似于云计算机），但是在实际使用体验中，生成图片经常会出现卡顿问题（GPU 算力不流畅）。
- 总体而言，简单、可用、相对便宜、灵活，仍然值得一试。

与 Lanrui 相似的非大厂云平台有 Autodl（网址为 https://www.autodl.com/）和青椒云（网址为 https://www.qingjia ocloud.com/cooperation/agent/）。除非购买较贵的服务，这些平台都存在与 Lanrui 一样的问题。

在此，郑重推荐笔者团队开发的可学 AI（网址为 https://www.aikx.com/）。可学 AI 平台即开即用，不像上面提到的平台一样需要部署并用数分钟的启动时间。同时，只在生成图像使用 GPU 时按秒计费，输入参数等使用过程不计费，使用费用显著低于其他平台。可学 AI 平台提供了精选的常用模型、实用插件和丰富的 ComfyUI 功能并保持快速更新的状态，跟进 AI 绘画的最新进展。

3.3　ComfyUI 的扩展

ComfyUI 的工作流与节点分享功能成为设计师与开发者交流互动的重要窗口，还通过精心的分类与标签系统，实现了工作流的高效检索。

与此同时，我们也深入解析并推荐了多款常用、优秀的工作流与节点插件，能够辅助用户快速搭建复杂的项目框架，还能在细节处理上提供强有力的支持。

3.3.1　推荐网站

关注 ComfyUI 工作流网站，学习优秀的工作流，在一定程度上可以提高设计效率，下面介绍几个常用的工作流网站。

1. Civitai 网站

Civitai 网站（网址为 https://civitai.com/models）为外网网站，在该网站右上角的 filter 中选择 Workflows 类型，可以查看工作流下载及点赞数，如图 3-5 所示。此外，用户还可在搜索框中搜索目标工作流。

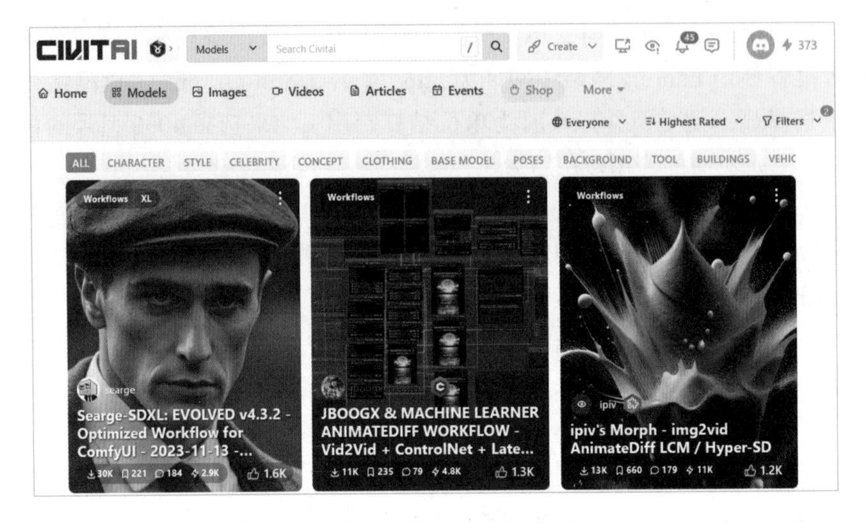

图 3-5　Civitai 工作流

2. 哩布网站

哩布网站（网址为 https://www.liblib.art/）除了支持在线搭建工作流外，主办方和优秀的创作者们为用户配置好了现成的工作流，用户可在线运行。如图 3-6 所示，单击页面左侧的“工作流”，可以查找其他创作者上传的工作流并在线使用或下载工作流。

图 3-6　哩布工作流查找界面

3. RunningHUB 网站

RunningHUB 网站（网址为 https://www.runninghub.cn/）同样配置了许多现成的优秀工作流。如图 3-7 所示，用户可以单击页面左侧的“工作流”查看其他用户上传的优秀工作流并在工作台上运行或者下载工作流。

图 3-7 RunningHUB 工作流查找界面

ComfyUI 工作流的分享网站较多，并且形式与功能较为相似，下面为常用的工作流分享网站。

- ❑ https://www.liblib.art/workflows；
- ❑ https://openart.ai/workflows/home：支持上传、下载、在线生成工作流以及免费下载工作流，在线生成需付费，免费账户有 50 个积分，加入其 Discord 可再加 100 积分（一次性），开通每月 6 美元的套餐后有 5000 积分 / 月（需要科学安排上网）；
- ❑ https://comfyworkflows.com；
- ❑ https://github.com/comfyanonymous/ComfyUI_examples。

此外，用户提供开发支持的网站如下，读者可自行研究。

- ❑ https://www.comfy.org；
- ❑ https://github.com/comfyanonymous/ComfyUI_examples。

3.3.2 推荐插件

ComfyUI 插件是高效设计工具，助力设计师与开发者快速实现图标管理、色彩调整、代码生成等功能，提升工作效率，让创意与用户体验成为焦点。下面介绍几个常用的 ComfyUI 插件。

1. 汉化插件

ComfyUI 汉化插件（项目地址为 https://github.com/AIGODLIKE/AIGODLIKE-COMFYUI-

TRANSLATION），单击设置面板上的齿轮按钮，AGLTranslation-langualge 选项选择中文，再单击 close，ComfyUI 的界面即为中文显示，如图 3-8 所示。

设置面板上的 Switch Locale 选项可以切换语言，单击后可切换成上一次使用的语言。

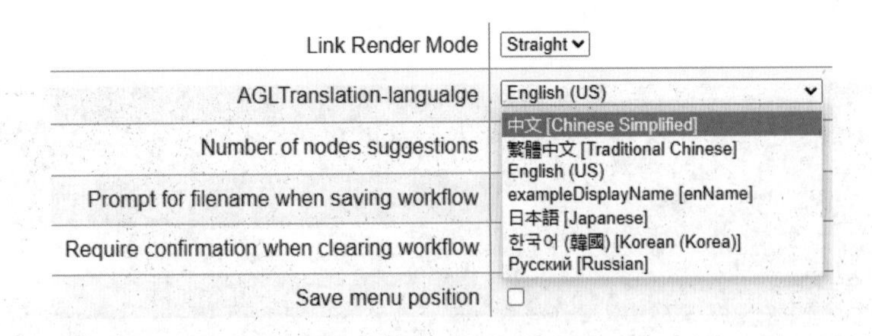

图 3-8　汉化插件

2. 中文提示词输入插件

用户可以在 ComfyUI 中使用中文输入提示词输入插件（项目地址为 https://github.com/AlekPet/ComfyUI_Custom_Nodes_AlekPet），右击 ComfyUI 界面，依次选择 Add Node | AlekPet Nodes | text | Deep Translator Text Node，右击 CLIP Text Encode（Prompt）节点，在弹出的快捷菜单中选择转换文本为输入，即可实现中文生图，具体工作流如图 3-9 所示。

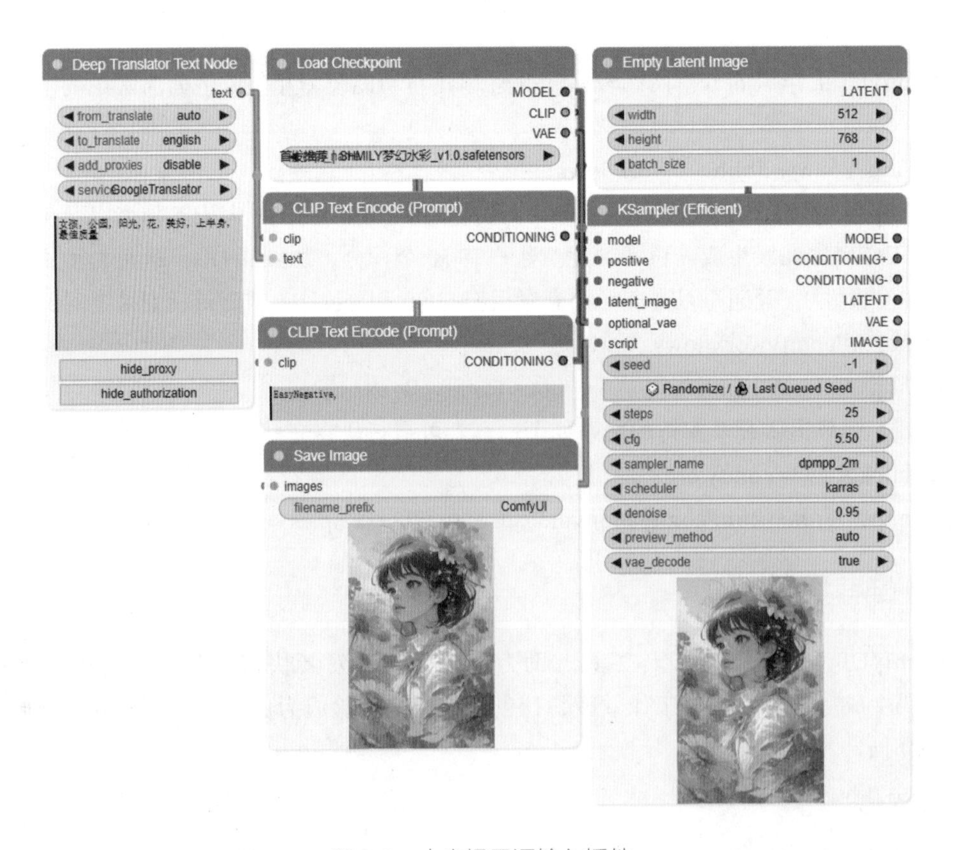

图 3-9　中文提示词输入插件

ComfyUI 的优秀插件较多，限于篇幅，上面仅介绍了国内用户必备的语言类插件，其他优秀的 ComfyUI 插件链接如表 3-1 所示，有兴趣的读者可以安装。

表 3-1　ComfyUI 插件

插 件 名	插 件 功 能	下 载 链 接
comfyui-workspace-manager	管理工作流	https://github.com/11cafe/comfyui-workspace-manager
ComfyUI-WD14-Tagger	提示词反推	https://github.com/pythongosssss/ComfyUI-WD14-Tagger
ComfyUI-Impact-Pack	面部修复	https://github.com/ltdrdata/ComfyUI-Impact-Pack
efficiency-nodes-comfyui	效率节点包	https://github.com/jags111/efficiency-nodes-comfyui
ComfyUI-Custom-Scripts	自定义脚本包（含提示词补全）	https://github.com/pythongosssss/ComfyUI-Custom-Scripts
OneButtonPrompt	简易提示词	https://github.com/AIrjen/OneButtonPrompt
Comfyroll_CustomNodes	CR 节点包	https://github.com/Suzie1/ComfyUI_Comfyroll_CustomNodes
was-node-suite-comfyui	WAS 节点套件	https://github.com/WASasquatch/was-node-suite-comfyui
rgthree-comfy	清晰工作流	https://github.com/rgthree/rgthree-comfy
AnimateDiff Evolved	视频节点	https://github.com/Kosinkadink/ComfyUI-AnimateDiff-Evolved
IPAdapter Plus	IPAdapter 节点	https://github.com/cubiq/ComfyUI_IPAdapter_plus
ReActor	换脸	https://github.com/Gourieff/comfyui-reactor-node
Catcat	ComfyUI 有趣节点	https://github.com/jw782cn/ComfyUI-Catcat
ComfyPets	ComfyUI 有趣节点	https://github.com/nathannlu/ComfyUI-Pets
SDXL Prompt Styler	XL 风格提示词	https://github.com/twri/sdxl_prompt_styler
ComfyUI-Crystools	数据检测	https://github.com/crystian/ComfyUI-Crystools
ComfyUI_UltimateSDUpscale	放大	https://github.com/ssitu/ComfyUI_UltimateSDUpscale

第 2 篇

绘画工作流

第 4 章 ComfyUI 绘画基础知识

ComfyUI 具有较高的灵活性，这个特性虽极大地丰富了设计与开发的边界，却也不可避免地构筑了一道相对较高的学习壁垒。本章将从 ConfyUI 文生图、图生图与蒙版组合重绘等方面介绍 ComfyUI 基础工作流，助力读者轻松且高效地掌握 ComfyUI。

4.1 文生图

文生图即根据提示词生成图像，在 ComfyUI 默认工作流中输入提示词，单击 Queue Prompt 按钮即可生成图像。由于使用 ComfyUI 的难度较高，我们默认读者具有一定的 AI 绘画基础，并且已经掌握提示词的书写技巧。

本书 2.3 节已经详细介绍了如何搭建默认工作流，然而默认工作流的节点较多，因此可以通过下载的 Efficiency Nodes 插件减少节点。接下来进一步介绍如何使用 Efficiency Nodes 插件减少节点。

在 ComfyUI 控制台区域单击 Manager，选择 Install Custom Nodes，搜索 Efficiency Nodes 插件并安装（项目地址为 https://github.com/jags111/efficiency-nodes-comfyui），安装后重启 ComfyUI 即可使用。若下载的插件过多，使用 ComfyUI-Manager 管理器可以更好地对 ComfyUI 进行插件管理（详见 2.2.2 节）。

下面以通过提示词生成少女图像作为示范，体验 ComfyUI 文生图工作流，接下来介绍该工作流的具体使用方法。

1. 创建工作流节点

用户在使用 Efficiency Nodes 插件创建文生图工作流时减少了节点使用，只需要创建 Efficient Loader 节点和 Ksampler（Efficient）节点即可。

- 创建效率模型节点：在 ComfyUI 界面任意位置上右击，在弹出的快捷菜单中依次选择 Add Node | Efficiency Nodes | Loaders、Efficient Loader。
- 创建效率采样节点：在 ComfyUI 界面任意位置右击，在弹出的快捷菜单中依次选择 Add Node | Efficiency Nodes | Sampling | Ksampler（Efficient）。

上述节点创建完成之后，需要将 Efficient Loader 与 Ksampler（Efficirnt）相同颜色的

接口一一匹配并相连接，具体连接方法如图 4-1 所示。

2. 输入提示词

在 CLIP_POSITIVE 框内输入 best quality,masterpiece,(studio),(1girl:0.9), bokeh, beautifully lit,sharp and in focu,messy long hair, 作为正向提示词；在 CLIP_NEGATIVE 框内输入 (worst quality:2),(low quality:2),(normal quality:2), lowres,bad anatomy,bad hands,normal quality,difConsistency_negative_v2, 作为反向提示词。

其他参数设置参照图 4-1 所示。

3. 生成图像

工作流创建完成后，单击控制台上的 Queue Prompt 按钮，即可生成图像。

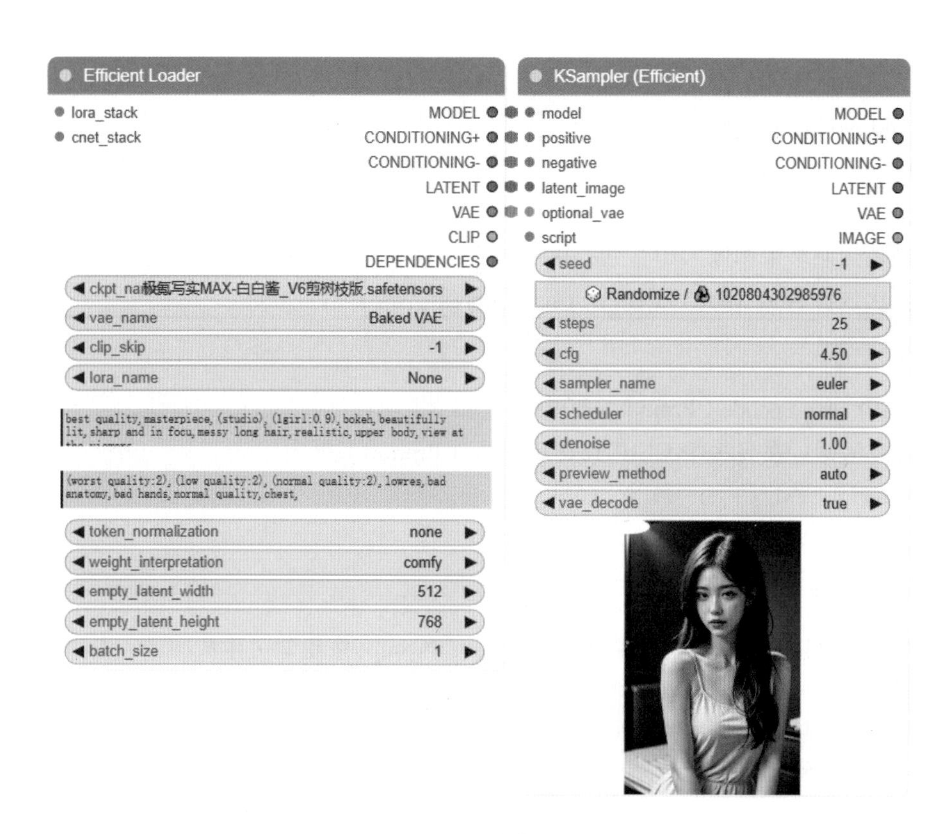

图 4-1　文生图

注意：

可以保存生成的图像，创建保存图像节点，在 ComfyUI 界面任意位置右击，在弹出的快捷菜单中依次选择 Add Node | image | Save Image，Ksampler（Efficirnt）的“IMAGE”输出匹配 Save Image 的 image 输入。

在 Ksampler（Efficient）节点的 vae_decode 参数中选择 true 选项可以省去 VAE Decode 节点。

4.2 图生图

图生图是 AI 参考底图中的所有因素，在其构图、色彩、背景等特征的基础上进行创作。

在 ComfyUI 中进行图生图工作流生成时，用户可以在默认工作流程的基础上，通过添加或移除节点来创建新的工作流。重要节点为图像编码节点，对加载图像进行编码。下面以将面包转为坦克为例，具体讲解图生图工作流的使用方法。

1. 创建工作流节点

创建图生图工作流，只需要在默认的文生图工作流基础上添加 Load Image、VAE Encode 和 Upscale Latent 节点即可。

- ❑ 创建加载图像节点：在 ComfyUI 界面任意位置右击，在弹出的快捷菜单中依次选择 Add Node | image | Load Image。
- ❑ 创建 VAE 编码节点：在 ComfyUI 界面任意位置右击，在弹出的快捷菜单中依次选择 Add Node | latent | VAE Encode。
- ❑ 创建控制结果图像大小节点：在 ComfyUI 界面任意位置右击，在弹出的快捷菜单中依次选择 Add Node | latent | Upscale Latent。

2. 输入提示词

在 CLIP Text Encode（Prompt）框内输入 tank toy,delicate wheels,beat quality,masterpiece, 作为正向提示词；在另一个 CLIP Text Encode（Prompt）框内输入 Easy Neagative, 作为反向提示词。

其他参数设置如图 4-2 所示。

3. 生成图像

工作流创建完成后，单击控制台上的 Queue Prompt 按钮即可生成图像，具体工作流如图 4-2 所示。

为了避免与导入的原图尺寸一样，可以添加节点来控制图生图结果图的尺寸。有 4 种控制图生图的结果图像大小的节点，下面具体讲解这 4 种节点。

- ❑ Upscale Latent：可设置生成图像的尺寸。在 ComfyUI 界面任意位置右击，在弹出的快捷菜单中依次选择 Add Node | latent | Upscale Latent。在该节点中，crop 参数为是否裁剪，选项 disabled 为不裁剪，选项 center 为居中裁剪。
- ❑ Upscale Latent By：按系数倍数缩放图像。在 ComfyUI 界面任意位置右击，在弹出的快捷菜单中依次选择 Add Node | latent | Upscale Image By。
- ❑ Upscale Image：可单独设置生成图像的大小。在 ComfyUI 界面任意位置右击，在弹出的快捷菜单中依次选择 Add Node | Image | Upscaling | Upscale Image。
- ❑ Upscale Image By：按系数倍数缩放图像。在 ComfyUI 界面任意位置右击，在弹出的快捷菜单中依次选择 Add Node | Image | Upscaling | Upscale Image By。

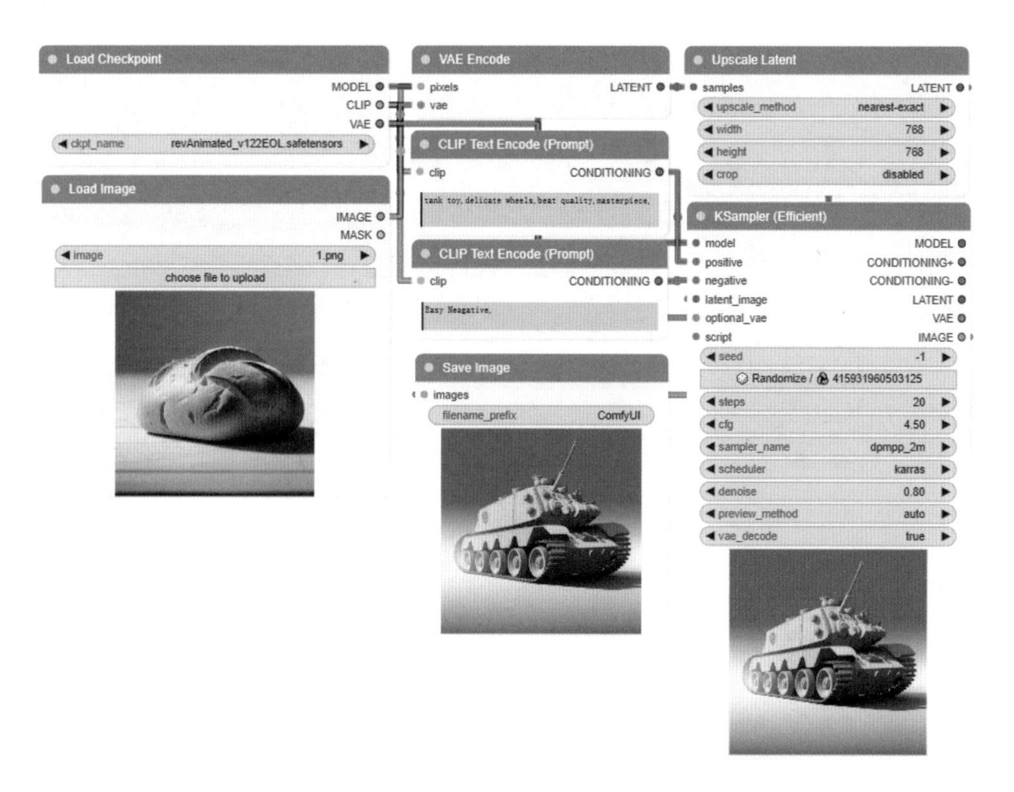

图 4-2　图生图

注意：在使用除了 Upscale Latent 节点外的 3 种控制图生图结果大小的节点时，只需要在图 4-2 所示的图生图工作流中将 Upscale Latent 节点替换成这 3 种节点中的任意一个即可。

4.3 涂鸦

在 ComfyUI 中进行涂鸦创作有多种方式。本节详细介绍三种涂鸦创作的方法：一是通过上传涂鸦底图创作；二是利用 Canvas_Tab 插件在网页平台上进行涂鸦绘制创作；三是借助 Mixlab 插件在 Photoshop（简称 Ps）环境中实现涂鸦创作。此外，还有一种方法是运用 AlekPet 结合 LCM 来实现实时绘画，该方法的具体操作将在 8.5 节详细阐述。本节主要介绍前 3 种涂鸦方法。

4.3.1 上传涂鸦底图

下面我们基于 4.2 节中的图生图工作流，演示如何实现涂鸦重绘功能。首先将图生图的 Load Image 图像更改为涂鸦底图；然后在 CLIP Text Encode（Prompt）框内输入 owl,best quality,masterpiece,realistic, 作为正向提示词，在另一个 CLIP Text Encode（Prompt）框内输入 Easy Neagative, 作为反向提示词；最后保持其余操作不变，单击 Queue Prompt 按钮生成图像，效果图如图 4-3 所示。

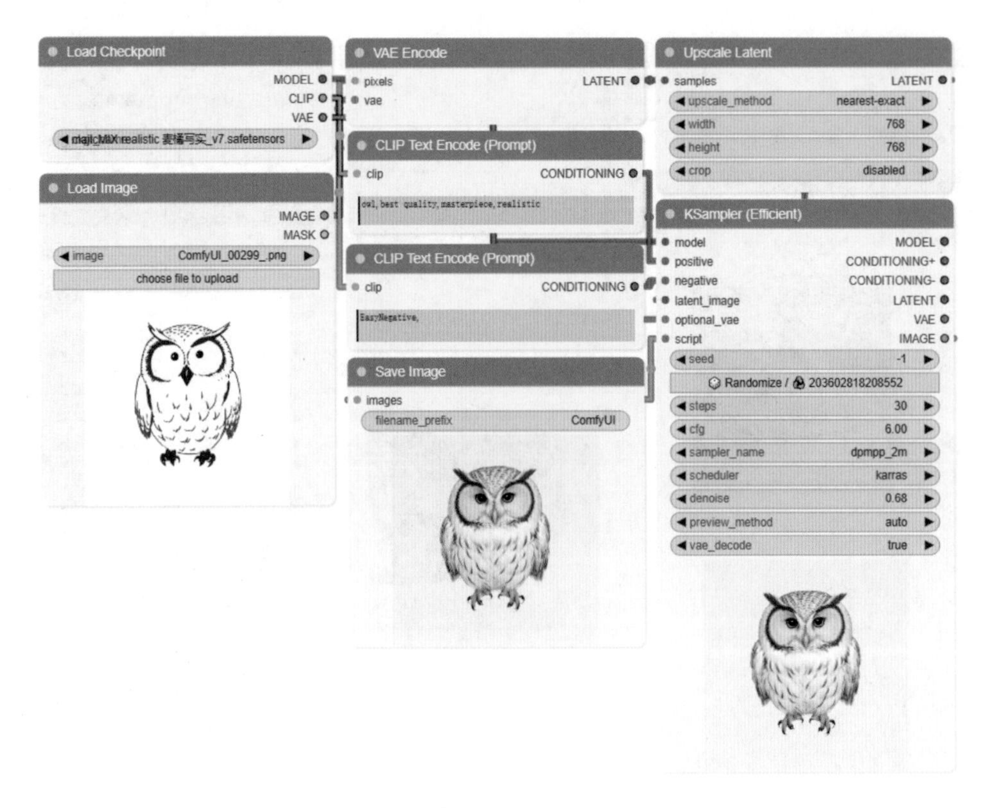

图 4-3　涂鸦 1

4.3.2　使用 Canvas_Tab 进行涂鸦

Canvas_Tab 是 ComfyUI 的专门用于画布编辑的插件。通过 Canvas_Tab 涂鸦出图，在 ComfyUI 控制台区域单击 Manager，选择 Install Custom Nodes，搜索 Canvas_Tab 插件并安装（项目地址为 https://github.com/Lerc/canvas_tab?tab=readme-ov-file），安装后重启 ComfyUI 即可使用，接下来介绍使用 Canvas_Tab 涂鸦工作流的具体方法。

1. 创建工作流节点

使用 Canvas_Tab 插件创建涂鸦工作流时，只需要在图生图工作流的基础上将 Load Image 节点改为 Edit in Another Tab 节点即可。下面介绍 Edit in Another Tab 节点的创建方法。

创建图像编辑节点，在 ComfyUI 界面任意位置右击，在弹出的快捷菜单中依次选择 Add Node | image | Edit in Another Tab。

在 Edit in Another Tab 节点中，单击 edit，在弹出的涂鸦网页中进行绘画，绘画完成后关闭界面，涂鸦的图片会自动保存在节点中。Edit in Another Tab 节点的涂鸦网页界面如图 4-4 所示。

2. 输入提示词

在 CLIP Text Encode（Prompt）框内输入 flower,rose,best quality,masterpiece, ((white background)), 作为正向提示词；在另一个 CLIP Text Encode（Prompt）框内输入 worst quality,low quality, 作为反向提示词。

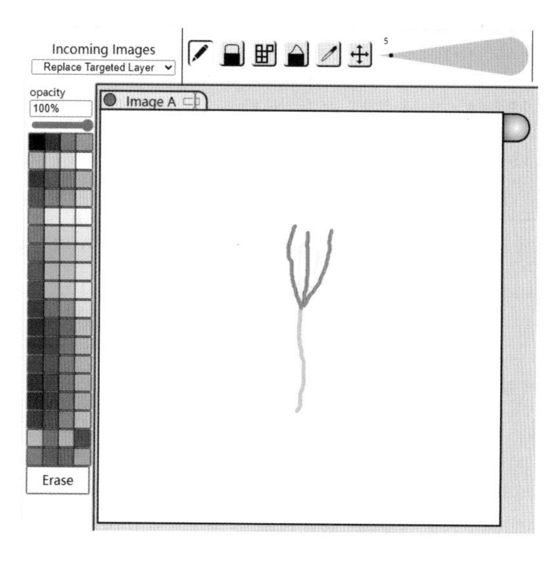

图 4-4　玫瑰涂鸦底图

其他参数设置如图 4-5 所示。

3. 生成图像

单击控制台上的 Queue Prompt 按钮即可生成图像，具体工作流及生成的涂鸦效果如图 4-5 所示。

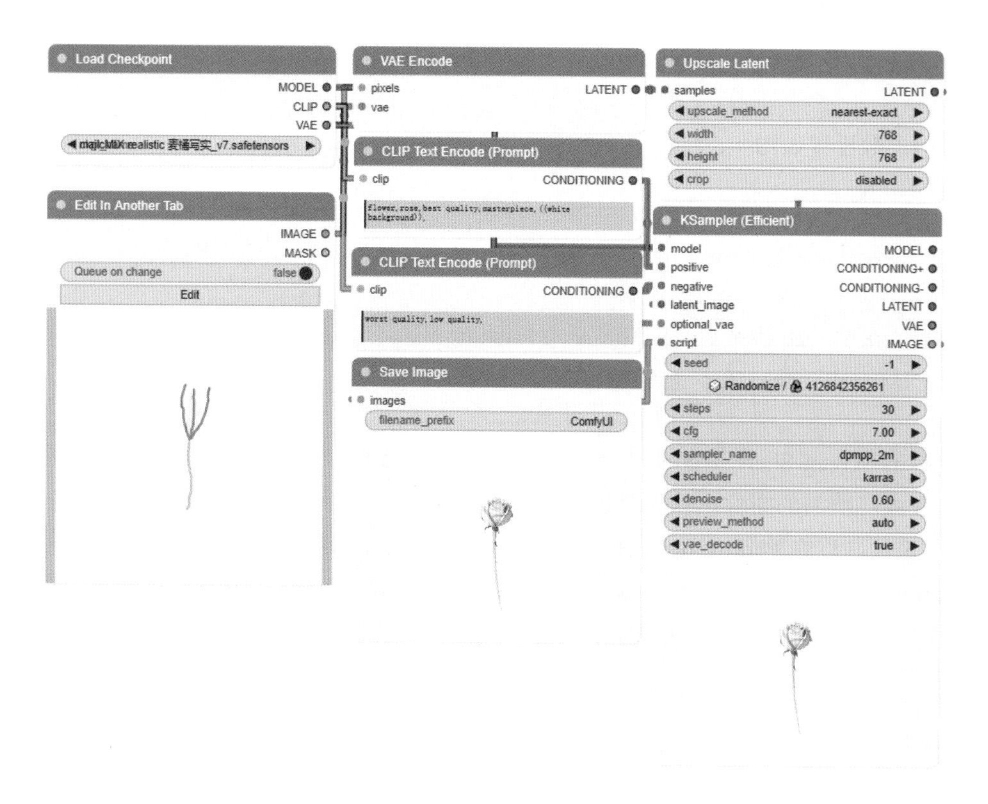

图 4-5　涂鸦 2

4.3.3 使用 Mixlab 进行涂鸦

Mixlab 插件支持从任何软件捕获屏幕作为输入，允许将前景图像以指定的位置和比例叠加到背景图像上，还具有生成透明图像以及为图像添加边缘等功能，本节具体讲述其涂鸦创作的功能。

通过 Mixlab 涂鸦出图，在 ComfyUI 控制台区域单击 Manager，选择 Install Custom Nodes，搜索 Mixlab 插件并安装（项目地址为 https://github.com/shadowcz007/comfyui-mixlab-nodes），安装后重启 ComfyUI 即可使用，接下来介绍使用 Mixlab 插件生成图像的具体方法。

1. 创建工作流节点

我们使用 Mixlab 插件创建涂鸦工作流时，为了简化工作流节点，只需要在文生图效率节点工作流的基础上添加 Screen Share Mixlab 与 VAE Encode 节点即可，文生图效率节点工作流详见 4.1 节。

创建涂鸦图像加载节点的方法是：在 ComfyUI 界面任意位置右击，在弹出的快捷菜单中依次选择 Add Node | Mixlab | Screen | Screen Share Mixlab。

2. 输入提示词

在使用 Mixlab 插件的涂鸦工作流时，需要输入与涂鸦内容符合的提示词。例如，在生成图 4-6 所示的穿着紫色衣服的女孩的涂鸦图像时，需要在 Efficient Loader 节点下面输入：1 girl,purple skirt,((upper body)),face,eyes,smile,cute,((white background)), 作为正向提示词；CLIP Text Encode（Prompt）框内输入 worst quality,badhandv4,hat, 作为反向提示词。

其他参数设置如图 4-6 所示。

3. 生成图像

单击控制台上的 Queue Prompt 按钮生成图像，具体工作流如图 4-6 所示。

注意： 在 Mixlab 插件 Screen 分类下的 Floating Video Mixlab 节点匹配 Ksampler（Efficient）节点的“IMAGE”输出还可查看视频转换的效果。

当单击 Screen Share Mixlab 节点的 Share Screen 参数时，会呈现 3 个选项供用户选择，用于加载涂鸦所需的图像。这 3 个选项是网页、窗口及整个屏幕。通常情况下，建议选择“窗口”选项。以在 Photoshop 中进行涂鸦为例，应当选择 Photoshop 窗口。随后，通过单击 Set Area 按钮，即可重新框定所需的有效区域。在该节点中，refresh_rate 参数代表刷新率，若将其数值设定为 500，则意味着每 500ms 会输出一次图像。

图 4-6　涂鸦 3

4.4 局部重绘

局部重绘是指在保持图像整体构图不变的前提下，对图像的特定区域进行再生成处理。这个过程通常涉及手动绘制蒙版，以界定需要重绘的区域。具体而言，通过画笔涂抹来定义蒙版区域后，可以选择对蒙版覆盖的部分或未覆盖的部分进行重绘，从而生成一张新的图像。下面以 Load Image 加载的图像为例，详细说明如何通过手动绘制蒙版的方式，对文生图结果图 4-1 中女孩的衣服进行局部重绘。

1. 创建工作流节点

首先绘制蒙版节点。将需要局部重绘的图像上传至 Load Image 节点，选中 Load Image 节点并右击，在弹出的快捷菜单中选择 Open in MaskEditor 命令，即在蒙版编辑器中打开图像进行蒙版编辑。在蒙版编辑器中，Clear 选项可清除当前蒙版；Thickness 选项可以修改画笔粗细；Cancel 选项为关闭蒙版编辑窗口；Save to node 为保存蒙版。

其次创建重绘功能的 VAE 编码节点。在 ComfyUI 界面任意位置右击，在弹出的快捷菜单中依次选择 Add Node | latent | inpaint | VAE Encode（for Inpainting）。

如果想要预览绘制的蒙版图，需要将蒙版转换为图像节点以及预览图像节点，在 Add Node 下的 Mask 分类里选择 Convert Mask to Image 节点；在 Add Node 下的 Image 分类里选择 Preview Image 节点，匹配连接相应的节点即可。

2. 输入提示词

在 CLIP Text Encode（Prompt）框内输入 red dress,princess skirtbest,best quality, masterpiece, 作为正向提示词；在另一个 CLIP Text Encode（Prompt）框内输入 EasyNegative, 作为反向提示词。将加载图像的白色 T-shirt 改为红色裙子。

其他参数设置如图 4-7 所示。

3. 生成图像

单击控制台上的 Queue Prompt 按钮生成图像，具体工作流如图 4-7 所示。

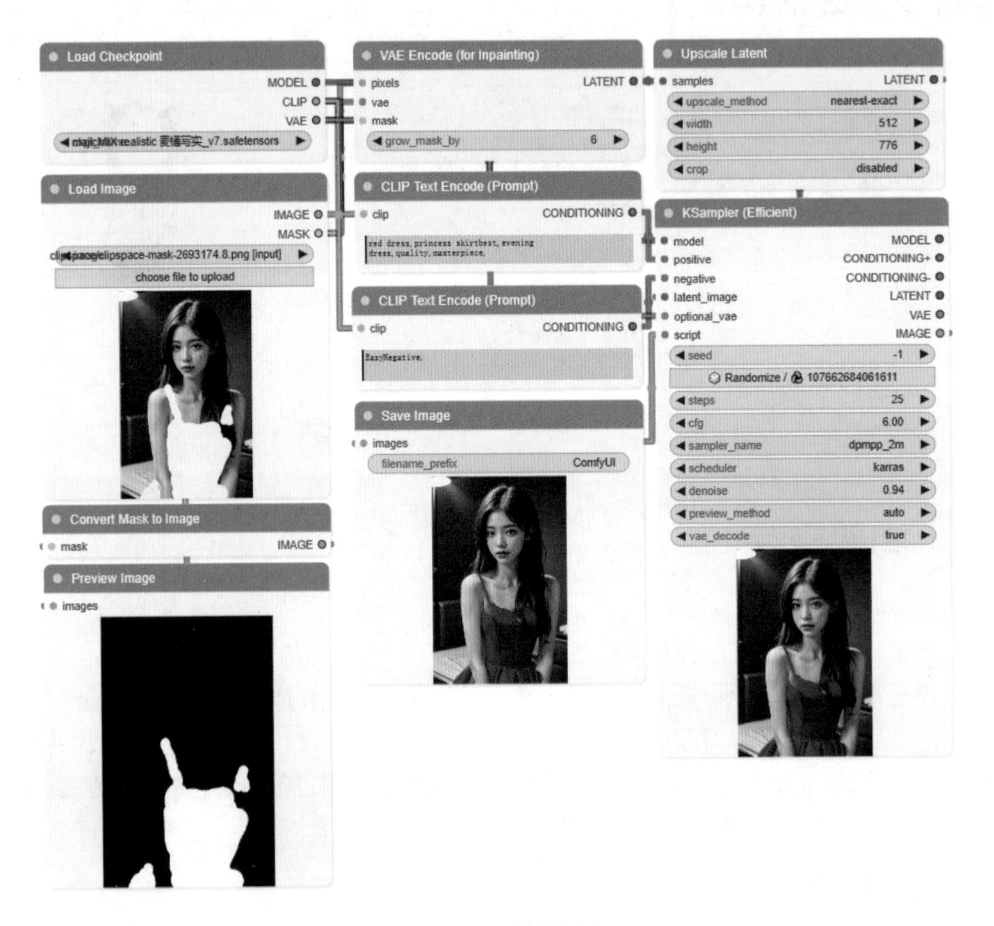

图 4-7　手绘蒙版 1

上述过程采用了具备重绘功能的 VAE 编码节点来实现局部重绘，却未单独处理潜空间数据，这才导致对生成内容的理解不够深入。为了改进这一点，采用如图 4-8 所示的方式构建工作流。该工作流可在图 4-7 工作流的基础上进行修改。接下来具体介绍工作流节点的修改方法。

- 创建 VAE 编码节点：在 ComfyUI 界面的任意位置右击，在弹出的快捷菜单中依次选择 Add Node | latent | VAE Encode。
- 创建潜空间噪波遮罩节点：在 ComfyUI 界面的任意位置右击，在弹出的快捷菜单中

依次选择 Add Node | latent | Inpaint | Set Latent Noise Mask。

图 4-8　手绘蒙版 2

图 4-7 与图 4-8 的核心差异在于是否对潜空间数据进行独立处理。在图 4-8 中，上传的图像首先通过 VAE 编码器转换为潜空间数据，并随后进行一次重新生成。相较于图 4-7 的方法，这种方式能够更准确地理解需要重新生成的内容，从而显著降低了生成错误图片的概率。

涂鸦重绘与局部重绘类似，故不再具体介绍。

4.5 蒙版组合重绘

涂鸦、局部重绘和涂鸦重绘的蒙版用画笔进行涂抹制作，蒙版线条粗糙、简单。使用 Photoshop 或者其他专业工具制作蒙版，能使重绘区域更加精确。上传重绘蒙版可以用来精确地保护底图不受影响。下面详细讲解获取蒙版、自动划分蒙版以及蒙版组合重绘。

4.5.1　使用 Segment Angthing 获取蒙版

获取蒙版为蒙版组合重绘的关键，可以使用插件获取蒙版。本节详细介绍如何使用 Segment Anything 插件获取蒙版图像。

在 ComfyUI 控制台区域单击 Manager，选择 Install Custom Nodes，搜索 segment anything 插件并安装（项目地址为 https://github.com/storyicon/comfyui_segment_anything?tab=readme-ov-file），安装后重启 ComfyUI 即可使用，接下来具体介绍使用 Segment Anything 获取蒙版的方法。

1. 创建工作流节点

获取蒙版的工作流包含 SAMModelLoader（segment anything）、GroundingDinoModelLoader（segment anything）、Load Image 和 GroundingDinoSamSegment（segment anything）节点，这些节点的创建方法如下：

- ❑ 创建分割模型节点：在 ComfyUI 界面任意位置右击，在弹出的快捷菜单中依次选择 Add Node | segment_anything | SAMModelLoader（segment anything）。
- ❑ 创建识别文本模型节点：在 ComfyUI 界面任意位置右击，在弹出的快捷菜单中依次选择 Add Node | segment_anything | GroundingDinoModelLoader（segment anything）。
- ❑ 创建加载图像节点：在 ComfyUI 界面任意位置右击，在弹出的快捷菜单中依次选择 Add Node | image | Load Image。
- ❑ 创建输入文本节点：在 ComfyUI 界面任意位置右击，在弹出的快捷菜单中依次选择 Add Node | segment_anything | GroundingDinoSamSegment（segment anything）。

如果想要预览绘制的蒙版图，需要添加将蒙版转换为图像节点及预览图像节点，在 Add Node 下的 Mask 分类里选择 Convert Mask to Image 节点；在 Add Node 下的 Image 分类里选择 Preview Image 节点，匹配连接相应的节点。

2. 输入提示词

在 GroundingDinoSamSegment（segment anything）节点的 prompt 提示词框里输入 girl。其他参数设置如图 4-9 所示。

3. 生成图像

单击控制台上的 Queue Prompt 按钮生成图像，具体工作流如图 4-9 所示。

适当提高 GroundingDinoSamSegment（segment anything）的 threshold 值可以增强模型对文本的识别能力，因为模型可能会更加严格地选择那些最有可能属于文本的像素或区域。但是过高的 threshold 值也可能会导致模型过于严格，从而忽略了某些实际上属于文本的像素或区域，导致文本识别失败。

在使用 Segment Anything 插件时，其节点功能中包含反选蒙版的功能。通过使用 InvertMask（segment anything）节点，可以做到反选蒙版。InvertMask（segment anything）节点的具体创建方法是：在 ComfyUI 界面任意位置右击，在弹出的快捷菜单中依次选择 Add Node | segment_anything | InvertMask（segment anything）。在图 4-9 获取蒙版工作流的基础上，添加 InvertMask（segment anything），参照图 4-10 所示，正确连接相关节点以完

成设置。

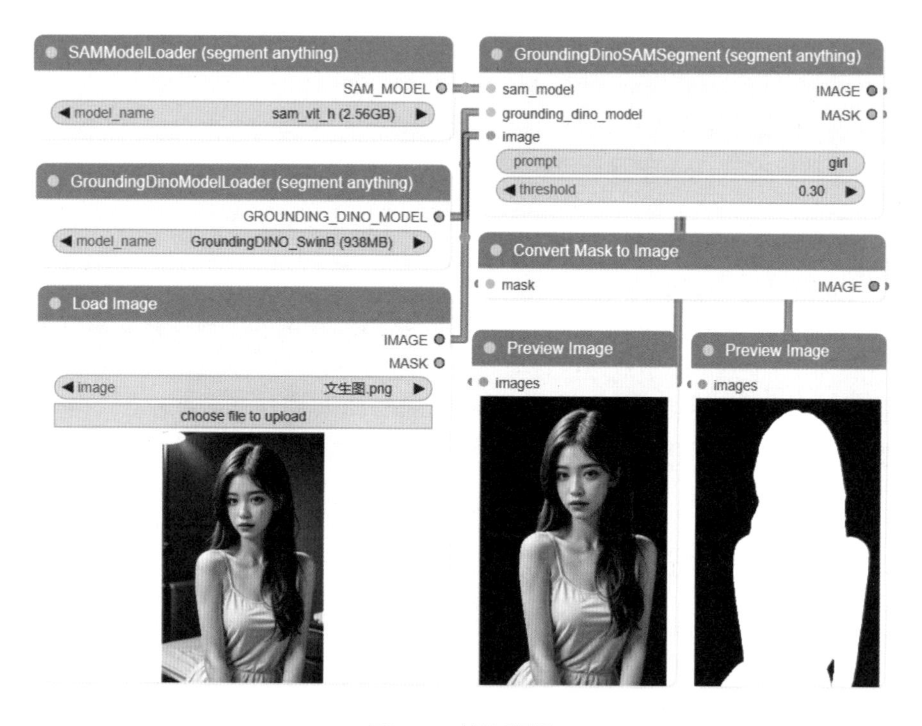

图 4-9　获取蒙版

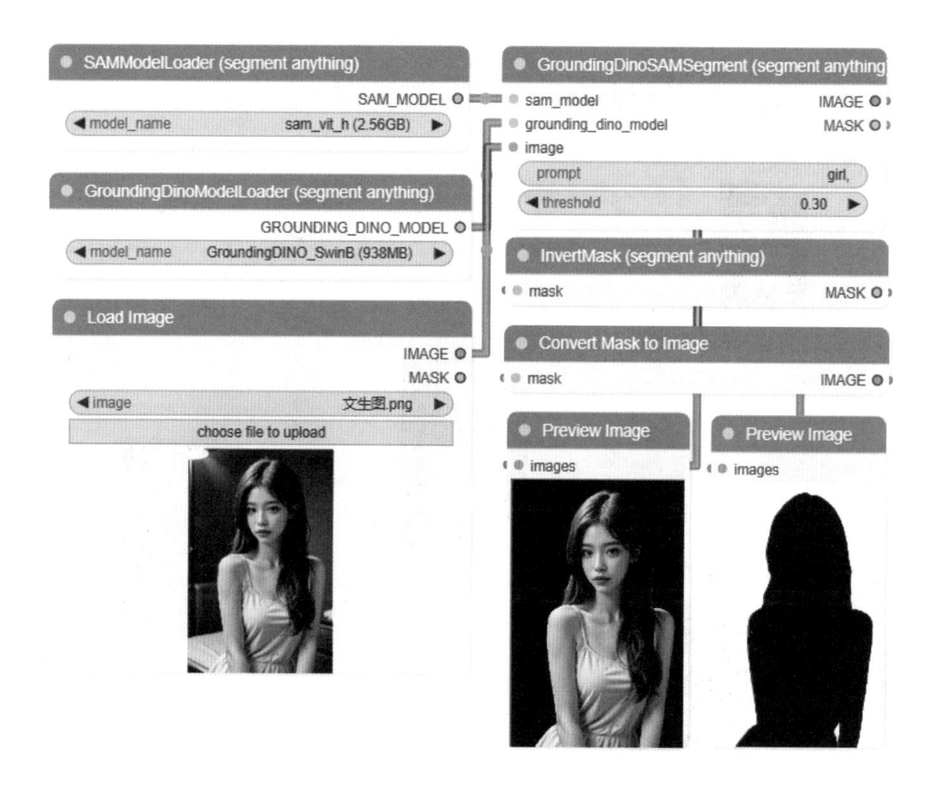

图 4-10　反选蒙版

4.5.2　使用 CLIPSeg 自动划分蒙版

另一种获取蒙版的有效方法是利用 CLIPSeg 工具自动划分蒙版，该工具能够根据提供的提示词自动辨识并生成相应的蒙版。

在 ComfyUI 控制台区域单击 Manager，选择 Install Custom Nodes，搜索 CLIPSeg 插件并安装，安装后重启 ComfyUI 即可使用，接下来具体介绍使用 CLIPSeg 自动划分蒙版的方法。

1．创建工作流节点

利用 CLIPSeg 工具自动划分蒙版不像使用 Segment Anything 插件获取蒙版那样复杂，只需要使用 CLIPSeg 这一个节点即可自动划分蒙版。

创建自动分割图像蒙版节点的方法是：在 ComfyUI 界面任意位置右击，在弹出的快捷菜单中依次选择 Add Node | image | CLIPSeg。

2．输入提示词

在 CLIP Text Encode(Prompt)框内输入 yellow long hair,yellow curly hair,hair, 作为正向提示词；在另一个 CLIP Text Encode（Prompt）框内输入 EasyNegative, face,person, 作为反向提示词。

其他参数设置如图 4-11 所示。

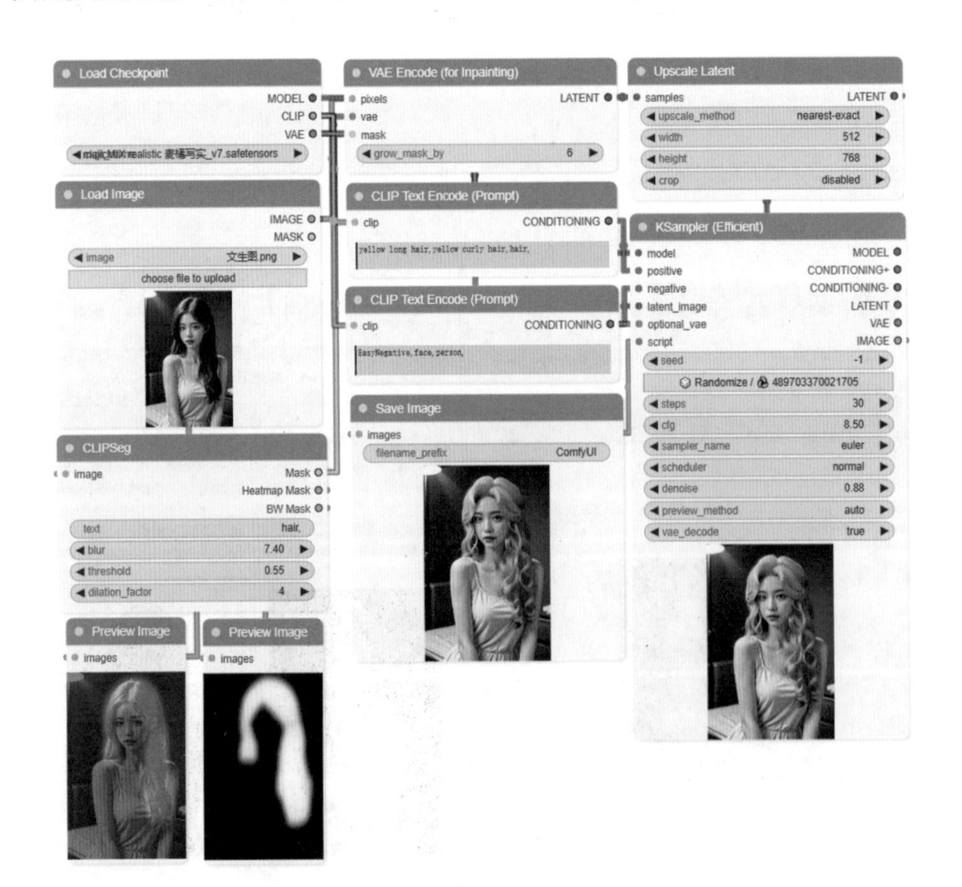

图 4-11　蒙版组合重绘

3. 生成图像

单击控制台上的 Queue Prompt 按钮生成图像，具体工作流及效果如图 4-11 所示。CLIPSeg 节点生成的 Heatmap Mask（热度图）和 BW Mask（灰度图）参见左下方 Preview Image 节点中的图像。

在 CLIPSeg 节点中有一些需要了解的重要参数：

- text（文本）：填写需要自动识别蒙版的部分，如 hair、hands、head、face 等。
- blur（模糊度）：可调整蒙版的模糊程度。
- threshold（阈值）：对文本内容识别的精细度。
- dilation_factor（膨胀系数）：识别的文本内容的扩散程度。

4.5.3 使用 BrushNet 蒙版组合重绘

ComfyUI 中有许多具有重绘功能的插件，在这些插件中，BrushNet 的重绘功能较强，使用 BrushNet 对重绘区域重新采样生成新图像的融合效果较好。下面以一个少女换背景为例，介绍如何使用 Segment Anything 插件和 BrushNet 插件进行蒙版组合重绘。

要使用 BrushNet 插件，需要先下载 BrushNet 插件。在 ComfyUI 控制台区域单击 Manager，选择 Install Custom Nodes，搜索 ComfyUI-BrushNet-Wrapper（项目地址为 https://github.com/kijai/ComfyUI-BrushNet-Wrapper），查找此插件并安装，安装后重启 ComfyUI 即可使用，接下来具体介绍使用 Segment Anything 插件和 BrushNet 插件进行蒙版组合重绘的方法。

1. 创建工作流节点

创建蒙版组合重绘工作流，可在图生图工作流的基础上添加获取蒙版节点和 BrushNet 重绘节点，鉴于 4.5.1 节已经介绍过获取蒙版节点的方法，所以这里只介绍创建蒙版组合重绘工作流所需的重绘节点。

- 创建重绘模型节点：在 ComfyUI 界面任意位置右击，在弹出的快捷菜单中依次选择 Add Node | BrushNetWrapper | BrushNet Model Loader。
- 创建反转蒙版节点：在 ComfyUI 界面任意位置右击，在弹出的快捷菜单中依次选择 Add Node | mask | InvertMask。
- 创建重绘采样节点：在 ComfyUI 界面任意位置右击，在弹出的快捷菜单中依次选择 Add Node | BrushNetWrapper | BrushNet Sampler。

2. 输入提示词

在 BrushNet Sampler 节点中的 prompt 框内输入 garden,flower,bright light, 作为正向提示词；在 n_prompt 框内输入 worst quality, 作为反向提示词。

其他参数设置参照图 4-12 所示。

3. 生成图像

单击控制台上的 Queue Prompt 按钮生成图像，具体工作流如图 4-12 所示。

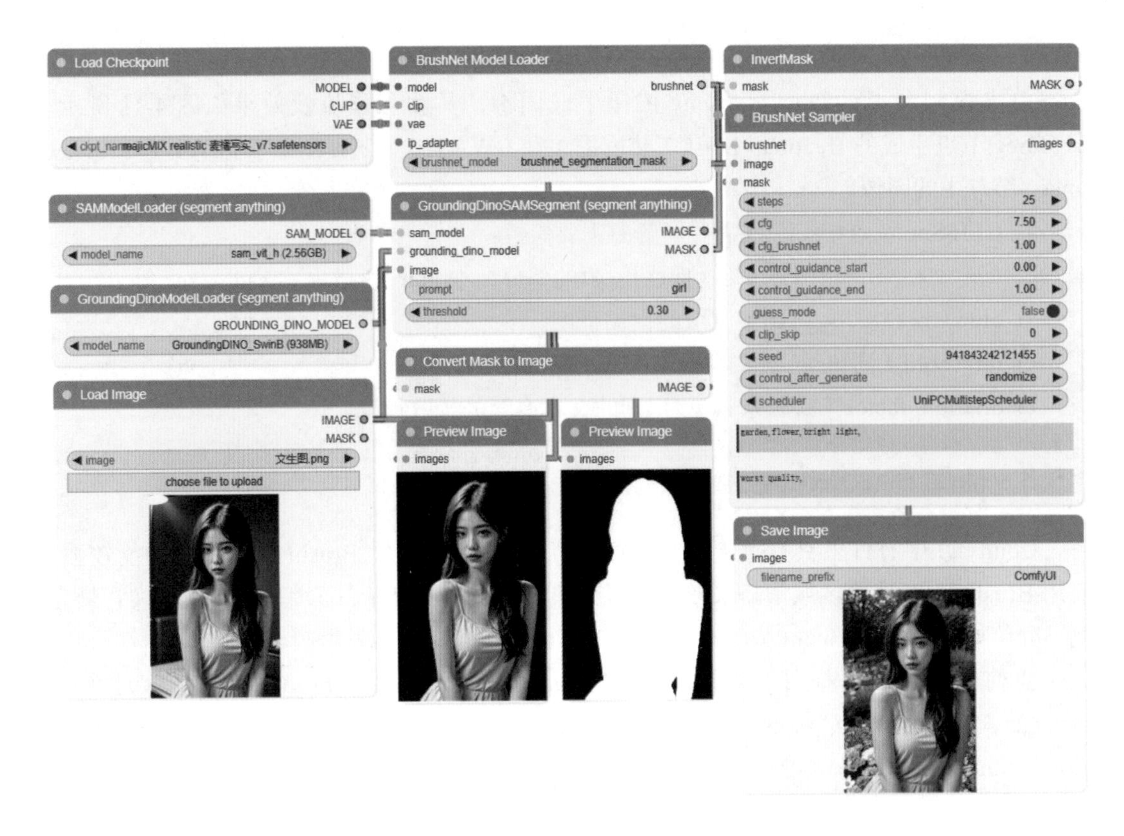

图 4-12　换背景

4.6 图像浏览

在 ComfyUI 平台中，用户可浏览通过文生图或图生图功能生成的图像。默认情况下，这些生成的图像存储在 ComfyUI\output 路径下供用户查看。此外，为了提升用户体验，也可以在 ComfyUI 控制台区域单击 Manager，选择 Install Custom Nodes，搜索 ComfyUI-Custom-Scripts（https://github.com/pythongosssss/ComfyUI-Custom-Scripts），安装图像浏览插件，重启 ComfyUI 即可使用。

用户还可以通过单击 ComfyUI 控制台区域的设置按钮，弹出设置面板，然后在 Image Feed Location 选项中自定义图像浏览的展示区域。该选项提供了 4 种布局方式：bottom 表示图像浏览位于 ComfyUI 底部；top 表示图像浏览位于 ComfyUI 顶部，left 表示图像浏览位于 ComfyUI 左侧；right 表示图像浏览位于 ComfyUI 右侧。如图 4-13 展示了选择 bottom 布局时的效果。

在图像浏览界面中，单击 Resize Feed 按钮可以看到 Feed Size 和 Column count 参数。其中，Feed Size 可以调整生成的图像大小，Column count 可以调整生成图像在一排中所展示的数量，如图 4-14 所示。

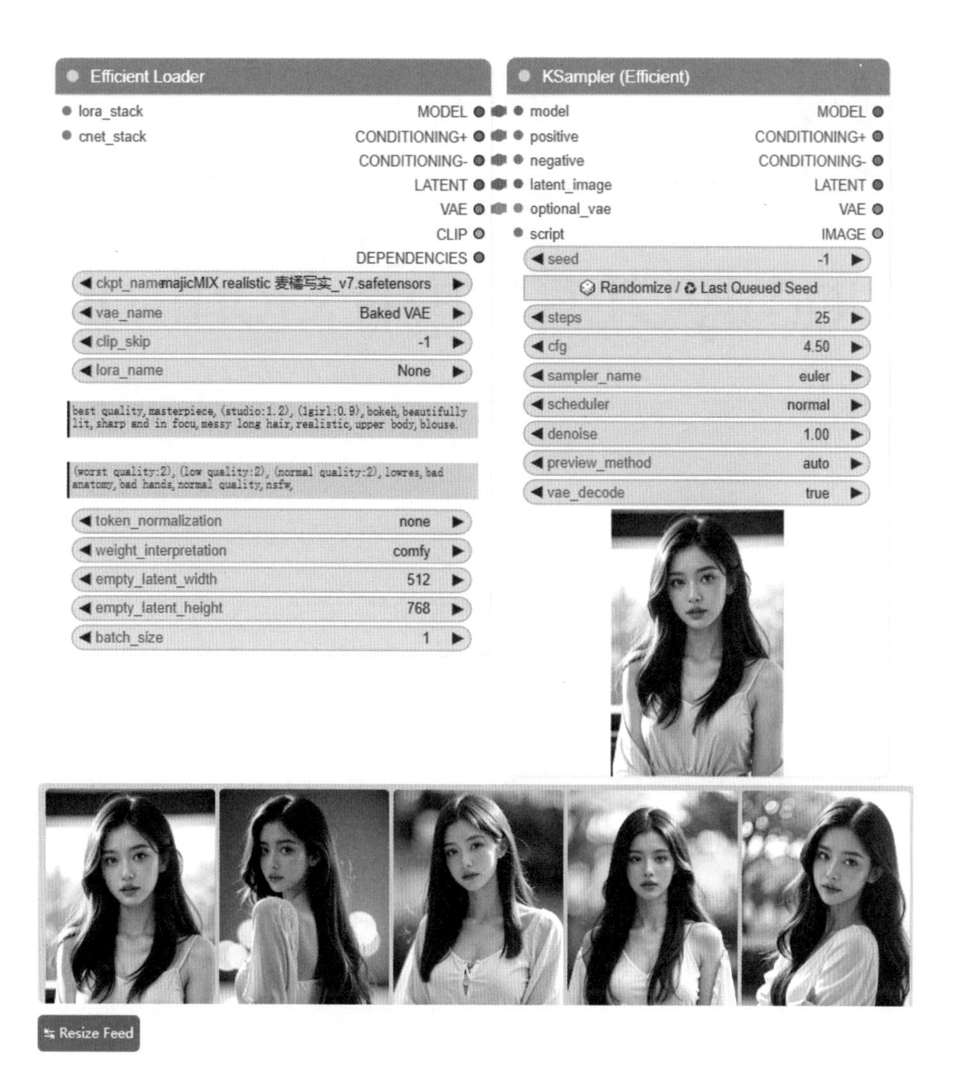

图 4-13 图像浏览

图 4-14 Feed Size 和 Column count 参数设置

第 5 章 在 ComfyUI 中使用 ControlNet 控图

ControlNet 是 AI 绘画中最著名、实用的控图插件。在 ComfyUI 中安装 ControlNet 插件即可使用 ControlNet 精准控制图像，保持线稿、风格等不变。本章介绍 ControlNet 的入门知识以及如何使用该插件进行线条控制、风格控制和其他控制等。

5.1 ControlNet 快速入门

本节将带领读者快速入门 ControlNet，先介绍如何安装与使用 ControlNet，然后对 ControlNet 的重要节点参数进行介绍。

5.1.1 ControlNet 的安装与使用

秋叶版本的 ComfyUI 已装 ControlNet 插件，不需要再下载安装。官方的 ComfyUI 舒适版需要在本地安装 ControlNet，可参考下述安装方法。

1. 安装 ControlNet 节点

（1）单击 ComfyUI 设置面板区域 Manager 按钮进入管理界面。

（2）单击 Install Custom Nodes 按钮，进入自定义节点安装界面。

（3）搜索 ComfyUI-Advanced-ControlNet（项目地址为 https://github.com/Kosinkadink/ComfyUI-Advanced-ControlNet）即 ControlNet 模型节点，搜索 comfyui_controlnet_aux（项目地址为 https://github.com/Fannovel16/comfyui_controlnet_aux），即预处理器节点，可在项目地址中下载，安装方法参考 2.2.1 节。

（4）选定需要安装的节点，单击 Install 按钮开始安装。

（5）安装成功后，重启 ComfyUI 以确保新安装的 ControlNet 节点能够正常使用。

2. 安装 ControlNet 模型

只安装 ControlNet 节点还无法正常运行，还需要另外下载搭配使用的 ControlNet 模型。

（1）进入 Hugging Face 的 ControlNet 模型网站（网址为 https://huggingface.co/lllyasviel/sd_control_collection/tree/main）。

（2）下载 .pth 结尾的文件，可以全部下载，也可以按需要下载。

（3）把下载好的模型移动到 ComfyUI\models\controlnet 路径下。

注意：用记事本或者其他文本编辑工具打开 extra_model_paths.yaml.example 文件，将 base_path 的路径改为装有 webui-user.bat 文件的文件夹路径，保存修改，对文件夹重命名去除 .example 后缀，将文件保存为 YAML 类型，即可实现共享 SD-WebUI 的模型。

---

3. 安装预处理器模型

预处理器模型一般会在使用的时候触发自动下载机制。但有时候由于网络原因经常导致下载报错，此时需要进行手动下载，接下来介绍手动安装预处理器模型的方法。

（1）根据下载报错信息，复制下载链接，一般为 https://HuggingFace.co/lllyasviel/ControlNet/resolve/main/annotator/ckpts/upernet_global_small.pth。

（2）在浏览器中打开链接进行下载。

（3）将下载的模块移动到报错信息中指定的路径下即可，一般为 ComfyUI/custom_nodes/comfyui_controlnet_aux/ckpts/lllyasviel/Annotators。注意，每个人安装 ComfyUI 的路径不一样。

（4）如果想一次性下载所有的预处理器模型，可在 Hugging Face 的预处理器模型网站（网址为 https://HuggingFace.co/lllyasviel/Annotators/tree/main）中自行下载并安装。

4. ControlNet 更新

在运行 ControlNet 工作流时，也会因为 ControlNet 插件的版本较低而不能正常运行。此时，可以更新 ControlNet 版本，下面介绍两种 ControlNet 更新的方法，读者可自行选择使用。

1）使用 Manager 检查更新

（1）单击设置面板区域的 Manager 按钮。

（2）勾选 ControlNet 节点，单击 Try update 按钮，系统将自动检查并尝试更新至最新版本。

2）直接从 Git 上下载最新版本

（1）定位至 ComfyUI 的自定义节点目录，即 ComfyUI\custom_nodes\ComfyUI-Advanced-ControlNet 路径。

（2）在路径框内输入 cmd，打开命令提示符（CMD）窗口。

（3）输入 Git pull 命令即可。此命令的功能是从远程 Git 仓库中拉取某分支的最新更新，并将其与本地分支进行合并。通过执行此命令，用户可以轻松地将 ControlNet 更新至最新版本。

5. 使用 ControlNet

ControlNet 可以由 5 个节点组成：图像节点、预处理器节点、ControlNet 加载器节点

（ControlNet 模型节点）、图像预览节点和 ControlNet 应用节点。下面对需要创建的节点逐一进行介绍。

- 创建加载图像节点：在 ComfyUI 界面任意位置右击，在弹出的快捷菜单中依次选择 Add Node | image | Load Image。
- 创建预处理器节点：在 ComfyUI 界面任意位置右击，在弹出的快捷菜单中依次选择 Add Node | Preprocessors | Line Extractors | Standard Lineart。
- 创建预览图像节点：在 ComfyUI 界面任意位置右击，在弹出的快捷菜单中依次选择 Add Node | image | Preview Image。
- 创建加载 ControlNet 模型节点：在 ComfyUI 界面任意位置右击，在弹出的快捷菜单中依次选择 Add Node | Adv-ControlNet | Load Advanced ControlNet Model。
- 创建 ControlNet 应用节点：在 ComfyUI 界面任意位置右击，在弹出的快捷菜单中依次选择 Add Node | Adv-ControlNet | Apply Advanced ControlNet。

创建完成工作流后，在 Load Image 节点处单击 upload 加载底图，按照图 5-1 所示的模型选择与相关参数后运行，运行结束后可在 Preview Image 节点处查看处理效果。图 5-1 加载了一个普通的 Canny 模型，注意，ControlNet 模型区分 SD1.5 和 SDXL，选择 SD 基础模型时一定要搭配起来，不能混用。

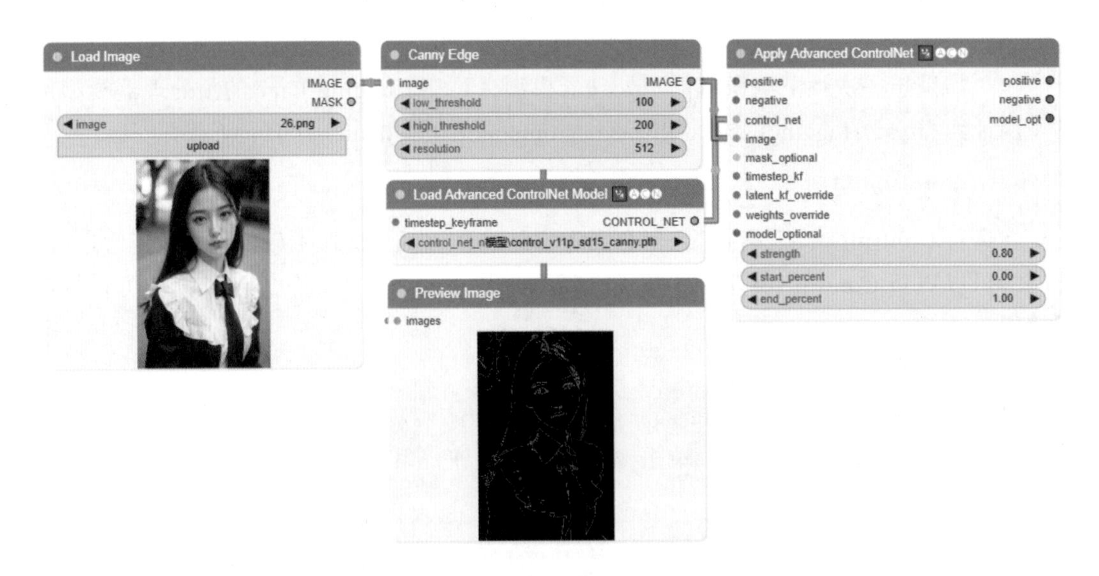

图 5-1　ComfyUI 的 ControlNet 使用

5.1.2　ControlNet 的重要节点参数

ControlNet 工作流中有加载图像节点、预处理器节点、ControlNet 模型节点、预览图像节点和 ControlNet 应用节点 5 个节点。

下面详细介绍 ControlNet 模型节点（Load Advanced ControlNet Model、Load Advanced ControlNet Model（diff））和 ControlNet 应用节点（Apply Advanced ControlNet）的参数。

1. ControlNet 模型节点

ControlNet 模型节点用于加载 ControlNet 模型。ComfyUI 内置了两个 ControlNet 模型加载器，一个是 Load Advanced ControlNet Model，另一个为 Load Advanced ControlNet Model（diff）。Load Advanced ControlNet Model（diff）节点不仅支持加载普通的 ControlNet 模型，还支持加载 Diffusers 格式的 ControlNet 模型，更为通用。Load Advanced ControlNet Model 和 Load Advanced ControlNet Model（diff）节点包含以下参数。

- timestep_keyframe（时间步长关键帧）：是 ControlNet 使用的一个可选输入，用于在图像生成的不同时间步长阶段应用不同的控制效果。这些关键帧允许用户精细地控制 ControlNet 的生成过程，从而得到更加符合预期的结果。如果 Apply Advanced ControlNet 节点未被连接，但仍希望使用 timestep_keyframes，或者在同一方案中使用 ControlWeights 的 TK_SHORTCUT 输出，那么 timestep_keyframes 将是一个非常有用的输入。然而，如果 Apply Advanced ControlNet 节点上提供了 timestep_kf 输入，那么该输入将覆盖外部提供的 timestep_keyframes。
- model（模型）：在加载高级 ControlNet 模型的 diff 版本时，需要指定一个模型作为输入。这个模型是 ControlNet 进行特征识别和图像指导的基础。模型的选择取决于特定的任务需求和控制效果，用户需要根据实际情况加载合适的模型。

2. ControlNet 应用节点

Apply Advanced ControlNet 节点包含以下参数。

- control_net（控制网）：用于加载控制网络，这些网络通常经过训练以识别图像中的特定模式或特征。加载后，Controlnet 用于指导图像的生成过程。
- image（图像）：加载的图像用作 ControlNet 的指导输入。在生成图像的过程中，ControlNet 会根据这些图像的特征来影响生成的图像内容。图像必须经过预处理以符合 ControlNet 的要求。当仅提供一张指导图像时，该图像将作为所有潜在对象的统一指导；若提供多张指导图像，则每张图像将独立地作为对应潜在图像的特定指导。如果指导图像数量不足，系统将循环使用这些图像。
- mask_optional（注意力掩码）：为可选输入，用于决定 ControlNet 应用于图像的哪一部分。掩码可以是非二进制的，以控制应用效果的相对强度。与图像输入类似，如果提供多个掩码，则每个掩码都可以应用于不同的潜在图像区域。
- timestep_kf（时间步长关键帧）：用于指导整个采样步骤的 ControlNet 效果的参数。通过在不同的时间步长中设置关键帧，可以控制 ControlNet 在不同阶段的影响程度。
- latent_kf_override（潜在关键帧覆盖）：是一个可选参数，用于覆盖时间步长关键帧中的潜在关键帧。如果不需要时间步长关键帧中的其他功能，那么此选项非常有用。一旦设置该参数，此潜在关键帧将应用于所有时间步长。
- weights_override（权重覆盖）：该参数类似于潜在关键帧覆盖，允许用户覆盖时间步长关键帧中的权重。一旦设置，此权重将应用于所有时间步长。
- Strength(强度)：用于控制 ControlNet 对生成图像的影响程度。值域通常为 0.0(完全没有效果）到 1.0（全力效果）。

- start_percent 和 end_percent（引导介入时机和引导终止时机）：表示 ControlNet 在第几步（迭代步数）开始影响图像的生成，直到第几步结束。例如，设置迭代步数为 50，引导介入时机为 0.2，引导终止时机为 0.8，则 ControlNet 在第 10（50 × 0.2）步开始介入，在第 40（50 × 0.8）步终止。

5.2 线条控制

ControlNet 的线条控制工作流主要应用于室内设计领域与风格转换绘制之中。下面详尽阐述室内设计及风格转换绘制的工作流，帮助读者深入理解 ControlNet 线条控制类工作流的具体应用。

5.2.1 室内设计

线稿是建筑设计的基础，使用 ControlNet 对建筑线稿进行渲染，可以快速获得建筑设计效果图。下面以卧室为例，展示 AI 如何利用线稿生成装修效果图。

1. 设计工作流

在使用室内设计的工作流时，需要考虑的内容有加载图片与模型、书写提示词、线稿控制、生成并选择效果图。

创建室内设计工作流时，需要加载上述 4 项内容相关的节点，其中，加载图片与模型、书写提示词、生成并选择效果图已经在前面默认的工作流中讲解过，此处仅需要在默认的工作流中添加 ControlNet 线稿控制模块即可。

2. 创建工作流节点

室内设计工作流可在文生图工作流基础上添加 ControlNet 线稿控制模块，接下来仅介绍如何添加 ControlNet 线稿控制节点。

- 创建加载图像节点：在 ComfyUI 界面任意位置右击，在弹出的快捷菜单中依次选择 Add Node | image | Load Image。
- 创建预处理器节点：在 ComfyUI 界面任意位置右击，在弹出的快捷菜单中依次选择 Add Node | Preprocessors | Line Extractors | Standard Lineart。
- 创建 ControlNet 模型节点：在 ComfyUI 界面任意位置右击，在弹出的快捷菜单中依次选择 Add Node | Adv-ControlNet | Apply Advanced ControlNet Model。
- 创建 ControlNet 应用节点：在 ComfyUI 界面任意位置右击，在弹出的快捷菜单中依次选择 Add Node | Adv-ControlNet | Apply Advanced ControlNet。

3. 生成图像

创建完成工作流后，在 Load Image 节点处单击 upload 上传线稿底图，按照如图 5-2 所示填写提示词与相关参数后运行，运行结束后可在 Preview Image 节点处查看预处理效果，并在 Save Image 节点处获得渲染后的效果。

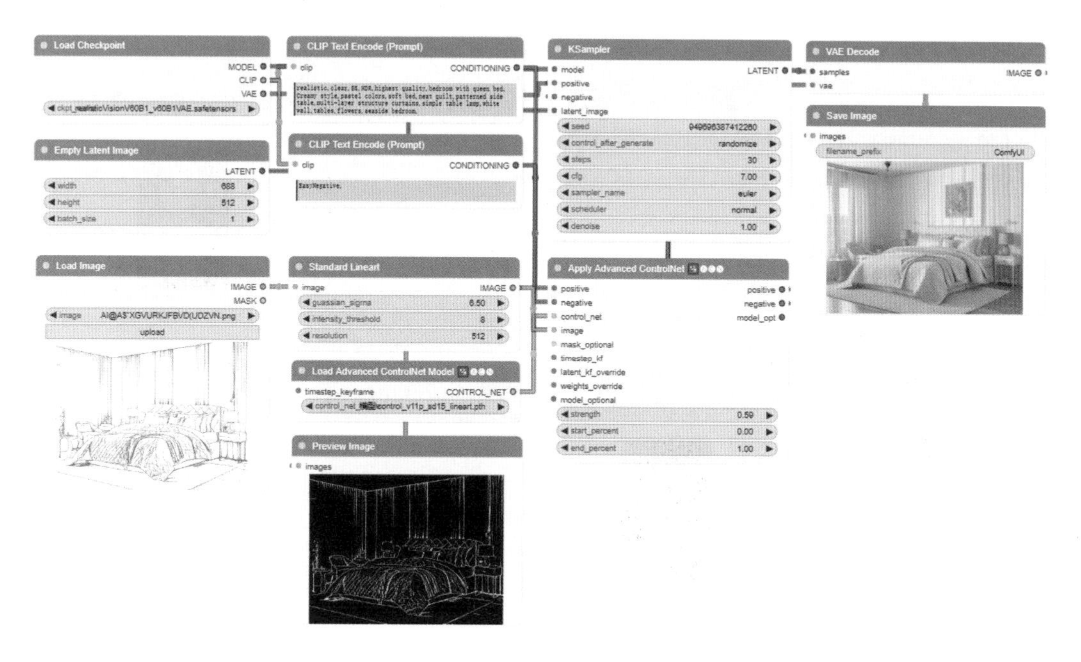

图 5-2　室内线稿上色

根据上述工作流，使用不同线稿底图，可获得更多效果图，如图 5-3 所示。

图 5-3　更多装修效果

5.2.2　风格转绘

风格转绘可以通过 ControlNet 获取底图的线稿，实现线稿控制。下面以将真人转换为动漫效果为例，保持人物线稿一致，展示线稿控制的效果。

风格转绘工作流可在 ComfyUI 默认工作流的基础上加上 ControlNet 的节点，如图 5-4 所示。

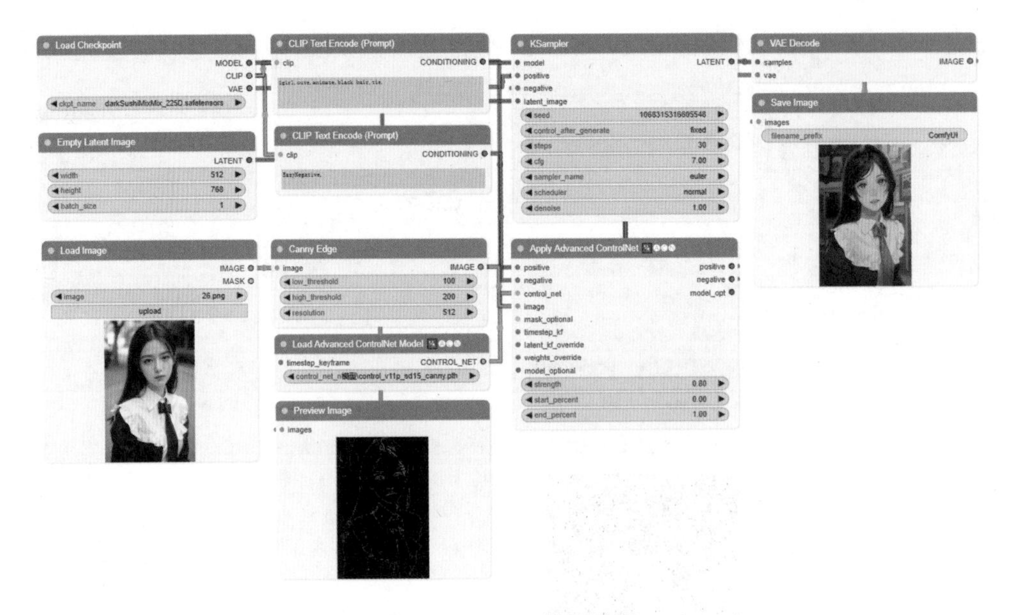

图 5-4　Canny 控制效果

图 5-5 仅展示部分线稿一类的预处理器和控制模型的使用效果，根据图 5-3 展示的工作流，可以使用不同预处理器得到不同的预处理结果图，然后选择预处理器以得到较好的效果图。

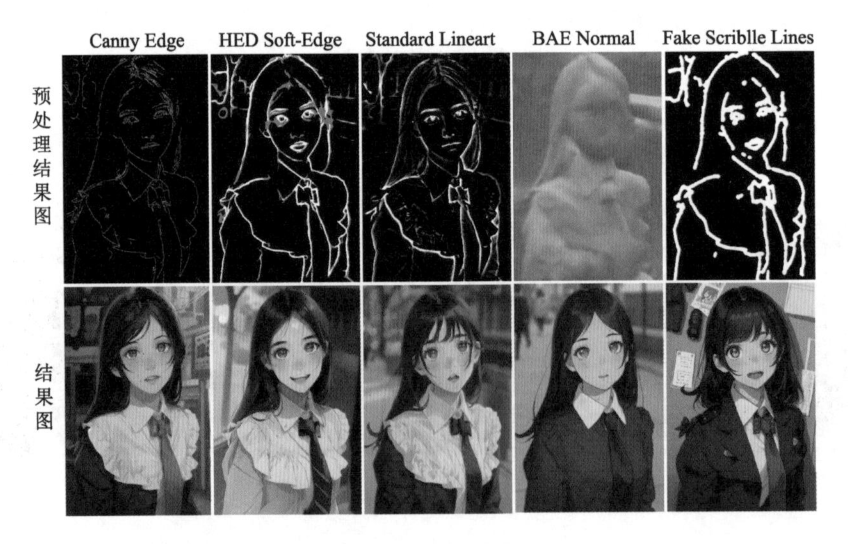

图 5-5　线稿效果

ControlNet 提供了 6 种线条控制模型，接下来介绍这些线条控制的主要特征。

- Canny（硬边缘）：图像处理中经典的轮廓抽取算法，能识别最多的线条，对原图的还原控制能力最强。
- Lineart（线稿）：可针对各类图片提取线稿。
- Soft-Edge（软边缘）：抽取基本的线条，获得的轮廓比较柔和。

- Scribble（涂鸦）：提取底图线稿，重绘生成新图像，也可以涂鸦生成新图像。
- Normal（法线）：通过获取物体表面的法线，实现对图像形状的控制，能更好地体现凹凸细节和光影效果。
- MLSD（直线）：仅识别直线，具有弧度的线条都会被忽略，适用于建筑效果图设计。

5.2.3 参数讲解

本节以代表性的 Lineart 的参数为例进行详细讲解。

Lineart 的预处理器有 5 种，分别为 AnyLine Lineart、Realistic Lineart、Anime Lineart、Standard Lineart 和 Manga Lineart，如图 5-6 所示。

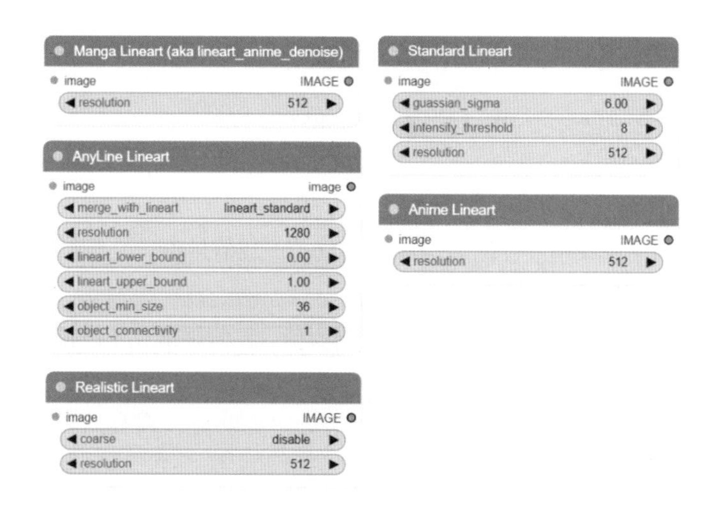

图 5-6　Lineart 预处理器

接下来介绍图 5-6 中不同 Lineart 预处理器的参数。

- merge_with_lineart：融合 Lineart，该参数有 4 个选项，分别为 lineart_standard、lineart_realistic、lineart_anime 和 manga_line。
- resolution：分辨率。
- lineart_lower_bound：Lineart 低阈值。
- lineart_upper_bound：Lineart 高阈值。
- object_min_size：物体最小尺寸。
- object_connectivity：物体连通。
- coarse：粗糙化，有两个选项，分别为 disable 和 enable。开启后线条会变得粗糙潦草，控制效果也会减弱。
- guassian_sigma：用来控制高斯模糊的数值大小；数值越小，亮暗面过渡区域越小；数值越大，亮暗面过渡区域越大；(数值区间为 0 ~ 100)。
- intensity_threshold：强度阈值，其数值区间为 0 ~ 16 数值越小，亮暗面过度区域越大；数值越大，亮暗面过度区域越小。

其他 Line 预处理器如图 5-7 所示。

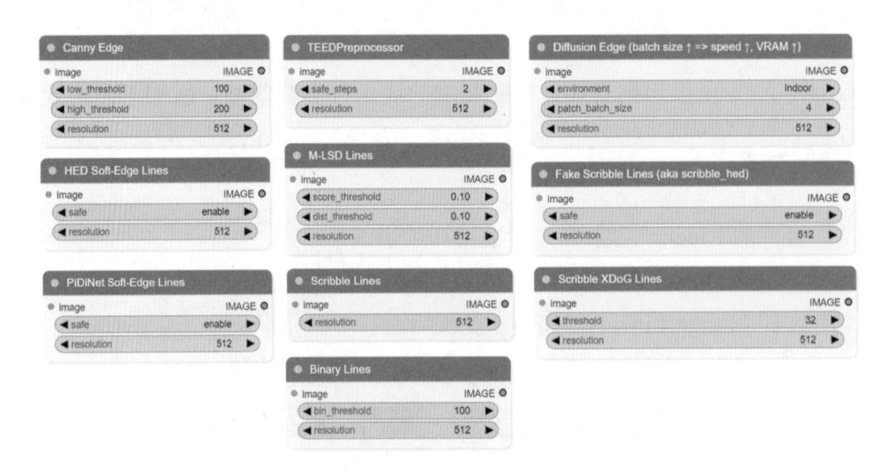

图 5-7　其他 Line 预处理器

接下来介绍其他 Line 预处理器的参数。

- ❑ low_threshold：低阈值，控制弱边缘检测阈值，数值越低，线条越复杂，细节越丰富，数值越高，线条越简单，细节越少。
- ❑ high_threshold：高阈值，控制强边缘检测阈值，数值越低，线条越复杂，细节越丰富，数值越高，线条越简单，细节越少。
- ❑ safe：稳增，开启后会使提取的线条明暗对比更明显，模糊内容也会减少。是否选择增稳，具体看图片生成效果。
- ❑ safe_steps：稳增步数，其数值区间为 0 ～ 10 且数值 0 与数值 O 的效果相同。数值越小，柔和边缘过渡区域越小；数值越大，柔和边缘过渡区域越大;（数值区间：0-10，0 与 10 效果相同）。
- ❑ score_threshold：刻痕阈值，低于阈值的线条不被检测为边缘，数值越小，线条越多，也会越乱，数值越大，线条越少，也会越简单。
- ❑ dist_threshold：距离阈值，线条间的距离低于阈值时会被合并，数值越小，线条越多，也会越乱，数值越大，线条越少，也会越简单。
- ❑ environment：环境，具有 3 个选项，分别为 indoor（室内）、urban（城市）、natrual（自然）。
- ❑ patch_batch_size：轮次，数值区间为 1 ～ 16。

5.3　风格控制

ControlNet 提供了多种风格与元素控制模型，分别为 Ipadapter、Reference、Tile、Shuffle 和 Inpaint，接下来介绍这些模型的主要特征（IPAdapter 将在 7.3 节具体介绍）。

- ❑ Reference（参考）：参考底图主题，生成与主体相似的图片，如保持人脸一致。

- Tile（分块）：帮助完善图片细节，提升分辨率和图片质量。
- Shuffle（随机洗牌）：将底图的内容、构图、色彩等随机打乱，然后试图重新生成一张有序的图片。
- Inpaint（局部重绘）：涂抹局部需要修改的地方，仅在涂抹处重新生成新元素。

5.3.1 Reference 模型

Reference 即参考底图的元素与风格等，以生成相似图片。在人物绘制中，Reference 可以在保持角色面部基本不变的同时，更改角色妆造、配饰、着装与背景。下面介绍 Reference 的具体使用方法。

1. 创建工作流节点

Reference 有 3 个不同模型，分别为 reference_attn、reference_adain 和 reference_attn+adain，不同模型效果如图 5-9 所示。

使用 Reference 控图需要专用的 Reference 模型加载器，接下来介绍如何添加 Reference 控图节点。

- 创建 Reference 模型加载器节点：在 ComfyUI 界面任意位置右击，在弹出的快捷菜单中依次选择 Add Node | Adv-ControlNet | Reference | Reference ControlNet。
- 创建 Reference 预处理器节点：在 ComfyUI 界面任意位置右击，在弹出的快捷菜单中依次选择 Add Node | Adv-ControlNet | Reference | Preprocess | Reference Preproccessor。

下面以更换底图女孩的衣服为例，保持人物一致性的工作流如图 5-8 所示，Reference 模型效果如图 5-9 所示。

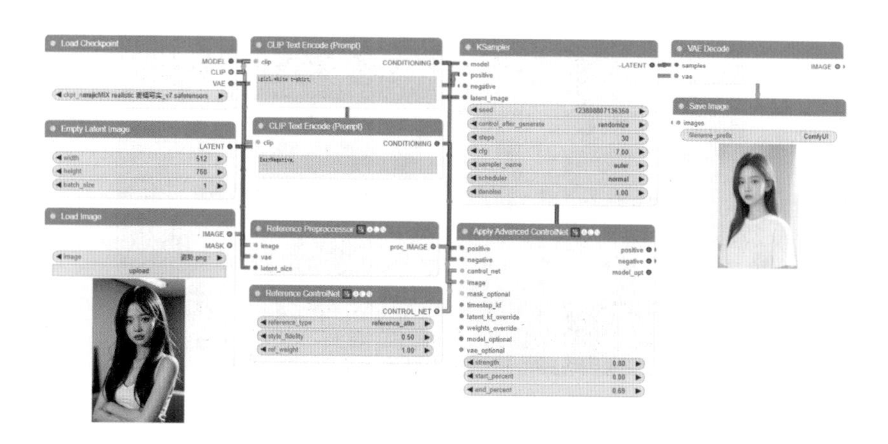

图 5-8　Reference 工作流

2. 参数

Reference ControlNet（参考控制）是加载 Reference 控制模型的节点，其模型节点参数包括 Reference_type、Style_fidelity 和 Ref_weight。

- Reference_type：参考类型，包含 3 种控制模型，分别为 reference_attn、reference_ adain 和 reference_attn+adain。

- Style_fidelity：风格精确度，数值越大，结果图与参考图片的底图越相似。
- Ref_weight：参考权重，数值越大，Reference ControlNet 的控制效果越强。

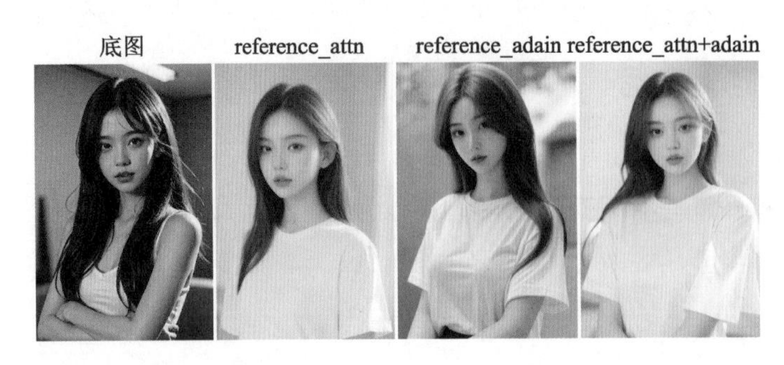

图 5-9 Reference 模型效果

5.3.2 其他风格控制模型

Tile 的效果如图 5-10 所示，推荐使用 4.4 节的局部重绘方法进行重绘，而不是 ControlNet 的 Inpaint（局部重绘）。Shuffle 适用于做同类风格的纹理贴图创作、场景构思、风格轻迁移等，鉴于 Shuffle 的使用频率不高，因此本节不对其进行详细阐述。

图 5-10 Tile 控制效果

5.4 其他控制模型

在探讨 ControlNet 控图技术的范畴内，除了前面已经介绍的线条与风格控制之外，还有两个重要的控制模型，即 Recolor 色彩控制和 Depth 深度控制。本节将深入介绍 Recolor

与 Depth 的控制效果，为读者提供更全面的使用详解。

5.4.1　Recolor 色彩控制模型

Recolor 可将上传的底图重新着色。预处理器 Image Intensity 通过调节“图像强度”调整颜色，预处理器 Image Luminance 通过调节“图像亮度”调整颜色。推荐使用 Image Luminance，其预处理效果相对较好。Recolor 工作流如图 5-11 所示，Recolor 上色效果预处理器对比如图 5-12 所示。

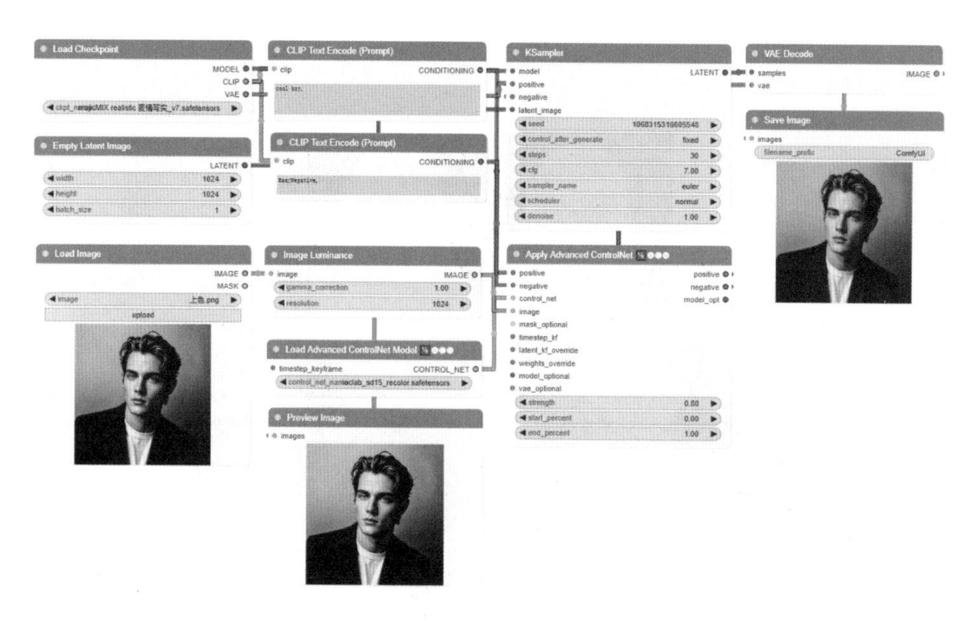

图 5-11　Recolor 上色工作流

图 5-12　Recolor 上色效果预处理器对比

5.4.2　Depth 深度控制模型

Depth 的深度检测旨在确定每个像素相对于相机的距离，通过此技术可复制房屋轮廓并识别物体在镜头前的空间顺序，从而保持丰富的结构和层次细节。处理后的图像以黑、白、灰阶呈现，颜色深浅直接反映距离，黑色代表最远距离，白色代表最近距离。

Depth 的预处理器有 Depth Anything、Zoe Depth Anything、LeReS Depth Map、MeshGraphormer、MiDaS Depth Map、Metric3D Depth Map 和 Zoe Depth Map。

在图 5-8 的基础上改变预处理器与模型，下面仅展示 Depth 的一些预处理器及效果，如图 5-13 所示。

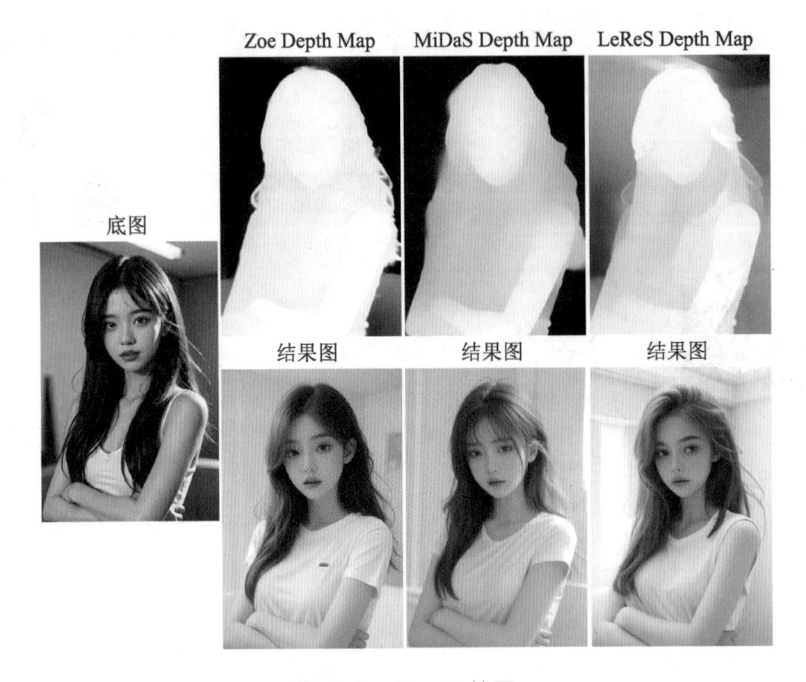

图 5-13　Depth 效果

5.5　使用多个 ControlNet

我们在应用多个 ControlNet 时，需要创建多个加载图像节点、预处理器节点、ControlNet 模型节点、预览图像节点和 ControlNet 应用节点，节点数量若为 5 的倍数，可能使 ComfyUI 界面复杂化。为了解决此问题，可使用插件来减少节点数。例如 8.6 节的毛绒图标就使用了多个 ControlNet 和 LoRA，简化后的工作流如图 5-14 所示。

使用多个 ControlNet 和 LoRA 节点时，需要下载 Comfyroll Studio 插件，可在 ComfyUI 控制台区域单击 Manager 按钮，选择 Install Custom Nodes，搜索 Comfyroll Studio（项目地址为 https://github.com/Suzie1/ComfyUI_Comfyroll_CustomNodes）插件，安装后重启 ComfyUI 即可使用。ControlNet Stacker 可以同时使用两个 ControlNet 模型，CR Multi-

ControlNet Stack 节点可以同时使用 3 个 ControlNet 模型。

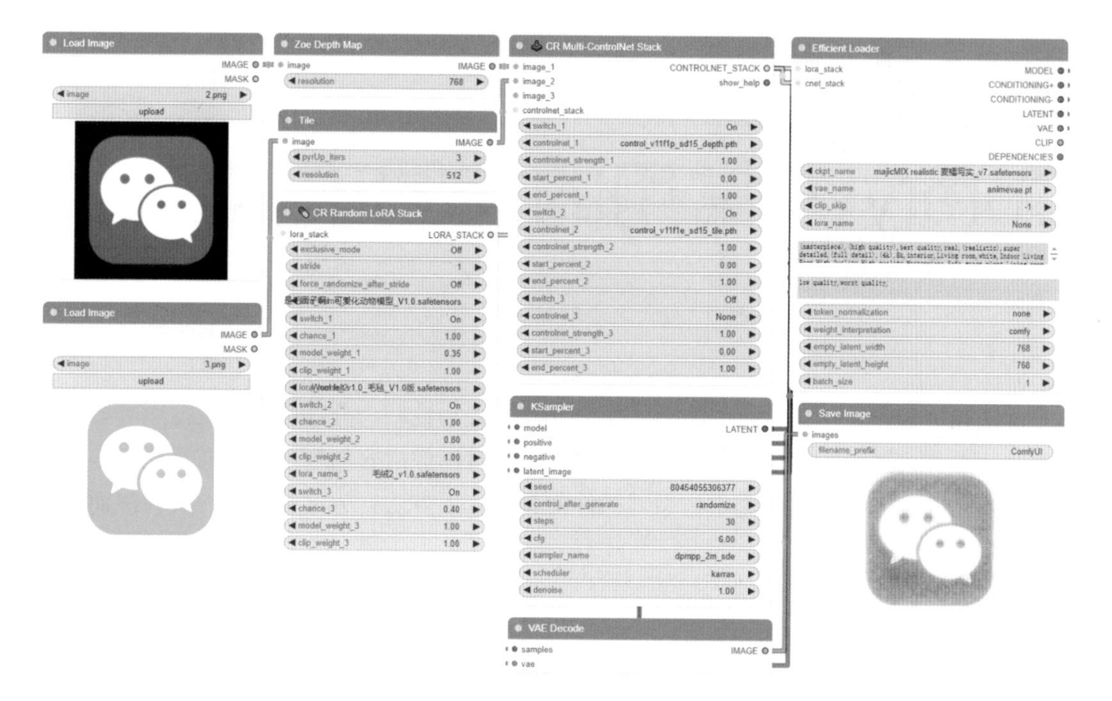

图 5-14　使用多个 ControlNet 和 LoRA 的工作流

第 6 章 ComfyUI 常用的控图工作流

在图像处理领域中，常用的控图工作流涵盖了人物控制、分区控制以及抠图等多个方面，这些工作流通过一系列插件和技术手段，实现对图像内容的精准操控与优化。本章节将详细展示在不同控图工作流中一系列插件的具体应用方法，为读者提供一份详尽而实用的操作指南。

6.1 人物控制

人物控制可分为面部控制和姿势控制，使用 Face Detailer 和 Detailer（SEGS）等节点可以实现面部修复，使用 OpenPose、OpenPose Editor 与 OpenPose 3D 等节点可以实现人物姿势控制，下面具体介绍。

6.1.1 面部控制

面部的细节失真（常被称为“崩坏”）是许多创作者经常遇到的问题。根据以往的经验，在 SD 生态系统中，用户普遍依赖 After Face 和 Face Detailer 这类插件来精细调整和修复面部细节，以提升作品的真实感与美感。ComfyUI 通过引入 Impact-Pack 插件包，为用户带来了全新的解决方案。在该插件包的 Simple 分类下便包含了一个名为 Face Detailer 的节点，同样能够实现对人物面部细节的精确调控与优化。

使用 Face Detailer 工作流需要下载 Impact-Pack 插件，可以在 ComfyUI 控制台区域单击 Manager，选择 Install Custom Nodes，搜索 ComfyUI Impact Pack（项目地址为 https://github.com/ltdrdata/ComfyUI-Impact-Pack），安装后重启 ComfyUI 即可使用 Face Detailer 和 Detailer（SEGS）的功能。下面具体讲解如何使用这两个功能。

1. Face Detailer 面部修复

Face Detailer 面部修复工作流可在图生图工作流基础上添加 Face Detailer 节点，这里仅介绍如何添加图 6-1 工作流所示的 Face Detailer 节点。

- 创建检测加载器节点：在 ComfyUI 界面任意位置右击，在弹出的快捷菜单中依次选

择 Add Node | ImpactPack | UltralyticsDetectorProvider。

- 创建 SAM 模型加载器节点：在 ComfyUI 界面任意右击，在弹出的快捷菜单中依次选择 Add Node | ImpactPack | SAMLoader（Impact）。
- 创建面部修复节点：在 ComfyUI 界面任意位置右击，在弹出的快捷菜单中依次选择 Add Node | ImpactPack | Simple | FaceDetailer。

注意：bbox_detector（BBOX 检测加载器）与 UltralyticsDetectorProvider 相连接，用来加载可以识别面部、身体和手部的模型；SAMLoader（Impact）与 sam_model_opt 相连接，具体节点相连如图 6-1 所示，修复效果如图 6-2 所示。

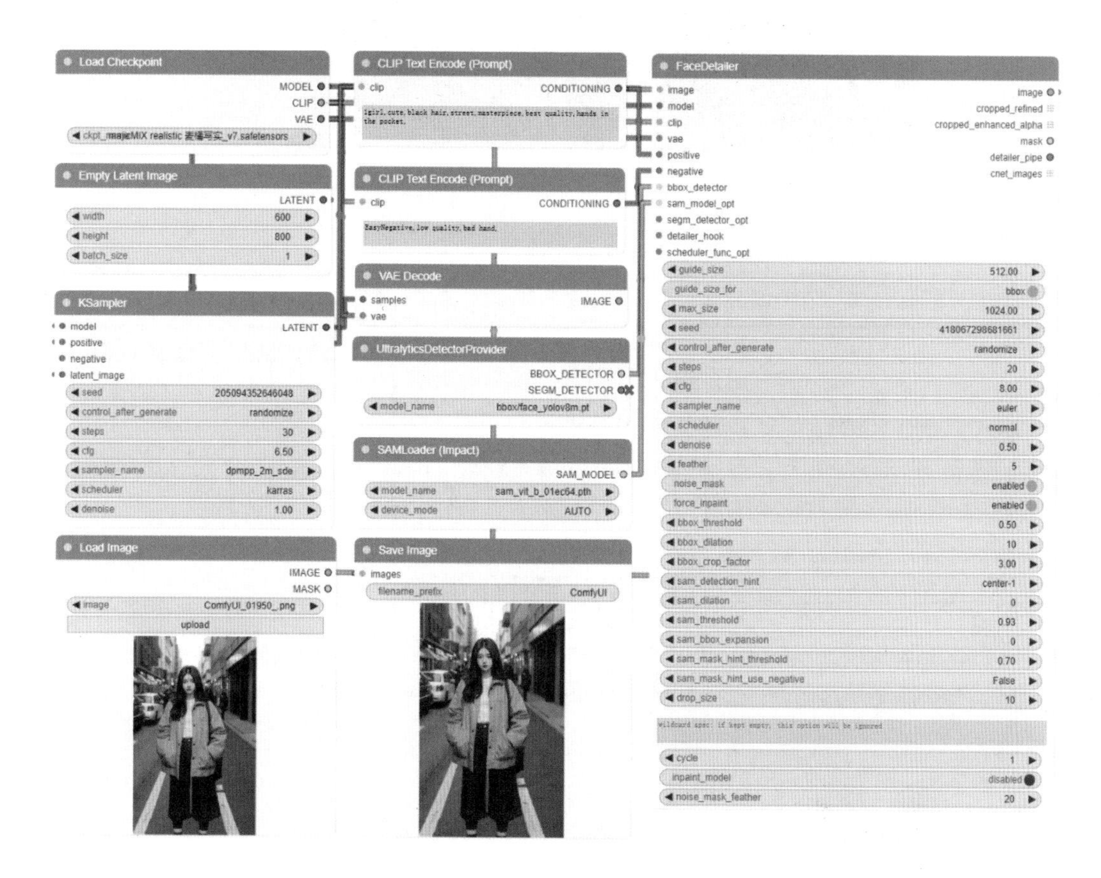

图 6-1 Face Detailer 工作流

2. Detailer（SEGS）局部细化

Detailer（SEGS）局部细化是Impact-Pack插件包中的一项关键节点，利用Detailer（SEGS）节点可以实现对图像局部区域的精细调整与优化。在这个过程中，Detailer（SEGS）依旧依赖于 BBOX（边界框检测算法）和 SAM（面部检测算法）来准确识别图像中的面部区域。然而，与常规流程有所不同的是，面部识别的具体工作是通过 SEGS 遮罩节点与 BBOX 及 SAM 检测器进行连接与协同完成的。其工作流如图 6-3 所示。

图 6-2　Face Detailer 修复效果对比

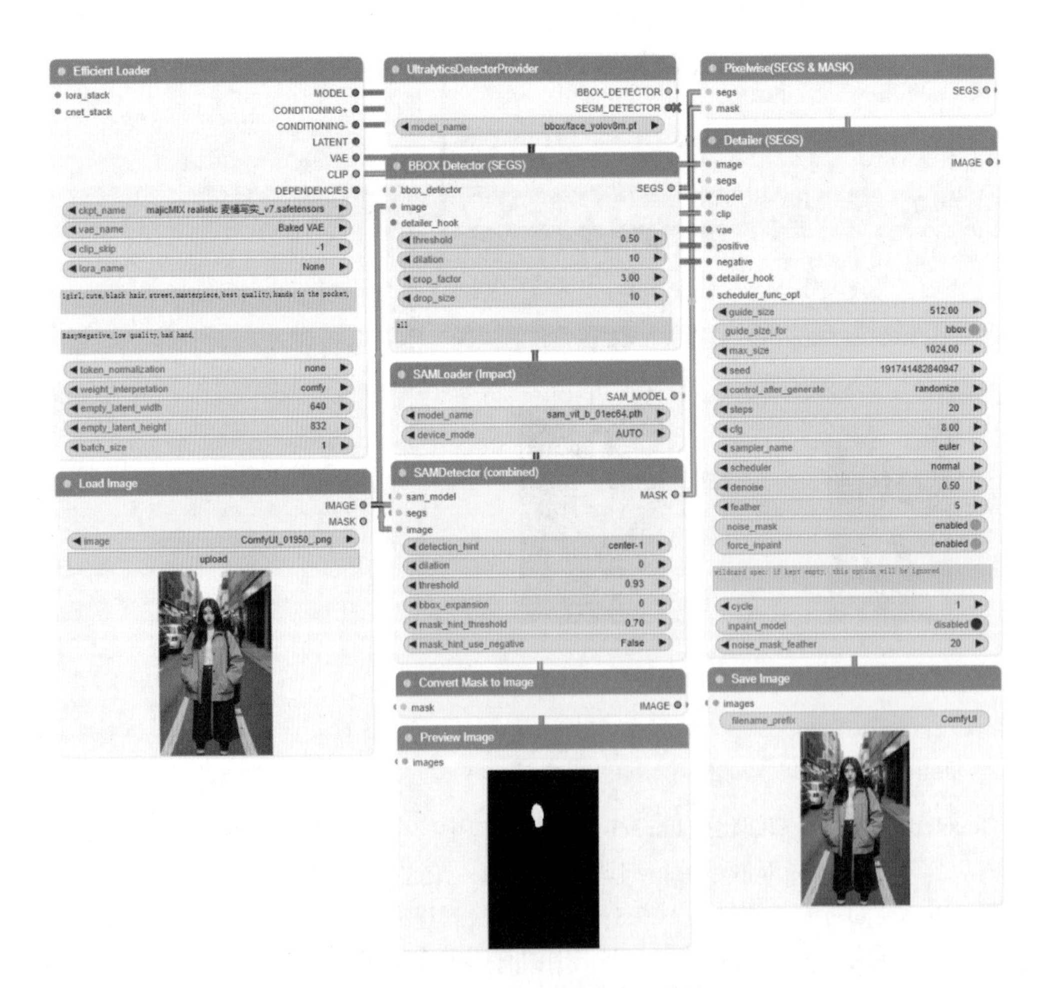

图 6-3　Detailer（SEGS）工作流

接下来介绍如何搭建 Detailer（SEGS）局部细化工作流。

- 创建检测加载器节点：在 ComfyUI 界面任意位置右击，在弹出的快捷菜单中依次选择 Add Node | ImpactPack | UltralyticsDetectorProvider。
- 创建 BBOX 检测节点：在 ComfyUI 界面任意位置右击，在弹出的快捷菜单中依次选择 Add Node | ImpactPack | Dtector | BBOX Dtector（SEGS）。
- 创建 SAM 模型加载器节点：在 ComfyUI 界面任意位置右击，在弹出的快捷菜单中依次选择 Add Node | ImpactPack | SAMLoader（Impact）。
- 创建 SEGS 遮罩节点：在 ComfyUI 界面任意位置右击，在弹出的快捷菜单中依次选择 Add Node | ImpactPack | Operation | Pitwise（SEGS&MASK）。
- 创建 SAM 检测合并节点：在 ComfyUI 界面任意位置右击，在弹出的快捷菜单中依次选择 Add Node | ImpactPack | Dtector | SAM Detecter（combined）。
- 创建局部细化节点：在 ComfyUI 界面任意位置右击，在弹出的快捷菜单中依次选择 Add Node | ImpactPack | Detailer | Detailer（SEGS）。

3. 参数

接下来介绍 FaceDetailer 与 Detailer 的相关参数功能与特点，具体介绍如表 6-1 所示。

表 6-1　FaceDetailer 与 Detailer 的相关参数功能与特点

参　数	功能与特点
bbox_detector（BBOX 检测器）	检测图像中特定物体（如面部、身体、手部等）
sam_model_opt（SAM 模型）	加载 SAM 模型（语义分割模型），辅助 BBOX 检测面部
segm_detector_opt（SEG 检测器）	检测、分割区域（如背景、头发等）
detailer_hook	进一步细化特定部分（如人脸）的细节，针对性地增强或修改图像的某些局部特征，比如增加眼睛、鼻子、嘴巴等部位的清晰度或真实感，默认不需要连接
scheduler_func_opt	允许用户选择不同的调度器，微调结果图，默认不需要连接
guide_size	面部修复引导像素，小于该值进行修复
guide_size_for	用户指定修复区域为 BBOX 识别的区域还是裁剪的区域
max_size	面部修复最大像素
seed	种子值，图像的编号
control_after_generate	运行后操作种子值，具有 4 个选项，分别是 fixed（固定）、increment（增加）、decrement（减少）、randomize（随机）
steps	步数，修复步数，默认为 20
cfg	提示词引导系数，cfg 越大，越接近提示词，过大会损坏图像，默认值为 8
sampler_name	采样器，随机噪声的图像开始，逐步去除噪声的方法，如 DPM++ 2M Karras 采样方法，采样器为 dpmpp_2m
scheduler	调度器，图像生成过程中噪声的添加和去除方式，如 DPM++ 2M Karras 采样方法，调度器为 karras
denoise	降噪，重绘幅度，默认值为 0.5

续表

参　　数	功能与特点
feather	羽化蒙版边缘，使蒙版边缘更加自然，默认值为 5
noise_mask	生成遮罩，选用 enable 选项，启用该功能
force_inpaint	强制重绘，enable 选项会强制放大一倍裁剪的区域
bbox_threshold	bbox 阈值，默认为 0.5
bbox_dilation	bbox 膨胀，默认为 10
bbox_crop_factor	bbox 裁剪系数，默认为 3。较高的 crop_factor 值，能裁剪更多的区域，但也可能导致处理速度变慢。例如，crop_factor 设置为 4 时，面部在遮罩比例减小
sam_detection_hint	sam 检测提示，不同模型定位需要修复或处理的区域不同
sam_dilation	sam 膨胀，默认为 0
sam_threshold	sam 阈值，默认为 0.93
sam_bbox_expansion	sambbox 扩展，默认为 0
sam_mask_hint_threshold	sam 遮罩检测阈值。默认为 0.70
sam_mask_hint_use_negativedrop_size	是否使用负向下降尺寸来调整遮罩，默认为 False
drop_size	最小尺寸，默认为 10
cycle	重绘过程中的循环或迭代次数。更多的循环次数意味着有更多机会改进修复效果，但也可能增加处理时间
inpaint_model	重绘模型，默认为 False
noise_mask_feather	噪声遮罩的羽化程度，默认为 20

6.1.2　姿势控制

控制姿势的插件较多，各有特色。其中 OpenPose 与 DWPose 可以提取底图姿势，已经在 ControlNet 中内置了，方便易用。OpenPose Editor 与 OpenPose 3D 无须使用底图，可以直接控制编辑姿势。其中，OpenPose 3D 可以编辑复杂的空间姿势，实现任意姿势的控制。

1. OpenPose 插件

OpenPose 插件通过获取人物姿势再现人物的画幅结构，如图 6-4 所示，效果如图 6-5 所示。

OpenPose 预处理器内置了 hand、body 和 face 这 3 种预处理器，它们分别用于检测手部、四肢和五官等人体结构。与 SD-WebUI 不同，ComfyUI 中的 OpenPose 将 3 种处理器放在了一起，分别对手部、四肢和五官设置了对应的参数 detect_hand、detect_body 和 detect_face 来控制是否开启，默认全部开启，可以进行所有的处理。若将脸部的参数 detect_face 设置为 disable，则表示不处理脸部。

其他姿势控制预处理器包括 DWPose、Animal-openpose、Densepose 与 MediaPipe，接下来介绍这些姿势控制预处理器的主要特征。

- DWPose 处理器能够自动检测图像中的人物并提取其关键点信息。其处理后的关键点信息以 JSON 文件格式保存，包含每个人物关键点的精确坐标，便于后续的分析和应用。通过 Dw_OpenPose_Full 预处理器，用户能够简化 OpenPose 模型的使用流程，因为该预处理器已经完成了人物检测和关键点检测等前期工作，所以在实际场景中应用 OpenPose 模型更便捷。

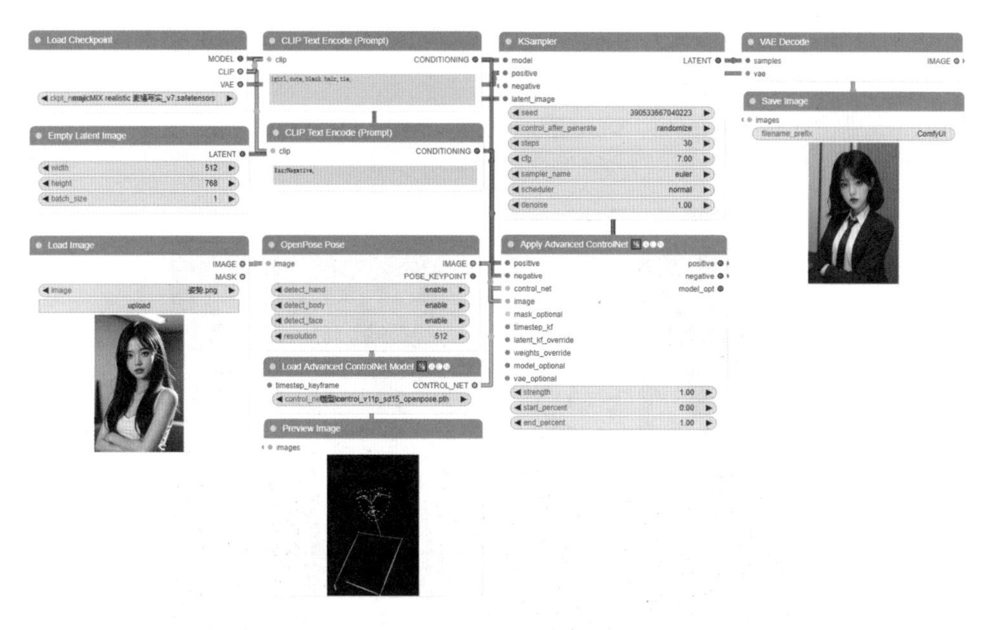

图 6-4 OpenPose 工作流

图 6-5 OpenPose 效果

- Animal_openpose 是一个专注于四足动物（如狗、鹿、马、豹等）姿态分析的预处理器。除了直接用于动物姿态的识别，该预处理器还可以辅助生成如人马等奇幻形象的姿态。通过特定的算法和模型，Animal_openpose 能够准确捕捉四足动物特有的姿态特征。
- Densepose 是一个用于控制人物动作的预处理器，特别之处在于它能够提取人物的躯干和四肢的详细轮廓信息。与仅提供骨架图的 OpenPose 和 DWPose 不同，

Densepose 提供了更为丰富的身体细节。它能够处理复杂的姿势重叠情况，与 Depth 模型结合使用时效果更佳。Densepose 的高精度轮廓信息可用于多种应用场景，如虚拟现实、增强现实、动画制作等。

- MediaPipe 面部网格预处理器专注于面部表情和姿态的分析，能够准确捕捉包括侧脸在内的多种面部特征。在多人场景中，MediaPipe 也表现出色，它能同时处理并识别多个人的面部表情和姿态。MediaPipe 在视频会议、面部识别、表情动画等领域具有广泛的应用前景。

DWPose、Animal_openpose、Densepose 和 MediaPipe 的效果对比如图 6-6 所示。

图 6-6　DWPose、Animal_openpose、Densepose 与 MediaPipe 效果对比

2. OpenPose Editor 插件

OpenPose Editor 无须使用底图，可以直接控制编辑姿势。下面首先介绍如何安装并使用 OpenPose Editor 进行姿势控制。

1）安装

在 ComfyUI 控制台区域单击 Manager，选择 Install Custom Nodes，搜索 OpenPose Editor 插件并安装（项目地址为 https://github.com/space-nuko/ComfyUI-OpenPose-Editor），安装后重启 ComfyUI 即可实现姿势编辑。

2）使用

OpenPose Editor 工作流可在文生图工作流基础上添加 OpenPose Editor 节点，这里仅介绍如何添加图 6-7 工作流所需的 OpenPose Editor 节点。

在 ComfyUI 界面任意位置右击，在弹出的快捷菜单中依次选择 Add Node | Image | OpenPose Editor。在 OpenPose Editor 节点中，单击 open editor，在弹出的界面中可以调整人物姿势，但只能调节四肢和五官，不能调节手部。

OpenPose Editor 工作流如图 6-7 所示，效果如图 6-8 所示。

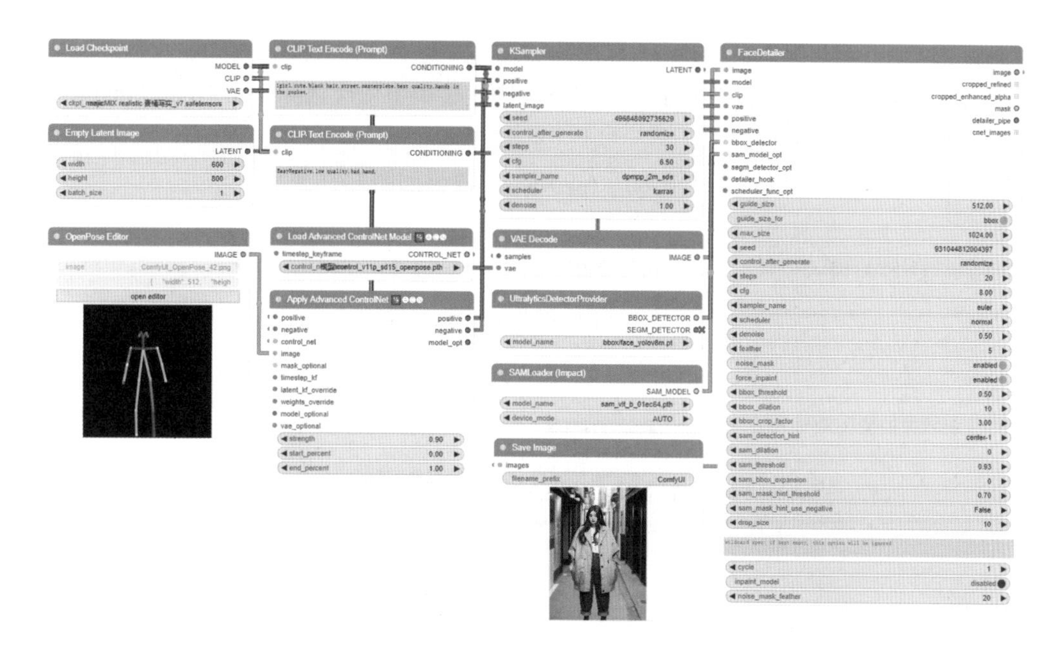

图 6-7　OpenPose Editor 工作流

图 6-8　OpenPose Editor 效果

3. OpenPose 3D

OpenPose 3D 无须使用底图，可以直接控制编辑姿势并且可以编辑复杂的空间姿势，实现任意姿势控制。下面首先介绍如何安装并使用 OpenPose 3D 进行姿势控制。

1）安装

在 ComfyUI 控制台区域单击 Manager，选择 Install Custom Nodes，搜索 ComfyUI_3dPoseEditor 插件并安装（即 OpenPose 3D，项目地址为 https://github.com/hinablue/ComfyUI_3dPoseEditor），安装后重启 ComfyUI 即可实现姿势编辑。

2）使用

OpenPose 3D 工作流可在文生图工作流基础上添加 OpenPose 3D 节点，添加图 6-9 工作流所需的 ComfyUI_3dPoseEditor 节点的方法是：

在 ComfyUI 界面任意位置右击，在弹出的快捷菜单中依次选择 Add Node | image | 3D Pose Editor。

ComfyUI_3dPoseEditor 工作流如图 6-9 所示，效果如图 6-10 所示。

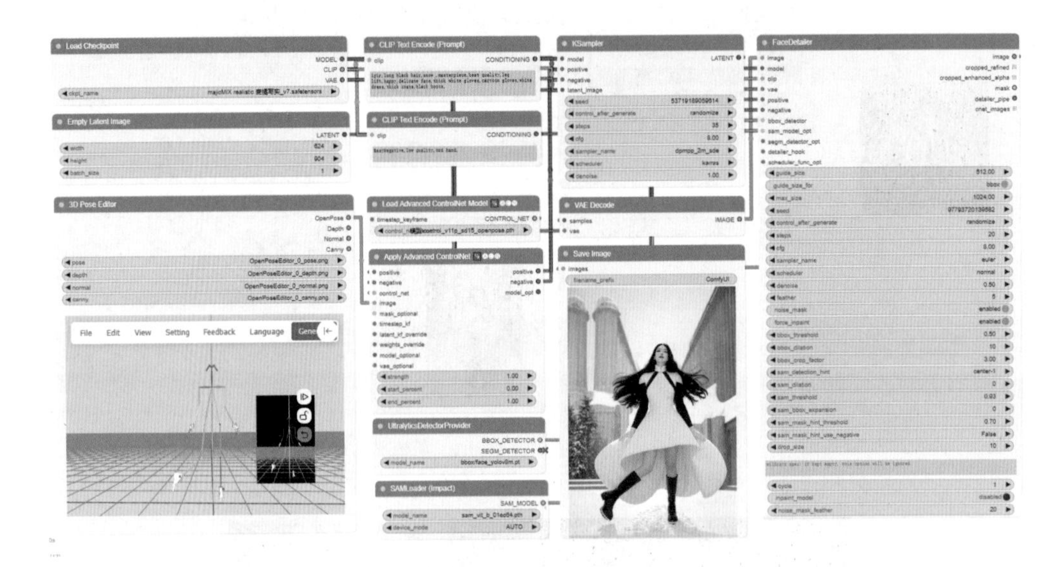

图 6-9　3D Pose 工作流

图 6-10　3D Pose 效果

6.2 分区控制

通过分区控制，可以强制图片的特定区域根据提示词生成指定的内容。基于LuminaWrapper、GLIGEN、Omost等分区插件，通过提示词和蒙版两种分区方式，可以控制图片各个分区的生成内容。

6.2.1 提示词分区

提示词分区插件包括LuminaWrapper和GLIGEN，下面对这两个插件进行详细介绍。

1. LuminaWrapper插件

首先介绍如何安装并使用ComfyUI-LuminaWrapper（项目地址为https://github.com/kijai/ComfyUI-LuminaWrapper）进行提示词分区。

1）安装

在ComfyUI控制台区域单击Manager，选择Install Custom Nodes，搜索ComfyUI-LuminaWrapper，安装后重启ComfyUI即可使用。安装完成ComfyUI-LuminaWrapper插件之后，需要下载相应的模型。

接下来介绍模型下载具体链接及地址目录。

- 下载Lumina-Next-SFT模型。如果第一次使用Lumina-Next-SFT模型时未自动下载模型，则需要在Hugging Face（网址为https://huggingface.co/Alpha-VLLM/Lumina-Next-SFT/tree/main）上下载consolidated.00-of-01.safetensors模型，将其放置在ComfyUI/models/lumina/Lumina-Next-SFT路径下。
- 下载Lumina-Next-T2I模型。如果第一次使用Lumina-Next-T2I模型时未自动下载模型，那么需要在Hugging Face（网址为https://huggingface.co/Alpha-VLLM/Lumina-Next-T2I/tree/main）上下载consolidated.00-of-01.safetensors模型，将其放置在ComfyUI/models/lumina/Lumina-Next-T2I路径下。Lumina-Next-SFT与Lumina-Next-T2I模型的效果不分上下，推荐使用Lumina-Next-SFT。
- 下载VAE模型。在Hugging Face（网址为https://huggingface.co/stabilityai/sdxl-vae/tree/main）上下载sdxl-vae，将其放置在ComfyUI/models/vae路径下。
- 下载CLIP模型。在Hugging Face（网址为https://huggingface.co/google/gemma-2b/tree/main）上下载文本编码器model-00001-of-00002.safetensors和model-00002-of-00002.safetensors模型，将其放置在ComfyUI/models/LLM/gemma-2b路径下。

2）使用

首先要组装工作流。这里仅介绍如何搭建图6-11所示的Lumina Text Area Append工作流。

- 创建Lumina模型节点：在ComfyUI界面任意位置右击，在弹出的快捷菜单中依次选择Add Node | LuminaWrapper | DownloadAndLoadLuminaModel。
- 创建Gemma_Model模型节点：在ComfyUI界面任意位置右击，在弹出的快捷菜单

中依次选择 Add Node | LuminaWrapper | DownloadAndLoadGemmaModel。

- ❑ 创建 Lumina Gemina 提示词节点：在 ComfyUI 界面任意位置右击，在弹出的快捷菜单中依次选择 Add Node | LuminaWrapper | Lumina Gemma Text Encode Area。
- ❑ 创建 Lumina 采样节点：在 ComfyUI 界面任意位置右击，在弹出的快捷菜单中依次选择 Add Node | LuminaWrapper | Lumina T2I Sampler。

然后通过参数实现分区控制。在 Lumina Text Area Append 节点中通过 row 和 column 两个参数实现分区。row 和 column 分别代表行和列，生成图像的宽高比需要和节点数成正比。

下面以生成不同内容的熊猫形象为例进行演示。在图 6-11 中，以一行两列为例，宽高比为 2:1，分区工作流如图 6-11 所示。

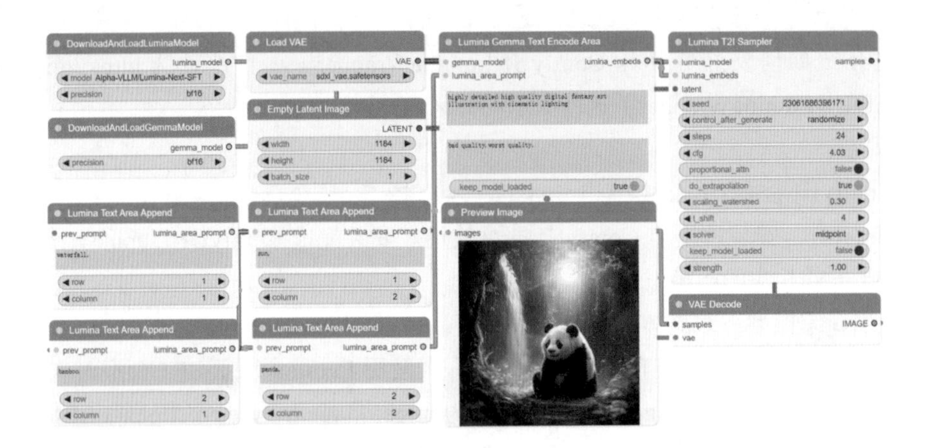

图 6-11　分区示意

在图 6-12 中，所有行的 row 值都为 1，列 colum 分为 1、2、3、4 四列，宽高比需设置为 4 ：1，Empty Latent Image 尺寸为 2048 × 512 像素，区域一为瀑布，区域二为河流，区域三为熊猫，区域四为竹子。最多采用 4 个分区节点。

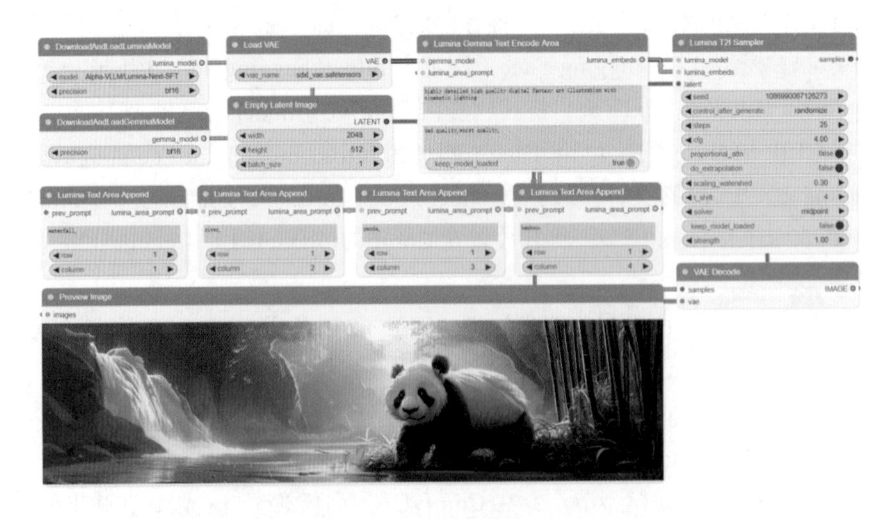

图 6-12　Lumina 工作流

2. GLIGEN 插件

GLIGEN 是 ComfyUI 的内置节点，也可以通过提示词进行分区。使用时需要下载 GLIGEN 模型（网址为 https://huggingface.co/comfyanonymous/GLIGEN_pruned_safetensors/tree/main），并将下载好的模型放置在 ComfyUI\models\gligen 目录下。

使用 GLIGEN 进行分区时，需要设置 x、y 值。GLIGEN 的分区生成结果比较随机，经过多次测试，其效果一般，因此此处不再展示。

6.2.2 蒙版分区

使用 ComfyUI_omost（项目地址为 https://github.com/huchenlei/ComfyUI_omost）插件可以进行蒙版分区，Omost 分区具有随机性，图 6-13 展示了女孩和狗的分区，通过编辑蒙版来控制分区的效果还有待提升，但是 Omost 可以丰富提示词，具体将在 9.2 节讲述。

在 ComfyUI 控制台区域单击 Manager，选择 Install Custom Nodes，搜索 ComfyUI_omost，安装后重启 ComfyUI 即可使用。

搭配使用的模型会在第一次运行的时候自动下载。如果第一次使用对应模型的时候未自动下载 LLM 模型，则需要手动安装模型（网址为 https://huggingface.co/lllyasviel/omost-llama-3-8b-4bits/tree/main），然后将其放置在 \ComfyUI\lllyasviel\omost-llama-3-8b-4bits 目录下。

完成插件安装和模型下载之后，接下来介绍如何搭建图 6-13 所示的 Omost 分区工作流。

首先创建 Omost 相关节点。在 ComfyUI 界面任意位置右击，在弹出的快捷菜单中依次选择 Add Node | Omost | Omost 分类下选择 Omost LLM Loader、Omost LLM Chat、Omost Render Canvas Conditioning 和 Omost Layout Cond（ComfyUI-Area）这 4 个节点。

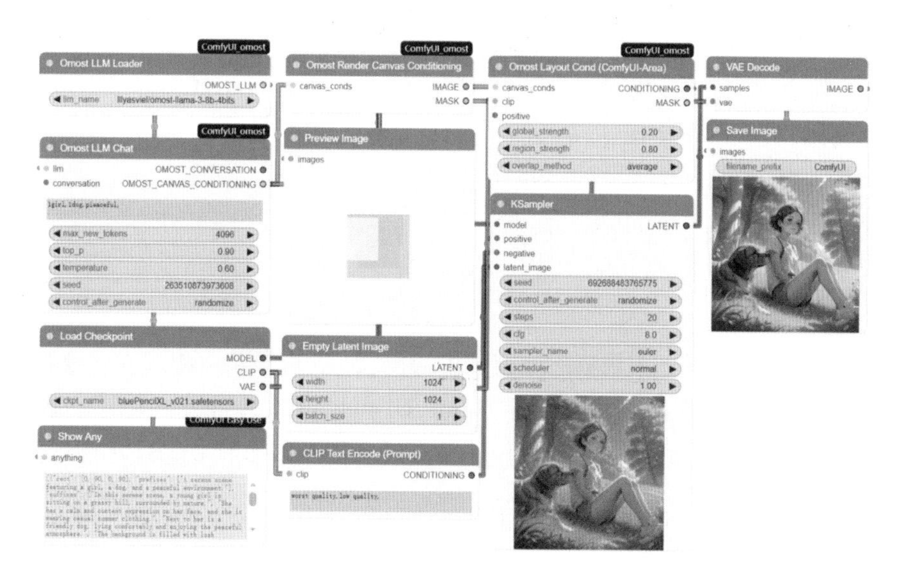

图 6-13 Omost 分区工作流

然后可以使用 Omost Load Canvas Conditioning 节点的内置区域编辑器自由操作 LLM

输出，将图 6-13 所示的 Show Any 节点的内容（如图 6-14 所示）复制至 Omost Load Canvas Conditioning 上后，右击节点，在弹出的快捷菜单中选择 Open in Omost Canvas Editor，即可编辑 LLM 输出，如图 6-15 所示。

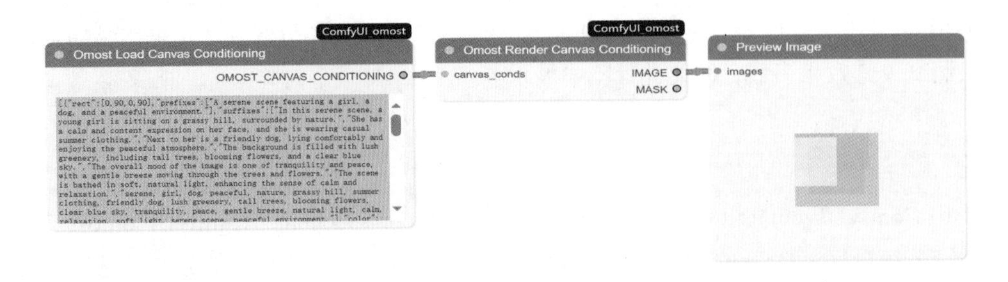

图 6-14　展示分区效果

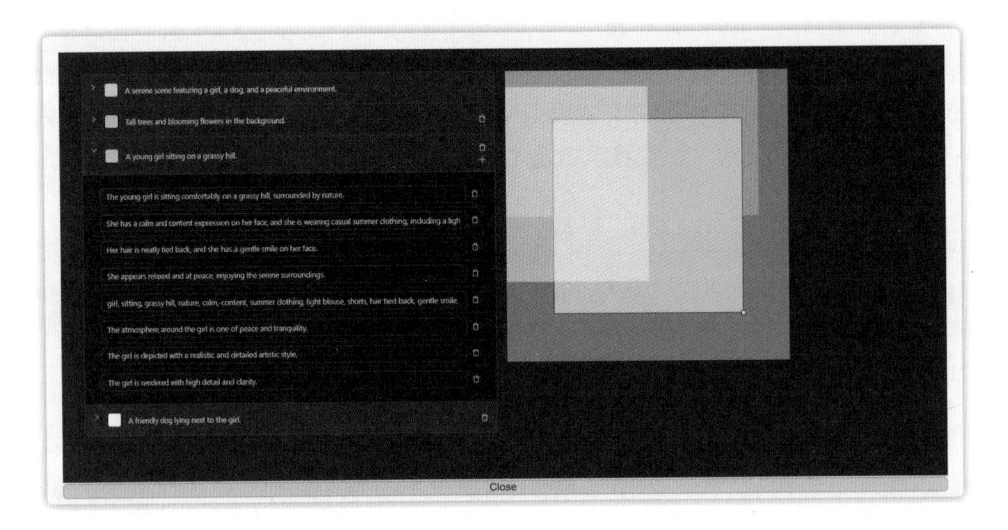

图 6-15　在 Omost 上编辑 LLM 输出

6.3 精准抠图

抠图可应用于换背景、人物姿态建模、模特换衣、局部重绘、细节优化等场景，是图像编辑中常用但又十分费时的操作，但 ComfyUI 可以帮助我们快速抠图。ComfyUI 中常用的抠图插件主要有 Segment Anything 和 BRIA 类抠图（BRIA_AI-RMBG、WAS 和 BiRefNet）。

6.3.1　使用 Segment Anything 抠图

Segment Anything 可以通过提示词和阈值进行精准抠图，工作流默认输出背景底色为黑色。下面将介绍如何安装 Segment Anything 插件以及 Segment Anything 的使用效果。

在 ComfyUI 控制台区域单击 Manager，选择 Install Custom Nodes，搜索 Segment Anything（项目地址为 https://github.com/storyicon/comfyui_segment_anything），安装后重启 ComfyUI 即可使用。

4.5 节已经详细地介绍过创建与获取蒙版的流程，这里不再赘述，仅展示获取蒙版的各种节点及其效果，如图 6-16 和图 6-17 所示。

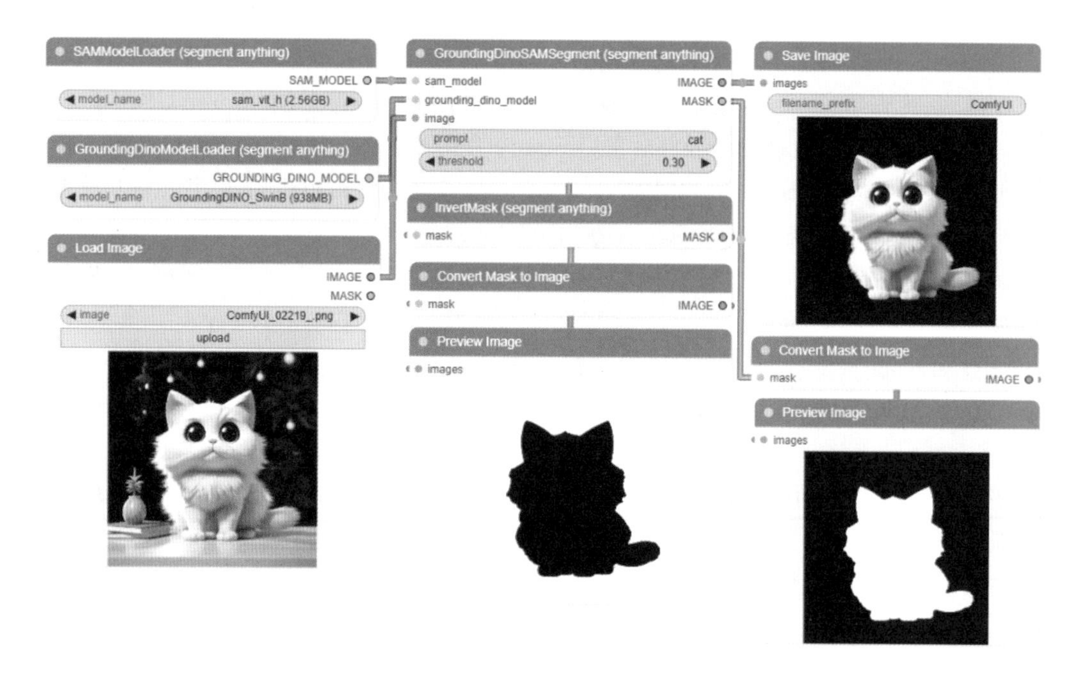

图 6-16 Segment Anything 工作流

Segment Anything 工作流的 6 种 sam_model 效果如图 6-17 所示。

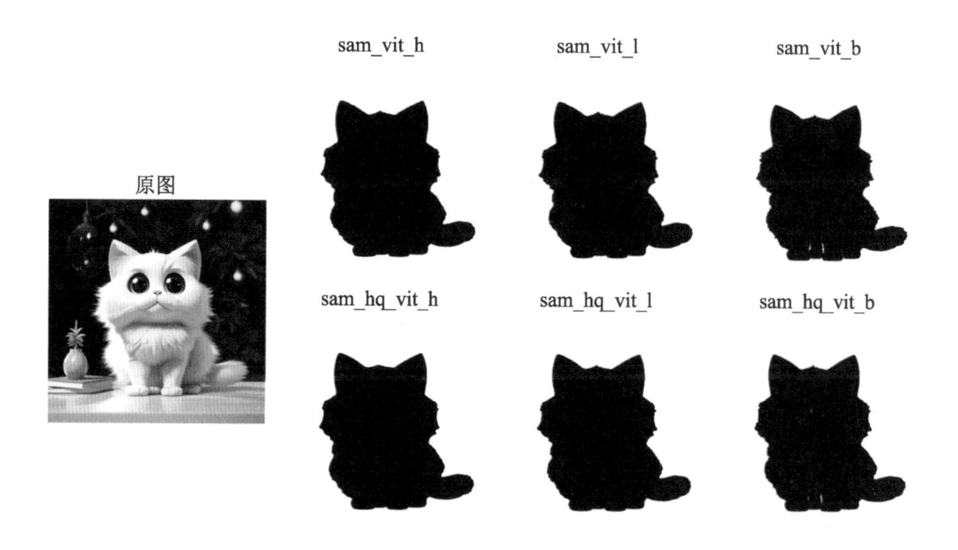

图 6-17 sam_model 效果

6.3.2　使用 BRIA 类插件抠图

BRIA 类抠图包括 BRIA_AI-RMBG、WAS 和 BiRefNet。WAS、BiRefNet 和 BRIA 的边缘效果处理都较好，在抠图效果方面，BRIA 优于 BiRefNet 优于 WAS，WAS 是这 3 款插件中抠图效果最差的。接下来具体介绍这 3 款插件的使用方法。

1. 安装插件并下载模型

在 ComfyUI 控制台区域单击 Manger，选择 Install Custom Nodes，搜索 BRIA_AI-RMBG 插件并安装（项目地址为 https://github.com/ZHO-ZHO-ZHO/ComfyUI-BRIA_AI-RMBG），安装 BRIA_AI-RMBG 插件后重启 ComfyUI 即可抠图。然后，在 Hugging Face（网址为 https://huggingface.co/briaai/RMBG-1.4/tree/main）上下载 model.pth 模型并将其放置在 custom_nodes/ComfyUI-BRIA_AI-RMBG/RMBG-1.4 目录下。

在 ComfyUI 控制台区域单击 Manager，选择 Install Custom Nodes，搜索 WAS 插件并安装（项目地址为 https://github.com/WASasquatch/was-node-suite-comfyui），安装 WAS 插件后重启 ComfyUI 即可抠图。然后，在 GitHub（网址为 https://github.com/danielgatis/rembg/releases/tag/v0.0.0）上下载 u2net.onnx 模型并将其放置在 ComfyUI\models\rembg 目录下。

在 ComfyUI 控制台区域单击 Manager，选择 Install Custom Nodes，搜索 BiRefNet 插件并安装（项目地址为 https://github.com/ZHO-ZHO-ZHO/ComfyUI-BiRefNet-ZHO），安装 BiRefNet 后重启 ComfyUI 即可抠图。然后在 Hugging Face（网址为 https://huggingface.co/ViperYX/BiRefNet/tree/main）上下载与 BiRefNet 配对的 6 个模型并将其放置在 ComfyUI\models\BiRefNet 目录下。

BRIA_AI-RMBG、WAS 和 BiRefNet 的效果对比如图 6-18 所示。

2. 创建工作流节点

下面介绍如何搭建图 6-18 所示的 BRIA 工作流。

- 创建加载图像节点：在 ComfyUI 界面任意位置右击，在弹出的快捷菜单中依次选择 Add Node | image | Load Image。
- 创建抠图模型节点：在 ComfyUI 界面任意位置右击，在弹出的快捷菜单中依次选择 Add Node | BRIA RMBG | BRIA_RMBG Model Loader。
- 创建抠图节点：在 ComfyUI 界面任意位置右击，在弹出的快捷菜单中依次选择 Add Node | BRIA RMBG | BRIA RMBG。
- 创建保存图像节点：在 ComfyUI 界面任意位置右击，在弹出的快捷菜单中依次选择 Add Node | image | Save Image。

下面介绍如何搭建图 6-18 所示的 WAS 工作流。

- 创建移除背景节点。在 ComfyUI 界面任意位置右击，在弹出的快捷菜单中依次选择 Add Node | WAS Suite | image | Image（Remove Background）。
- 创建图像和蒙版节点。在 ComfyUI 界面任意位置右击，在弹出的快捷菜单中依次选择 Add Node | Mask | Compositting | Split Image with Alpha。Split Image with Alpha

将输出图像分成两个部分，即图像和遮罩。

下面介绍如何搭建图 6-19 所示的 BiRefNet 批量抠图工作流。

- 创建抠图模型节点：在 ComfyUI 界面任意位置右击，在弹出的快捷菜单中依次选择 Add Node | BiRefNet | BiRefNet Model Loader。
- 创建抠图节点：在 ComfyUI 界面任意位置右击，在弹出的快捷菜单中依次选择 Add Node | BiRefNet | BiRefNet。

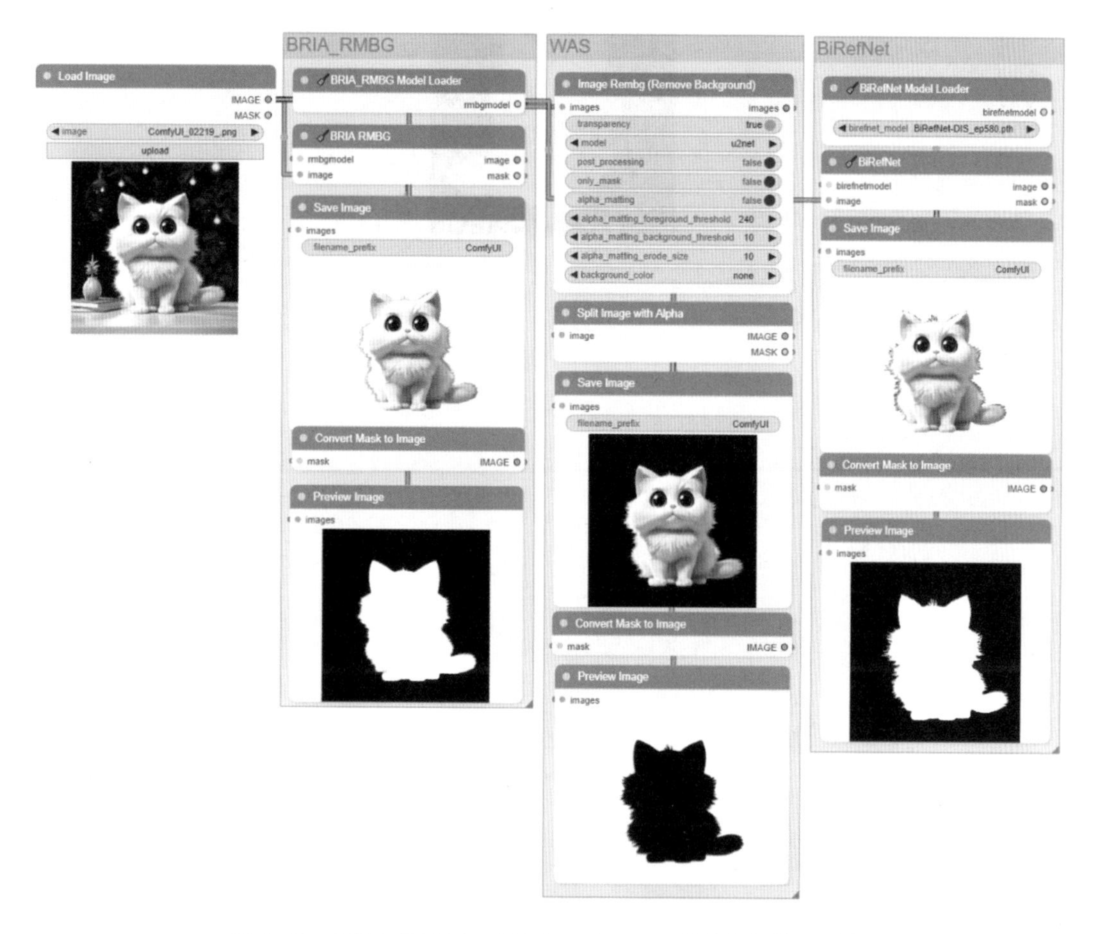

图 6-18 BRIA_RMBG、WAS、BiRefNet 插件抠图效果对比

在图 6-19 中，加载批次图像节点 mode 参数，其有 3 个选项分别为 single_image、incremental_image 和 random。single_image 每次输出图像是固定的，incremental_image 输出图像是在文件夹中递增的，random 是随机的，选择 incremental_image，可以保证每次输出的抠图结果图像按照文件夹中的顺序进行递增。

如果想要预览抠图的蒙版图，需要在 Add Node 下的 Mask 分类里选择 Convert Mask to Image，将蒙版转换为图片，继续在 Add Node 下的 Image 分类里选择 Preview Image 节点，匹配连接相应的节点。快捷创建节点的方法是双击 ComfyUI 页面，搜索节点。

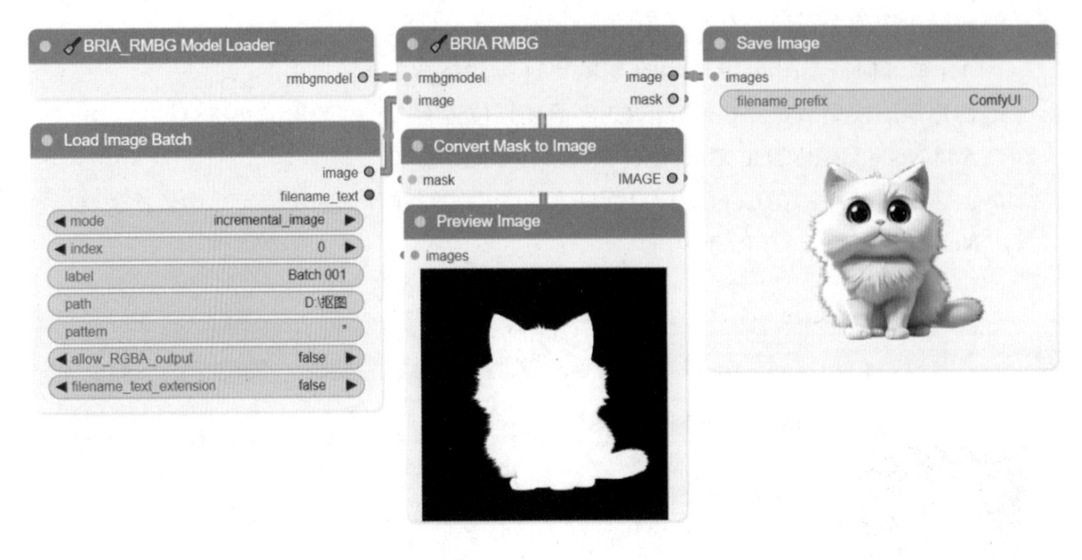

图 6-19　BRIA 批量抠图

第 7 章 ComfyUI 的绘画功能工作流

ComfyUI 中有多种多样的工作流应用于不同场景，这些工作流按功能分类大致可以分为移除类、扩图类、转绘类、更换类、优化类这 5 大类。本章主要介绍这些不同工作流的场景应用及其使用方法。

7.1 移除类工作流

移除路人图像属于移除类工作流，原理上是重绘，将需要移除的元素通过蒙版重绘，使其与原背景完美融合，达到移除的效果。本节主要介绍如何使用 Inpaint-nodes（Fooocus inpaint）和 BrushNet（PowerPaint object removal）达到移除或消除特定元素的效果。

7.1.1 使用 Inpaint 手动移除人物

Inpaint 是一款功能强大的图片修复节点，能够轻松去除照片中不需要的元素，如水印、瑕疵、多余的人物或物体等，让照片的构图更加和谐。接下来介绍如何在 ComfyUI 中使用 Inpaint 插件。

1. 安装插件、下载模型

在 ComfyUI 控制台区域单击 Manager 按钮，选择 Install Custom Nodes，搜索 Comfyui inpaint nodes（项目地址为 https://github.com/Acly/comfyui-inpaint-nodes），安装节点，重启 ComfyUI 即可使用。

同时，需要在 Hugging Face（网址为 https://huggingface.co/lllyasviel/fooocus_inpaint/tree/main）上下载 fooocus_inpaint_head.pth 和 inpaint_v26.fooocus.patch 模型并放置在 ComfyUI/models/inpaint 目录下。

2. 创建工作流节点

安装好插件与模型后，下面介绍如何搭建工作流。Inpaint 工作流可在图生图工作流基础上添加 Inpaint 节点，这里仅介绍如何添加图 7-1 工作流所需的 Inpaint 节点。

- 创建加载图像节点。在 ComfyUI 界面任意位置右击，在弹出的快捷菜单中依次选择

Add Node | image | Load Image。

- 创建 VAE 内补编码器节点。在 ComfyUI 界面任意位置右击，在弹出的快捷菜单中依次选择 Add Node | latent、inpaint | VAE Encode（for Inpainting）。
- 创建加载 Fooocus 局部重绘节点。在 ComfyUI 界面任意位置右击，在弹出的快捷菜单中依次选择 Add Node | inpaint | Load Fooocus Inpaint。
- 创建应用 Fooocus 局部重绘节点。在 ComfyUI 界面任意位置右击，在弹出的快捷菜单中依次选择 Add Node | inpaint | Apply Fooocus Inpaint。

通过右击加载图片节点，在弹出的快捷菜单中选择 Open in MaskEditor，将要移除的路人图像或文字涂上蒙版，再填写提示词，最后通过 Fooocus Inpaint 的作用进行重绘，达到消除路人图像或文字的效果。具体工作流及效果如图 7-1 和图 7-2 所示。

图 7-1　移除路人工作流

图 7-2　移除路人效果展示

7.1.2 使用 BrushNet 自动移除人物

BrushNet 除了可以局部重绘，还支持扩图和删除指定的元素，PowerPaint 是一种图像修复节点，它能够实现多种内绘图任务，包括文本引导的对象内绘图、上下文感知图像内绘图、可控形状拟合的对象内绘图及外绘图。接下来介绍如何在 ComfyUI 中使用 BrushNet 插件。

1. 安装插件并下载模型

在 ComfyUI 控制台区域单击 Manager，选择 Install Custom Nodes，搜索 ComfyUI-BrushNet（项目地址为 https://github.com/nullquant/ComfyUI-BrushNet），安装后重启 ComfyUI 即可使用。

安装插件后还需要搭配模型来使用，接下来介绍 BrushNet 模型下载的具体链接及地址。

- 下载 BrushNet 模型（项目地址为 https://huggingface.co/JunhaoZhuang/PowerPaint-v2-1/tree/main/PowerPaint_Brushnet）放置在 models/inpaint 目录下。
- 下载 Clip 模型（项目地址为 https://huggingface.co/runwayml/stable-diffusion-v1-5/tree/main/text_encoder）放置在 models/clip 目录下。
- 各模型的放置目录可参考图 7-3。其中，segmentation_mask_brushnet_ckpt 和 random_mask_brushnet_ckpt 包含 SD1.5 的 BrushNet 模型；segmentation_mask_brushnet_ckpt_sdxl_v0 和 random_mask_brushnet_ckpt_sdxl_v0 包含 SDXL 模型。

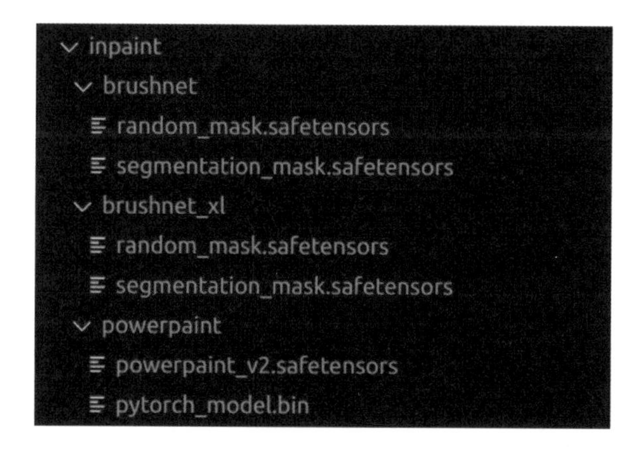

图 7-3 模型目录

2. 使用

安装好 BrushNet 插件与模型后，下面介绍如何搭建并使用 BrushNet 工作流。

1）创建 BrushNet 节点

BrushNet 工作流可在文生图工作流基础上添加 BrushNet 节点，这里仅介绍如何添加图 7-4 工作流所需的 BrushNet 节点。

- 创建加载图像节点：在 ComfyUI 界面任意位置右击，在弹出的快捷菜单中依次选择 Add Node | Image | Load Image。

- 创建 G-DinoSAM 语义分割节点：在 ComfyUI 界面任意位置右击，在弹出的快捷菜单中依次选择 Add Node | Segment_Anything | GroundingDionSAMSegment（segment anything）。
- 创建 G-Dino 模型加载器节点：在 ComfyUI 界面任意位置右击，在弹出的快捷菜单中依次选择 Add Node | Segment_Anything | GroundingDionModelLoader（segment anything）。
- 创建 SAM 模型加载器节点：在 ComfyUI 界面任意位置右击，在弹出的快捷菜单中依次选择 Add Node | Segment_Anything | SAMModelLoader（segment anything）。
- 创建重绘采样节点：在 ComfyUI 界面任意位置右击，在弹出的快捷菜单中依次选择 Add Node | inpaint | PowerPaint。
- 创建重绘 Clip 模型节点：在 ComfyUI 界面任意位置右击，在弹出的快捷菜单中依次选择 Add Node | inpaint | PowerPaint CLIP Loader。
- 创建重绘模型节点：在 ComfyUI 界面任意位置右击，在弹出的快捷菜单中依次选择 Add Node | inpaint | BrushNet Loader。

2）使用 BrushNet 工作流

BrushNet 工作流的使用方法较为简单。首先，在加载图片节点上传需要处理的图片；其次，在 G-DinoSAM 语义分割节点中填入需要移除的元素并在提示词节点中填写正反向提示词；最后，通过 PowerPaint 的作用重绘，消除路人图像或文字，具体工作流及效果如图 7-4 所示。

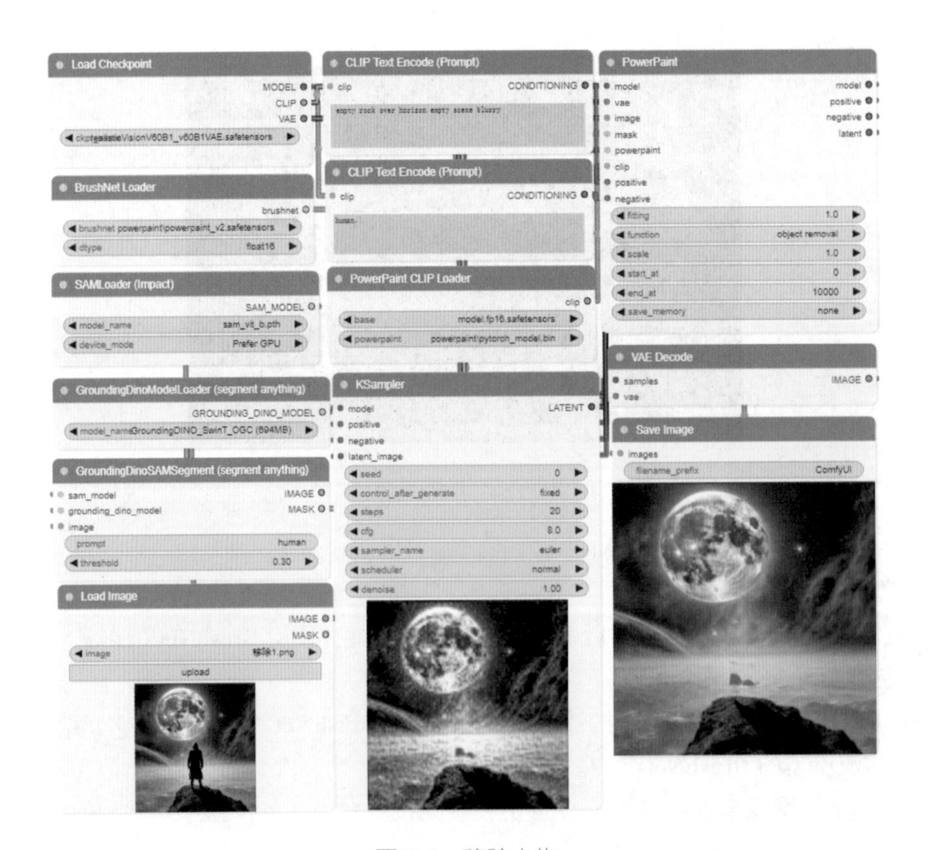

图 7-4　移除人物

注意：PowerPaint 节点的 function 选项需要选择 object removal。

7.2 扩图类工作流

扩图类工作流旨在扩展或增强图像的内容，如放大图像而不失真、增加图像细节、填充图像空白区域等，利用 AI 算法和图像处理技术来增强图像的分辨率、细节和完整性。ComfyUI 提供了图像放大和增强功能，如超分辨率技术（SR）和图像修复技术。用户可以通过这些功能来扩展图像的内容，使其更加清晰、完整和详细。

扩图类工作流的原理是先使用外补画板节点扩展图片，再使用重绘类节点将扩展的图片进行重绘。本节主要介绍使用 BrushNet（PowerPaint）来扩图。下面介绍如何在 ComfyUI 中使用 BrushNet 插件。

1. 创建工作流节点

依次创建图像加载节点、大模型加载节点、提示词节点、外补画板节点、PowerPaint CLIP Loader 模型加载节点、BrushNet 模型加载节点、PowerPaint 采样节点、KSampler 采样节点、VAE 解码节点以及保存图像节点。（节点及模型下载请参考 7.1.2 节）

2. 工作流展示

工作流及效果展示如图 7-5 所示。

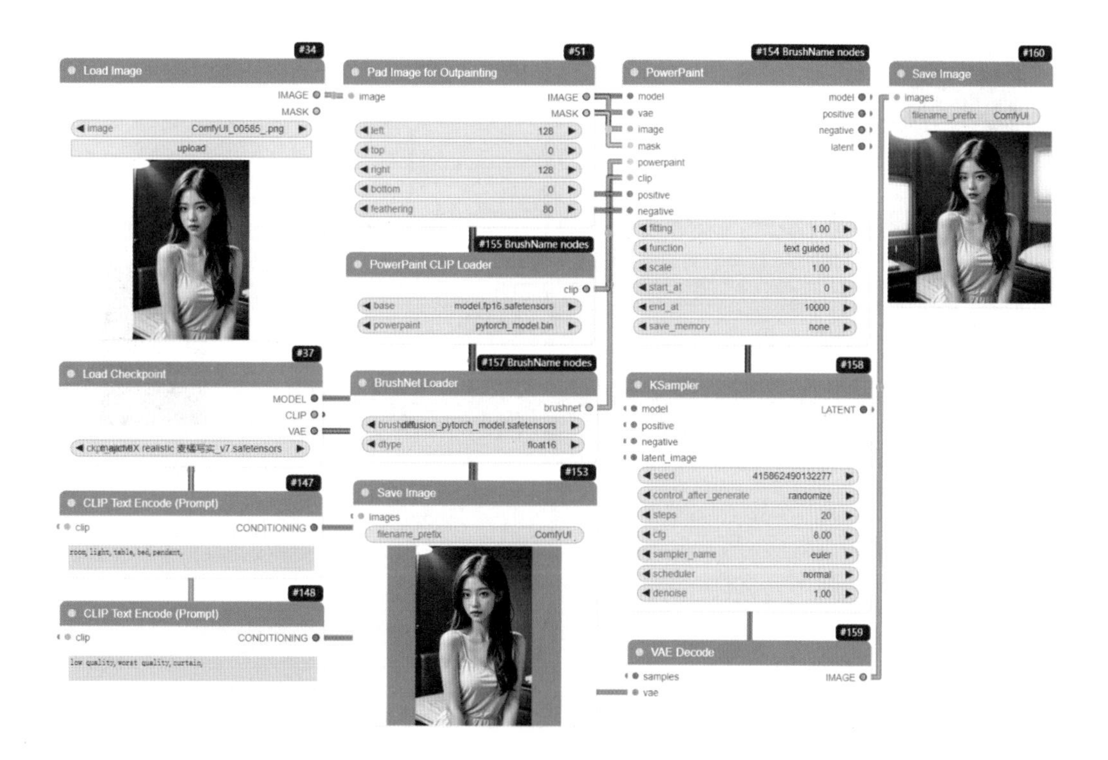

图 7-5 扩图工作流

7.3 转绘类工作流

ControlNet 与 IPAdapter 结合的风格转绘工作流，可以通过 ControlNet 保持需要转绘的原图片的轮廓，通过 IPAdapter 输入需要转绘的风格的图片。

在 ComfyUI 控制台区域单击 Manager，选择 Install Custom Nodes，搜索 IPAdapter_plus（项目地址为 https://github.com/cubiq/ComfyUI_IPAdapter_plus），安装后重启 ComfyUI 即可使用。这里以将图 7-5 工作流生成的少女转绘为戴珍珠耳环的少女风格为例，其工作流如图 7-6 所示。

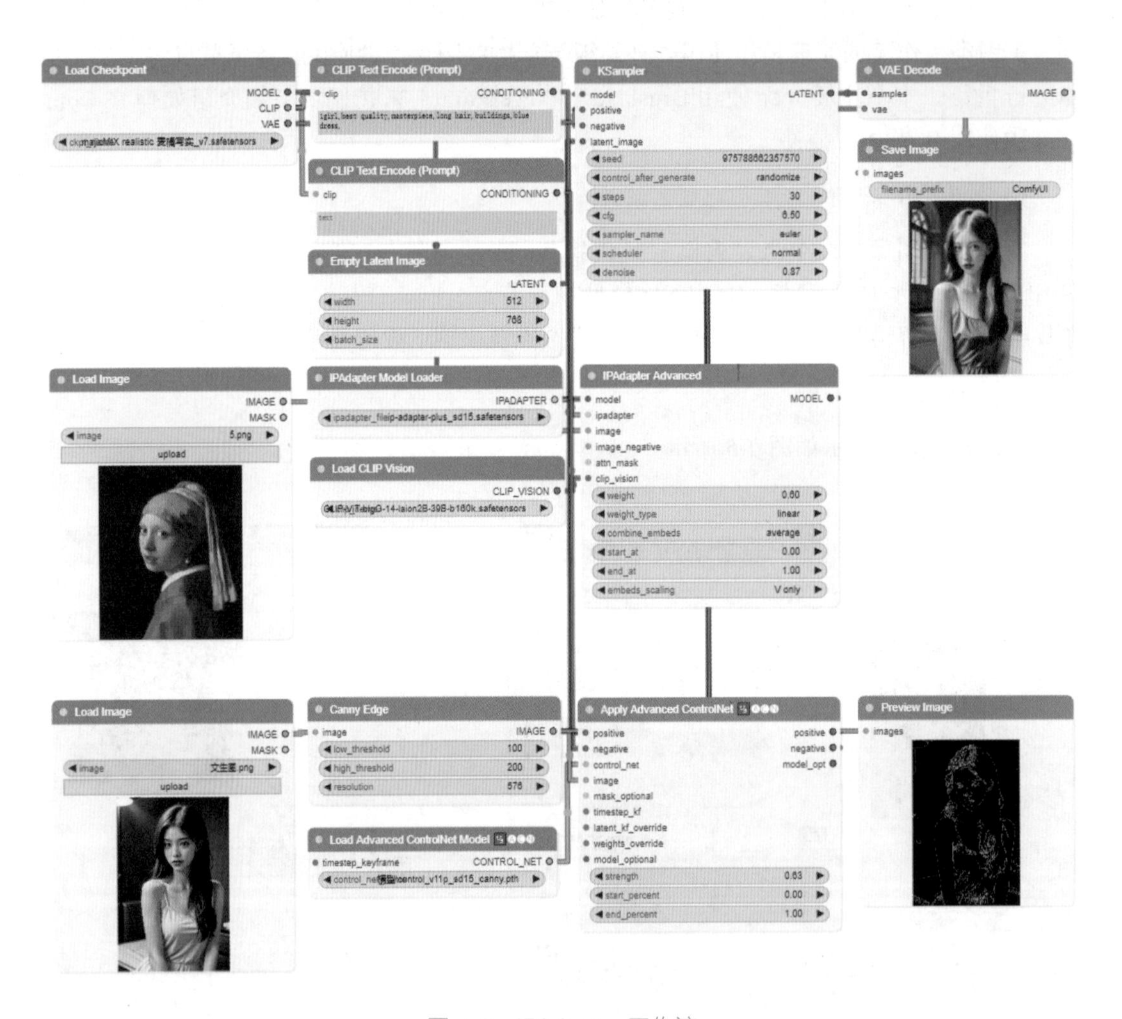

图 7-6　IPAdapter 工作流

使用 IPAdapter 直接生成类似风格的图像和两种风格融合的工作流如图 7-7 和图 7-8 所示。

使用 IPAdapter 需要下载 CLIP Vision 模型（项目地址为 https://github.com/cubiq/ComfyUI_IPAdapter_plus），并且需要将下载的 CLIP Vision 模型重命名放置在相应的地址

目录下，如表 7-1 所示。

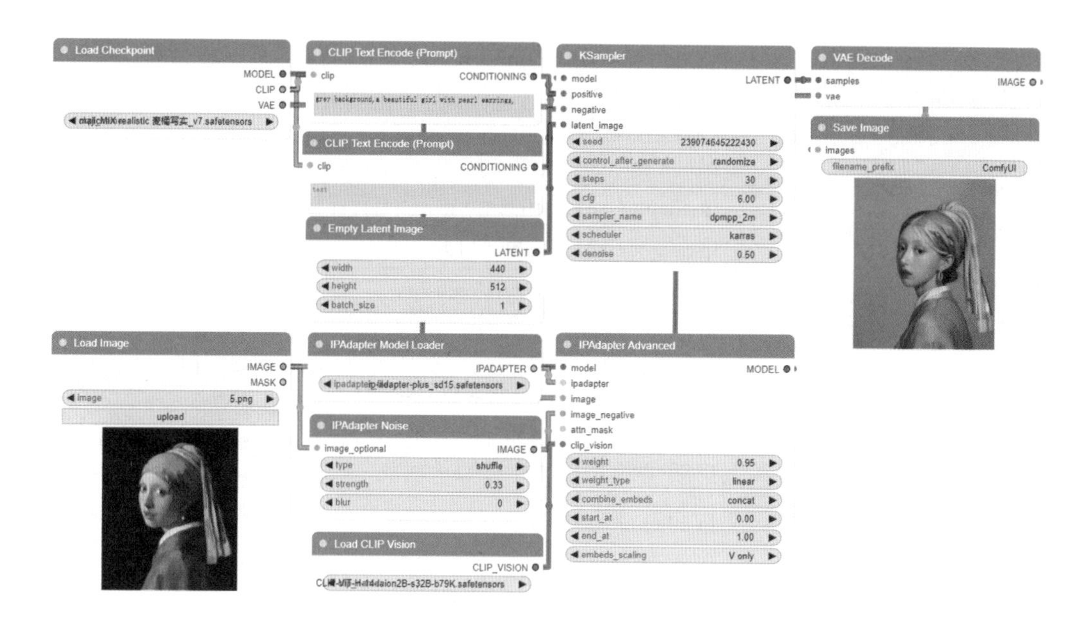

图 7-7 使用 IPAdapter 直接生成类似风格的图像

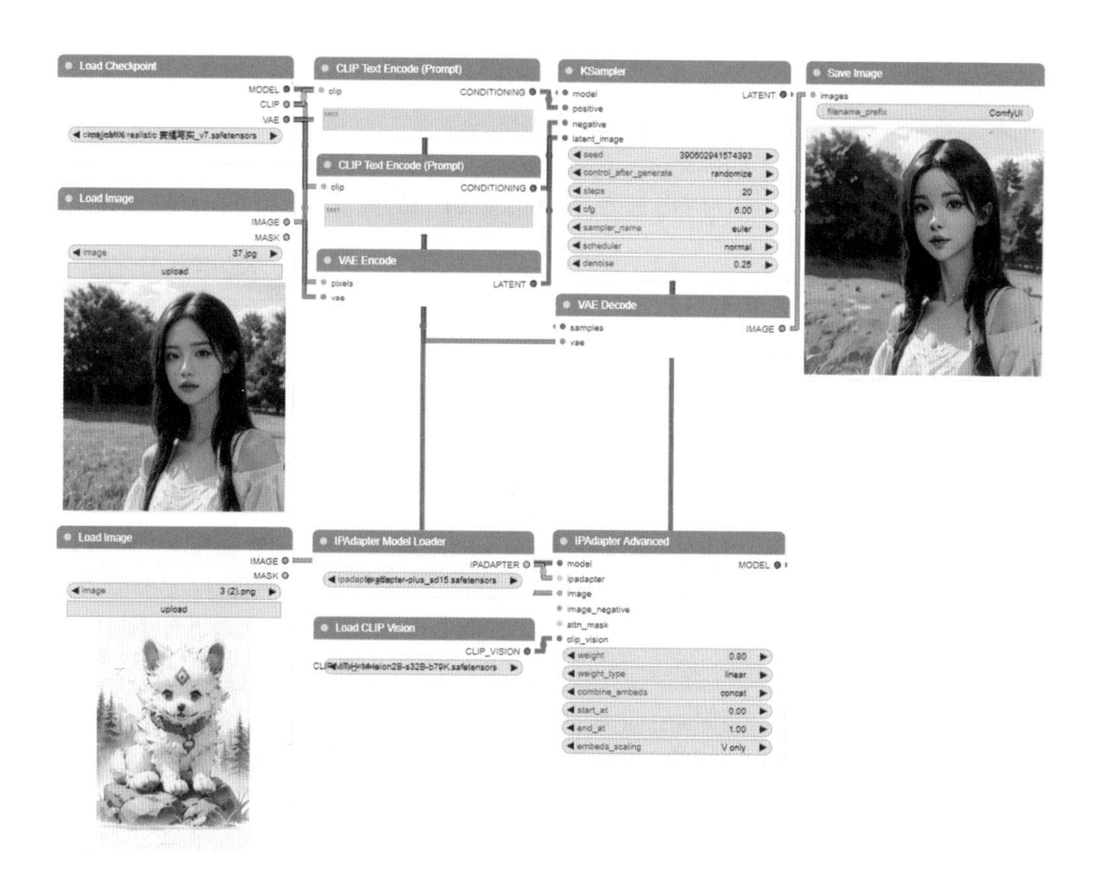

图 7-8 使用 IPAdapter 融图

表 7-1　IPAdapter 模型与模型地址目录

分　　类	地址目录	模　　型	备　　注
Clip 模型	/ComfyUI/models/clip_vision	CLIP-ViT-H-14-laion2B-s32B-b79K.safetensors	视觉编码器
		CLIP-ViT-bigG-14-laion2B-39B-b160k.safetensors	视觉编码器
IPAdapter 模型	/ComfyUI/models/ipadapter	ip-adapter_sd15.safetensors	基础模型，具有平均强度表现
		ip-adapter_sd15_light_v11.bin	基础模型的轻影响版本
		ip-adapter-plus_sd15.safetensors	加强版模型，功能非常强大
		ip-adapter-plus-face_sd15.safetensors	人脸和肖像处理的加强版模型
		ip-adapter-full-face_sd15.safetensors	面部模型，比加强版本的模型性能更强
		ip-adapter_sd15_vit-G.safetensors	基本型号，需要 bigG clip 视觉编码器
		ip-adapter_sdxl_vit-h.safetensors	SDXL 模型
		ip-adapter-plus_sdxl_vit-h.safetensors	SDXL 加强版模型
		ip-adapter-plus-face_sdxl_vit-h.safetensors	SDXL 脸模型
		ip-adapter_sdxl.safetensors	vit-G SDXL 模型，需要 bigG clip 视觉编码器
		ip-adapter_sd15_light.safetensors	v1.0 光影响模型，已弃用
FaceID 模型	/ComfyUI/models/ipadapter	ip-adapter-faceid_sd15.bin	基本的 FaceID 模型
		ip-adapter-faceid-plusv2_sd15.bin	FaceID plus v2
		ip-adapter-faceid-portrait-v11_sd15.bin	人像文本提示风格转换
		ip-adapter-faceid_sdxl.bin	SDXL 基本 FaceID
		ip-adapter-faceid-plusv2_sdxl.bin	SDXL plus v2
		ip-adapter-faceid-portrait_sdxl.bin	SDXL 文本提示风格转换
		ip-adapter-faceid-portrait_sdxl_unnorm.bin	功能非常强大的风格转移模型，仅适用于超高分辨率（SDXL）场景，且未进行归一化处理
		ip-adapter-faceid-plus_sd15.bin	FaceID plus v1，已弃用
		ip-adapter-faceid-portrait_sd15.bin	v1 肖像模型，已弃用
Ipadapter_LoRA 模型	/ComfyUI/models/loras	ip-adapter-faceid_sd15_lora.safetensors	与基础人脸识别模型(FaceID SD15) 配对的 LoRA 模型
		ip-adapter-faceid-plusv2_sd15_lora.safetensors	与加强版人脸识别模型（FaceID Plus v2 SD15） 配对的 LoRA 模型
		ip-adapter-faceid_sdxl_lora.safetensors	与超高分辨率人脸识别模型（FaceID SDXL）配对的 LoRA 模型

续表

分 类	地址目录	模 型	备 注
Ipadapter_ LoRA 模型	/ComfyUI/ models/loras	ip-adapter-faceid-plusv2_sdxl_lora. safetensors	与超高分辨率增强版人脸识别模型（FaceID Plus v2 SDXL）配对的 LoRA 模型
		ip-adapter-faceid-plus_sd15_lora. safetensors	已弃用的加强版人脸识别模型（FaceID Plus v1 SD15）的 LoRA 模型
Community's 模型	/ComfyUI/ models/ipadapter	ip_plus_composition_sd15. safetensors	一般构图忽略风格和内容
		ip_plus_composition_sdxl.safetensors	SDXL 版本

7.4 换脸类工作流

在进行升学、结婚等各类登记时，经常需要提供证件照。证件照有严格的尺寸和背景限制，特地去照相馆拍证件照费时费钱。不少网站提供了在线制作证件照的程序，需要上传个人照片并使用手机或微信注册付费。当手机或微信与个人图像关联起来时，很容易暴露隐私，存在被人不当使用的风险。ComfyUI 具有多种换脸插件，如 InstantID、PuLID、FaceID、ReActor、Roop、Portrait Master、PhotoMaker 等，下面主要介绍 InstantID、PuLid、FaceID、ReActor 和 PhotoMaker 插件的效果。

网页版换脸神器 Faceswap（网址为 https://faceswap.so/zh-cn/editor）的使用效果如图 7-9 所示。

图 7-9 Faceswap 换脸效果

7.4.1　使用 InstantID、PuLID 和 FaceID 换脸

PuLID、InstantID 和 IPAdapter 的 FaceID-V2 技术的核心原理相似，都是基于 InsightFace 的人脸分析技术。InsightFace 用于人脸识别、人脸检测和人脸对齐。从推出的时间线来说，IPAdapter-faceID 是最早出现的，IPAdapter 本身是腾讯团队开发的技术框架，FaceID-V2 为最新版本；接下来推出的是有小红书背景的 InstantID，其是换脸强化的 FaceID，最后是字节跳动出品的 PuLID。

1．InstantID

在 ComfyUI 中使用 InstantID 工作流首先需要安装插件并下载模型。在 ComfyUI 控制台区域单击 Manager，选择 Install Custom Nodes，搜索 InstantID（项目地址为 https://github.com/cubiq/ComfyUI_InstantID），安装后重启 ComfyUI 即可使用。

接下来介绍 InstantID 模型下载的具体链接及地址目录。

- 将 antelopev2（项目地址为 https://huggingface.co/MonsterMMORPG/tools/tree/main）下载至 ComfyUI/models/insightface/models/antelopev2 文件夹内。
- 将 ip_adapter 下载至 ComfyUI/models/instantid 文件夹内，适用于 SDXL。

完成插件安装和模型下载之后，需要搭建工作流。InstantID 工作流可在图生图工作流基础上添加 InstantID 节点，这里仅介绍如何添加图 7-10 工作流所需的 InstantID 节点。

- 创建 InstantID 应用系列节点：在 ComfyUI 界面任意位置右击，在弹出的快捷菜单中依次选择 Add Node | InstantID，在 InstantID 分类下选择 Load InstantID Model、InstantID Face Analysis 和 Apply InstantID 这 3 个节点。
- 创建控制模型节点：在 ComfyUI 界面任意位置右击，在弹出的快捷菜单中依次选择 Add Node | Loaders | Load ControlNet Model。
- 创建面部修复节点：在 ComfyUI 界面任意位置右击，在弹出的快捷菜单中依次选择 Add Node | ImpactPack | Simple | Face Detailer。
- 创建检测加载器节点：在 ComfyUI 界面任意位置右击，在弹出的快捷菜单中依次选择 Add Node | ImpactPack | UltralyticsDetectorProvider。
- 创建 SAM 模型加载器节点：在 ComfyUI 界面任意位置右击，在弹出的快捷菜单中依次选择 Add Node、ImpactPack 与 SAMLoader（Impact）。
- 创建两个加载图像节点，分别连接至 Apply InstantID 和 Face Detailer。

在 InstantID 的加载图像处上传换脸的目标脸部图像，在 Face Detailer 的加载图像处上传待换脸的图像。单击控制台上的 Queue Prompt 按钮生成图像，即可在 Preview Image 中查看已换脸的图像。InstantID 换脸工作流如图 7-10 所示。

2．PuLID 换脸

在 ComfyUI 中使用 InstantID 工作流时首先需要安装插件并下载模型。在 ComfyUI 控制台区域单击 Manager，选择 Install Custom Nodes，搜索 PuLID 插件并安装（项目地址为 https://github.com/cubiq/PuLID_ComfyUI），安装后重启 ComfyUI 即可使用。

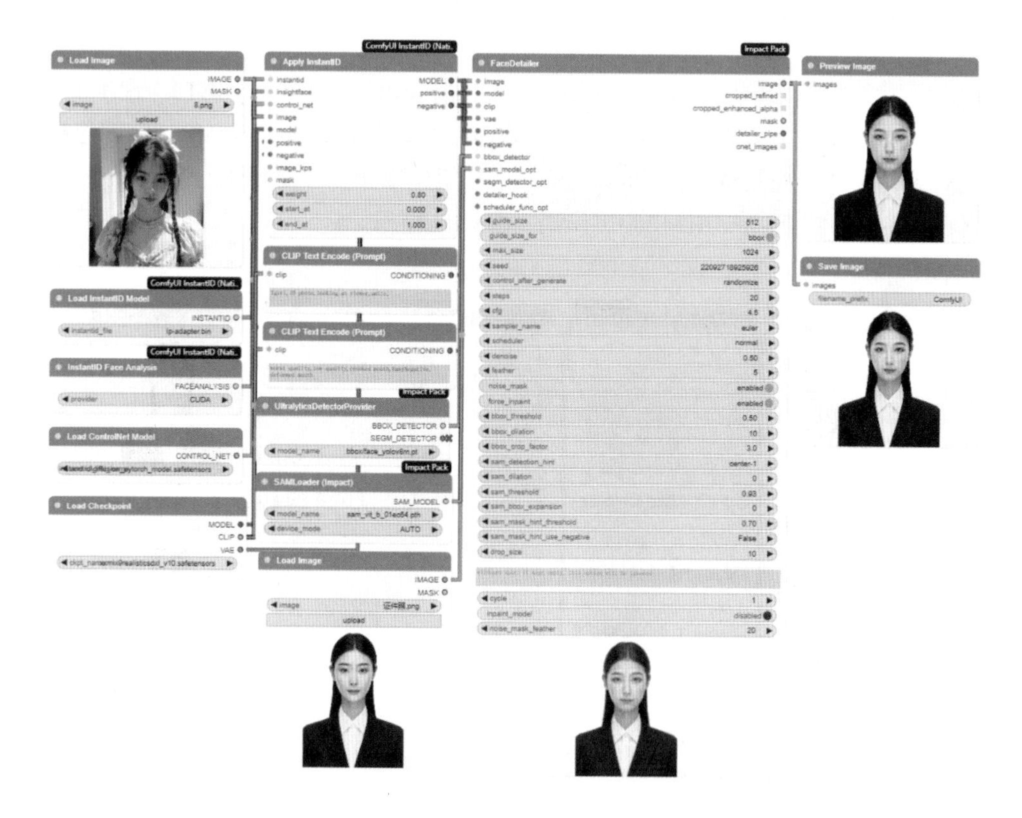

图 7-10　InstantID 流程

接下来介绍 PuLID 模型下载的具体链接及地址目录。

- 下载 antelopev2 模型：将 antelopev2 模型（项目地址为 https://huggingface.co/MonsterMMORPG/tools/tree/main）下载至 ComfyUI/models/insightface/models/antelopev2 文件夹内。
- 下载 PuLID 模型：将 PuLID 预训练模型下载至 ComfyUI/models/pulid/ 文件夹内。
- 下载 CLIP 模型：将 EVA02_CLIP_L_336_psz14_s6B.pt（https://huggingface.co/QuanSun/EVA-CLIP/tree/main）下载至 ComfyUI\.cache\huggingface\hub\models--QuanSun--EVA-CLIP\snapshots\11afd202f2ae80869d6cef18b1ec775e79bd8d12 文件夹内。
- 下载 facexlib 模型。将 detection_Resnet50_Final、parsing_bisenet、parsing_parsenet（https://github.com/xinntao/facexlib/releases/）下载至 ComfyUI\python\Lib\site-packages\facexlib\weights 文件夹内。
- 安装 facexlib 依赖。在 ComfyUI 的 python 路径下，输入 cmd，在命令行窗口中输入 python.exe -m pip install –r ComfyUI-aki-v1.3\ComfyUI-aki-v1.3\custom_nodes\PuLID_ComfyUI\requirements.txt，这些模型下载完成并安装依赖后重启 ComfyUI 即可使用。

使用 PuLID 换脸的流程与 InstantID 大致相同，不同的是需要把 InstantID 的节点替换成 PuLID 的节点。具体替换方法为先创建 PuLID 节点。方法是在 ComfyUI 界面任意位置

右击，在弹出的快捷菜单中依次选择 Add Node | pulid，在 PuLID 分类下选择 Load PuLID Model 与 Load InsightFace（PuLID）、Load Eva Clip（PuLID）和 Apply PuLID 这 4 个节点。

在 PuLID 的加载图像处上传换脸的目标脸部图像，在 Face Detailer 的加载图像处上传待换脸的图像。单击控制台上的 Queue Prompt 按钮生成图像，之后即可在 Preview Image 节点查看已换脸的图像。PuLID 换脸工作流如图 7-11 所示。

图 7-11　PuLID 工作流

3. FaceID 换脸

在 ComfyUI 中使用 FaceID 工作流需要安装插件并下载模型。在 ComfyUI 控制台区域单击 Manager，选择 Install Custom Nodes，搜索 IPAdapter_plus（项目地址为 https://github.com/cubiq/ComfyUI_IPAdapter_plus），安装后重启 ComfyUI 即可使用。IPAdapter 模型与模型地址目录具体见表 7-1。

FaceID 换脸工作流如图 7-12 所示。

以上 3 种方法的效果对比如图 7-13 所示。虽然 FaceID-V2 的相似度不够高，但是艺术性和可塑性更好，从创作角度讲有更高的自由度；InstantID 更有真实感；而 PuLID 的效果一般。

注意： Facechain（项目地址为 https://github.com/THtianhao/ComfyUI-FaceChain?tab=readme-ov-file）也可以实现换脸效果，生成特定模板的写真，读者可自行研究，在线体验地址为 https://modelscope.cn/studios/CVstudio/FaceChain-FACT/summary/?st=10S9g1ZxX5Mb76ns1yB6Dxg。

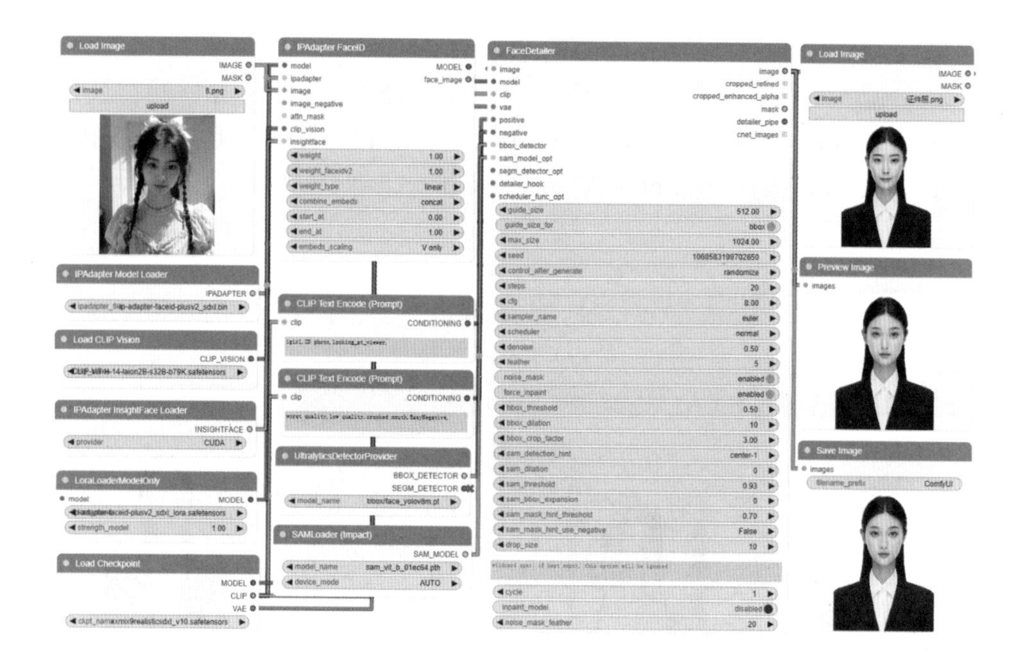

图 7-12 FaceID 工作流

图 7-13 换脸对比效果

7.4.2 使用 ReActor 换脸

Roop 开启了开源软件 AI 换脸的先河，其底层是依托于开源项目 InsightFace 的面部识别模型。后来 Roop 项目停止更新，其位置被 ReActor 所取代，但 ReActor 的底层逻辑依然是 InsightFace。读者可以自行下载使用 Roop。

1．安装插件

在 ComfyUI 中使用 ReActor 工作流需要安装插件。在 ComfyUI 控制台区域单击 Manager，选择 Install Custom Nodes，搜索 ReActor Node for ComfyUI（项目地址为 https://github.com/Gourieff/comfyui-reactor-node），重启 ComfyUI 即可使用。

2．使用效果

ReActor 换脸工作流如图 7-14 所示。

图 7-14　ReActor 换脸效果

在图 7-14 所示工作流的 ReActor Fast Face Swap 节点中，facedetection 参数为面部检测模型，默认为 retinaface_resnet50。ReActor Fast Face Swap 的面部修复模型有 6 个选项，其修复效果如图 7-15 所示。

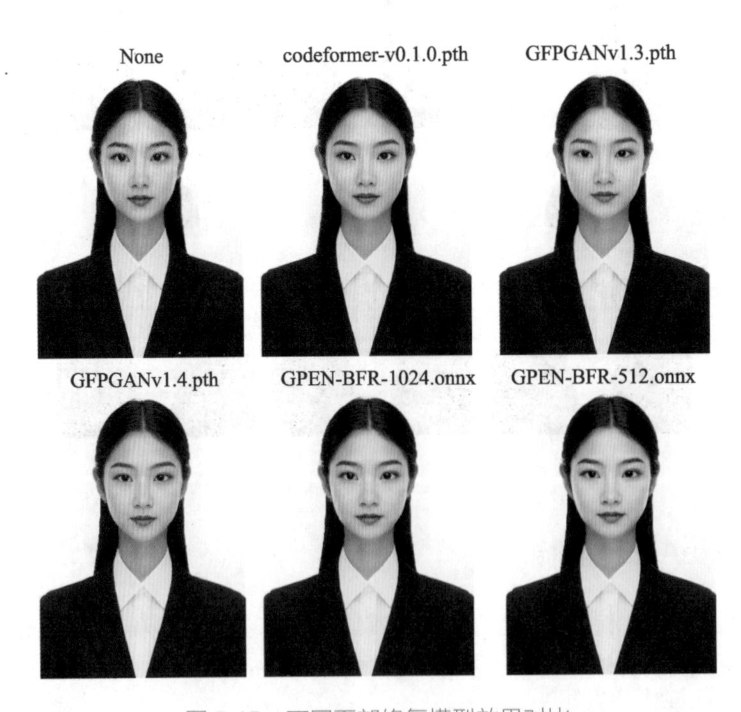

图 7-15　不同面部修复模型效果对比

7.4.3 使用 Portrait Master 换脸

ComfyUI 的 Portrait Master 为肖像大师，它是一款强大的人物肖像提示词生成模块。它提供了丰富的选择参数，包括镜头类型、性别、国籍、体型、姿势、眼睛颜色、面部表情、脸型、发型、头发颜色、胡子、灯光类型和灯光方向等。

1. 安装插件

在 ComfyUI 中使用 Portrait Master 工作流时需要先下载 ComfyUI Portrait Master 插件。在 ComfyUI 控制台区域单击 Manager，选择 Install Custom Nodes，搜索 portrait（项目地址为 https://github.com/ZHO-ZHO-ZHO/comfyui-portrait-master-zh-cn），安装后重启 ComfyUI 即可使用。

2. 使用效果

Portrait Master 的工作流如图 7-16 所示。

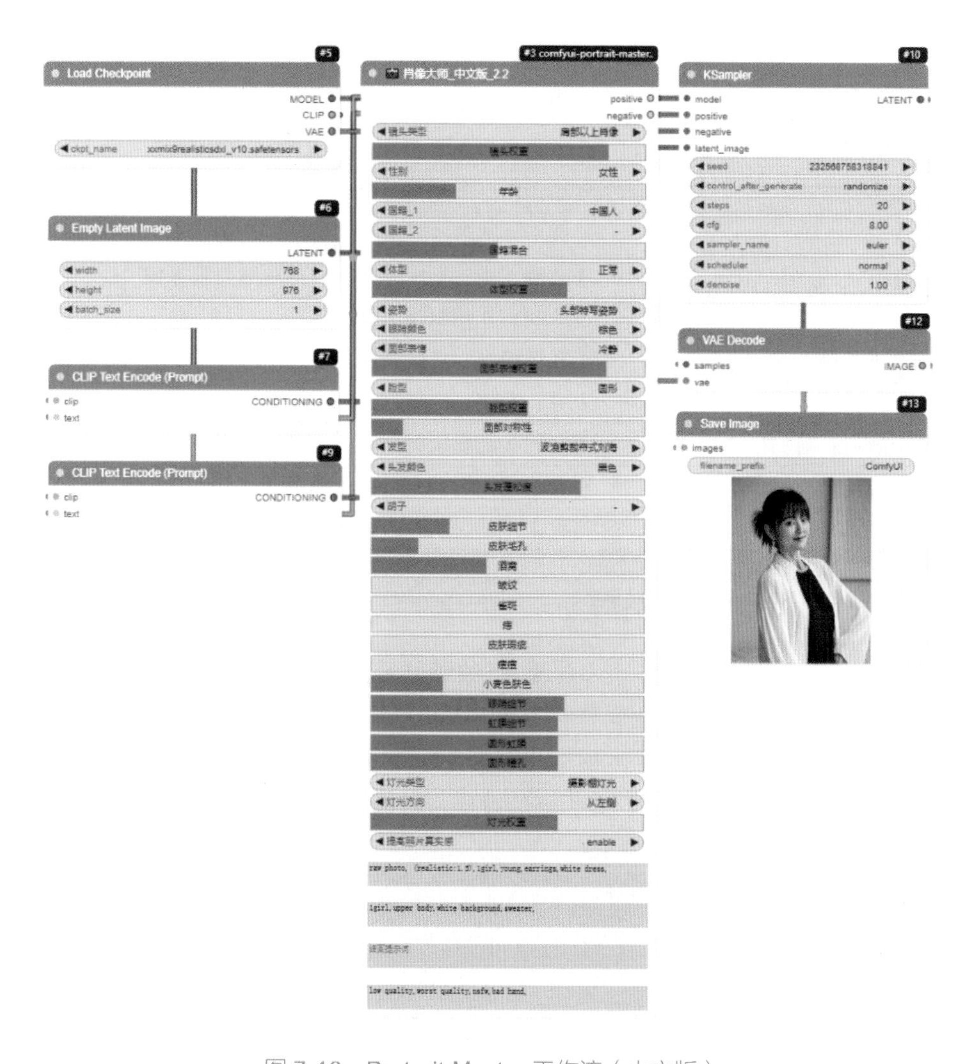

图 7-16 Portrait Master 工作流（中文版）

注意：在图 7-16 的 Portrait Master 工作流中，右击 CLIP Text Encode（Prompt）节点，在弹出的快捷菜单中选择 Convert text to input，可将 CLIP Text Encode（Prompt）节点的 text 文本框转化为输入，并与肖像大师 _ 中文版 _2.2 节点的 positive 和 negative 相连，形成工作流。

3. 参数

图 7-16 所示的肖像大师 _ 中文版 _2.2 节点有许多参数，具体介绍如表 7-2 所示。

表 7-2　肖像大师 _ 中文版 _2.2 节点参数介绍

参　数	参 数 说 明
镜头类型	头像、肩部以上肖像、半身像、全身像、脸部肖像
性别	女性、男性
国籍 _1	193 个国家可选
国籍 _2	193 个国家可选
体型	瘦、正常、超重等 4 种
姿势	回眸、S 曲线、高级时尚等 18 种
眼睛颜色	琥珀色、蓝色等 8 种
面部表情	开心、伤心、生气、惊讶、害怕等 24 种
脸型	椭圆形、圆形、梨形等 12 种
发型	法式波波头、卷发波波头、不对称剪裁等 20 种
胡子	山羊胡、扎帕胡等 20 种
灯光类型	柔和环境光、日落余晖、摄影棚灯光等 32 种
灯光方向	上方、左侧、右下方等 10 种
起始提示词	写在开头的提示词
补充提示词	写在中间用于补充信息的提示词
结束提示词	写在末尾的提示词

7.4.4　使用 PhotoMaker 换脸

PhotoMaker 是腾讯推出的一个专注于 AI 绘画领域的开源项目，该项目通过巧妙地堆叠 ID 嵌入技术，能够定制化地生成高度逼真的人类照片。这是一种创新的个性化文本到图像生成方法，展现了 AI 技术在艺术创作与图像合成方面的卓越能力。其不仅可以全面封装同一输入 ID 的特征，还可以容纳不同 ID 的特征，以便后续集成。此外，PhotoMaker 可显著提高速度、获得高质量的生成结果。

在 ComfyUI 中使用 PhotoMaker 工作流需要安装 ComfyUI-PhotoMaker-ZHO 插件，可在 ComfyUI 控制台区域单击 Manager，选择 Install Custom Nodes，搜索 PhotoMaker（项目地址为 https://github.com/ZHO-ZHO-ZHO/ComfyUI-PhotoMaker-ZHO），安装后重启 ComfyUI 即可使用。

同时，需要下载 RealVisXL_V3.0 模型（项目地址为 https://huggingface.co/SG161222/

RealVisXL_V3.0/tree/main）并将其放置 ComfyUI\models\checkpoints\SG161222 目录下，也可加载本地 SDXL 系列模型等，读者可自行研究，这里仅展示工作流。运行图 7-17 工作流时需要保持网络稳定以便能自动下载模型。

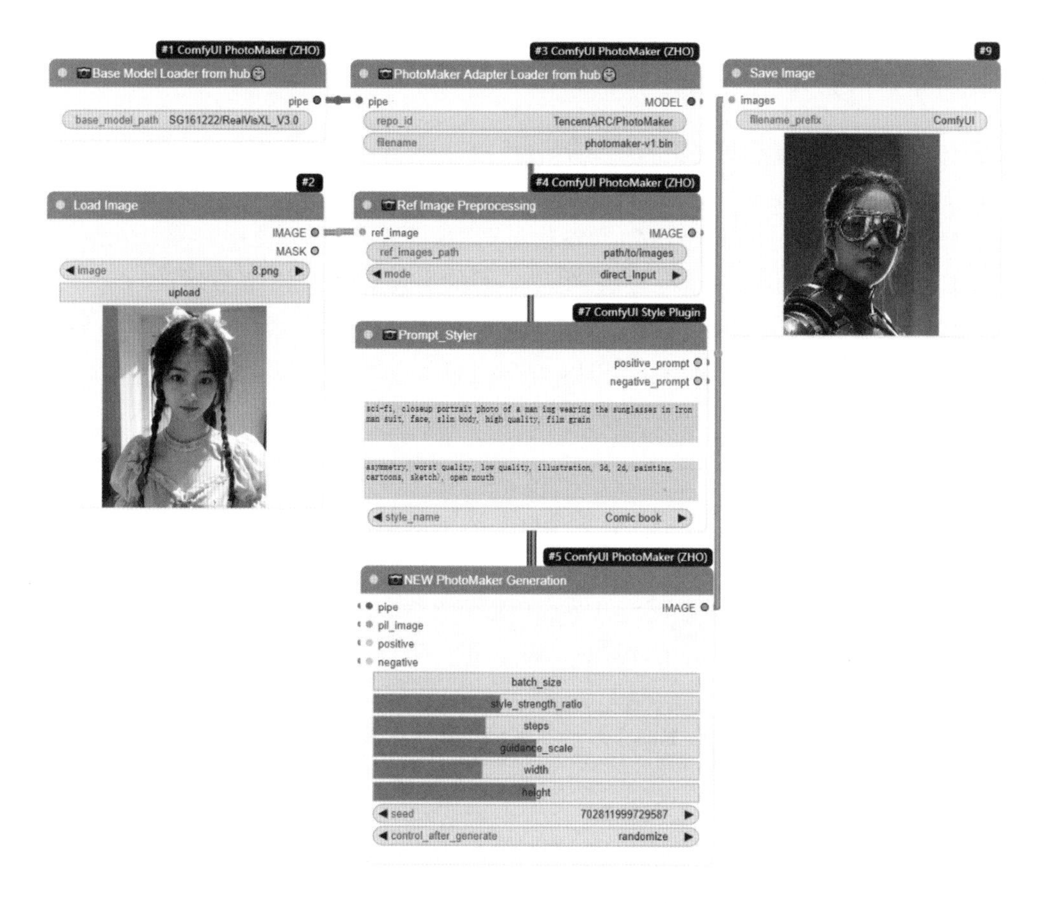

图 7-17 PhotoMaker 工作流

Prompt_Styler 支持官方提供的 10 种风格，分别是 Cinematic、Disney Character、Digital Art、Photographic（Default）、Fantasy art、Neonpunk、Enhance、Comic book、Lowpoly 和 Line art。

7.5 放大类工作流

ComfyUI 提供了一系列工作流，可以对图像进行整体或局部优化，改善图像质量、对比度，平衡图像色彩等，从而达到更好的视觉效果，其应用场景有图像美化、色彩校正、专业图像编辑等。

ComfyUI 提供了 5 种不同的放大方式进行高清修复，分别为潜空间放大、模型放大、分块放大、SUPIR 和 ASPIR。需要明确的是，SD 具有潜空间（Latent Space）和像素空间

（Pixel Space）两个层次。在潜空间中，对图片进行重绘放大，重新生成图像的细节，提高图像的清晰度和质量。在像素空间中，由于直接处理的是图像的像素数据，因此无法进行重绘操作，只能单纯地进行高清放大，即根据算法对原图像的像素数据进行扩展，从而增大图像的尺寸。

7.5.1　潜空间放大

潜空间放大是在潜空间中进行的，其分为两种放大方法，分别为 Upscale Latent 和 Upscale Latent By，接下来介绍它们的特征和使用方法。

- ❑ Upscale Latent：Latent 缩放，可单独调节图像的大小。
- ❑ Upscale Latent By：Latent 按系数缩放，可使生成图像按原图系数缩放。

潜空间放大节点的使用方法为：单击 ComfyUI 界面，依次选择 Add Node | latent | Upscale Latent By，只需要将图 7-18 中的 Upscale Latent 节点替换为 Upscale Latent By 节点即可。

1. 创建工作流节点

Latent 放大工作流可在文生图工作流基础上添加 Latent 放大节点，这里仅介绍如何添加 Latent 放大节点。

创建潜空间放大节点。在 ComfyUI 界面任意位置右击，在弹出的快捷菜单中依次选择 Add Node | latent，在 latent 分类下选择 Upscale Latent 节点或者 Upscale Latent By 节点。

注意：Upscale Latent 节点连接在第一次 KSampler 的采样节点（图 7-18 的①）之后。

---

2. 使用效果

放大穿着白色毛衣的女孩图像，将其从 512 × 512 放大至 896 × 896，放大步数为 16，放大重绘幅度为 0.55，具体工作流如图 7-18 所示。

潜空间放大算法作为一种基于变分自编码器（VAE）模型的图像增强技术，能够有效地在潜在特征空间内对图片进行放大操作，并依据所需的放大倍数进行精确地重绘，从而显著提升图像的分辨率和细节表现。以下是在 ComfyUI 中 Latent 的 5 种算法。放大算法的效果对比如图 7-19 所示。

- ❑ nearest-exact：结合了最近邻插值算法与双线性插值算法的优势，不仅能够保持图像的边缘清晰，还能够有效减少插值过程中可能产生的模糊和失真现象，为用户提供更为清晰、真实的放大图像。
- ❑ bilinear：基于双线性插值原理的 Latent（bilinear）算法，通过考虑邻近 4 个像素点的灰度值进行加权平均来估计未知像素点的值。这种算法在保持图像细节的同时，能够有效减少放大过程中产生的锯齿状边缘，使得放大后的图像更加平滑自然。
- ❑ area：采用区域插值的方法，通过计算邻近像素点的平均灰度值来估计未知像素点的值。area 算法在保持图像整体色调和亮度一致性的同时，能够减少放大过程中产生的噪声和伪影，使得放大后的图像更加清晰、自然。

- bicubic：基于双立方插值原理，通过考虑邻近的 16 像素点的灰度值，进行更为复杂的加权平均计算。这种算法能够更准确地估计未知像素点的值，从而在放大过程中更好地保留图像的细节和纹理信息，使得放大后的图像更加细腻、逼真。
- bislerp：基于双三次样条插值的放大方法，利用邻近像素点的灰度值信息，通过构建三维插值曲面来估计未知像素点的值。这种算法能够在保持图像边缘清晰的同时，有效减少放大过程中产生的锯齿状边缘和模糊现象，为用户提供高质量的放大图像。

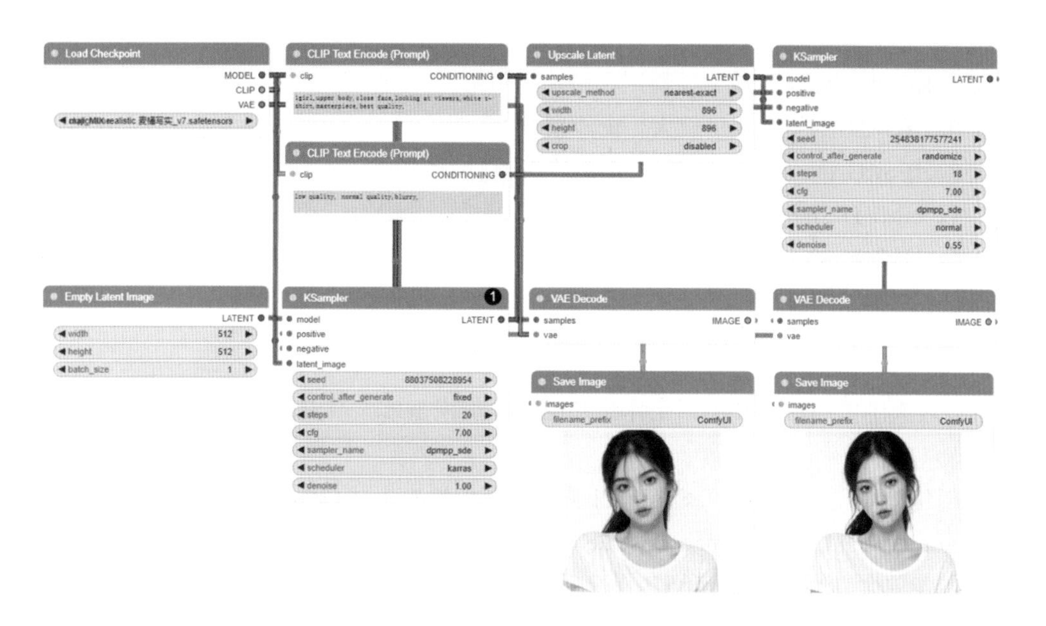

图 7-18　Latent 放大（左图为不放大，右图为放大）

图 7-19　放人算法的效果对比

7.5.2　模型放大

模型放大操作是在像素空间（Pixel Space）中进行的，这意味着放大过程不涉及对图像的重绘。因此，通过模型放大，我们可以得到尺寸更大的图像，但图像的内容保持与原图一致，不会引入额外的重绘效果。这一过程确保了放大的准确性和一致性，同时避免了因重绘可能导致的质量变化。

模型放大和 SD 后期处理类似，如果没有放大模型，可在 Manager 管理器中单击 Install Models，搜索 upscale，安装相应的放大模型即可。

接下来介绍常用的放大模型。

- ESRGAN x4：4 倍放大，适用于照片写实类。
- RealESRGAN x4：4 倍放大，全能型。
- RealESRGAN_x4plus_anime_6B：适用于二次元。
- 4x_NMKD-Siax_200k：4 倍放大。
- 8x_NMKD-Superscale_150000_G：8 倍放大。

接下来介绍如何创建工作流节点以及工作流的使用效果。

1. 创建工作流节点

模型放大工作流可在文生图工作流基础上添加模型放大节点，这里仅介绍如何添加模型放大节点。

- 创建放大模型节点：在 ComfyUI 界面任意位置右击，在弹出的快捷菜单中依次选择 Add Node | loaders | Load Upscale Model。
- 创建放大节点：在 ComfyUI 界面任意位置右击，在弹出的快捷菜单中依次选择 Add Node、image | upscaling | Upscale Image（using Model）。

2. 使用效果

模型放大工作流如图 7-20 所示，效果对比如图 7-21 所示。

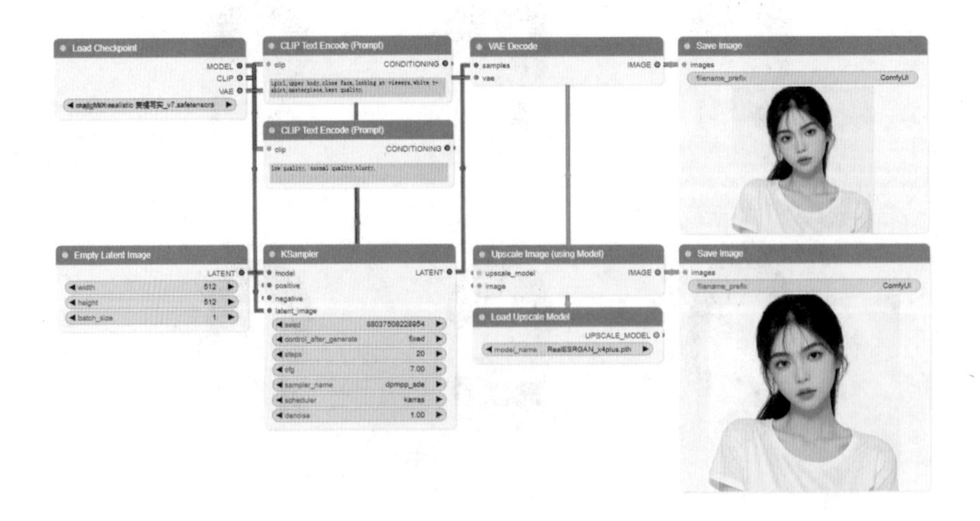

图 7-20　模型放大（上图为不放大，下图为放大）

图 7-21　模型放大对比效果

非模型放大工作流如图 7-22 所示，放大算法的效果同图 7-19。

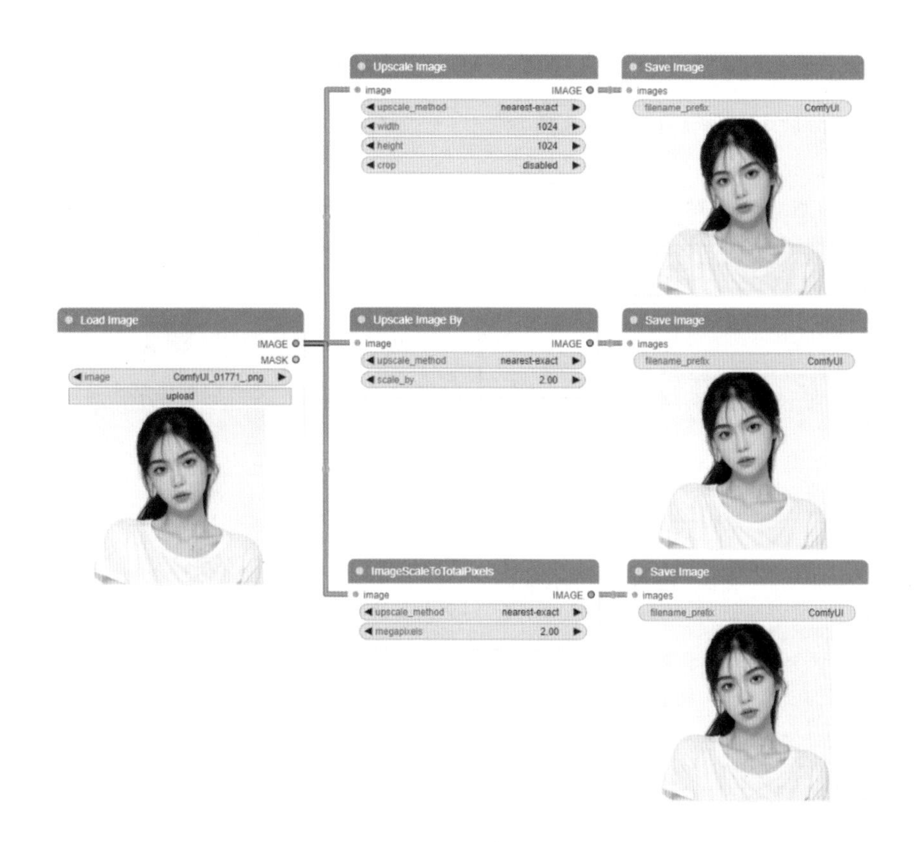

图 7-22　非模型放大算法的 3 种工作流

7.5.3　分块放大

分块放大原理的核心思想在于将图像按照像素划分为多个块，随后对每个块独立进行按比例放大。这个策略的主要目的在于解决显存受限的问题，以便在有限资源的情况下也能进行图像的放大处理。通过这种方式，虽然在一定程度上会增加处理时间以及造成轻微的质量损失，但是却能生成任意大小的图片，无须担心显存溢出的问题。值得注意的是，分块放大是在潜空间中进行的，这意味着在放大过程中还可以结合重绘技术，以进一步优化和提高放大后的图像质量。

在 ComfyUI 控制台区域单击 Manager，选择 Install Custom Nodes，搜索 Ultimate SDUpscale，安装后重启 ComfyUI 即可使用，接下来介绍如何创建工作流节点及工作流的使用效果。

1．创建工作流节点

SD Upscale 放大工作流可在文生图工作流基础上添加 SD Upscale 放大节点，这里仅介绍如何添加 SD Upscale 放大节点。

- 创建放大模型节点：在 ComfyUI 界面任意位置右击，在弹出的快捷菜单中依次选择 Add Node | loaders | Load Upscale Model。
- 创建放大节点：在 ComfyUI 界面任意位置右击，在弹出的快捷菜单中依次选择 Add Node | image | upscaling | Ultimate SD Upscale。

2．使用效果

SD Upscale 放大工作流如图 7-23 所示。

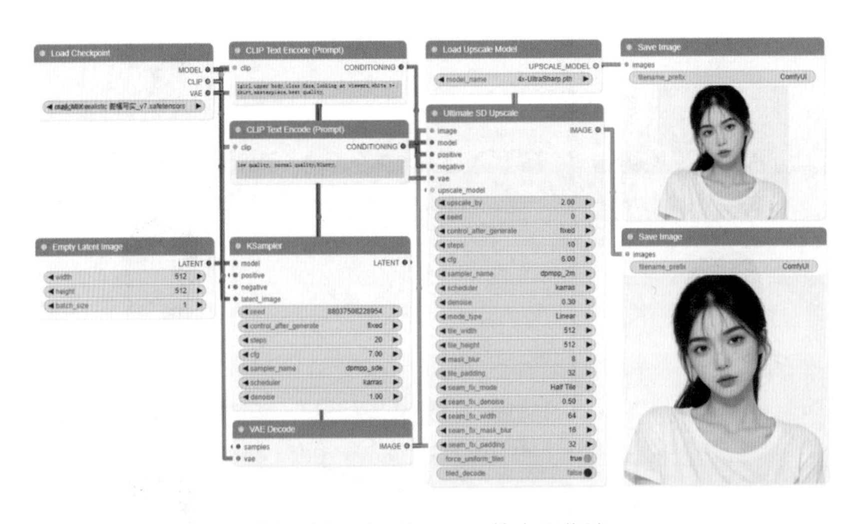

图 7-23　SD Upscale 放大工作流

7.5.4　使用 SUPIR 进行修复放大

SUPIR 的修复能力本质上是一种重绘能力，它以尖端的大规模人工智能革新图像恢复技术，通过文本驱动、智能修复，将 AI 技术与创新思维相结合，赋予每张图像全新的生命力。接下来介绍如何在 ComfyUI 中使用 SUPIR。

1．安装 SUPIR 插件

使用 SUPIR 工作流需要安装插件。在 ComfyUI 控制台区域单击 Manager，选择 Install Custom Nodes，搜索 ComfyUI-SUPIR（项目地址为 https://github.com/kijai/ComfyUI-SUPIR），安装后重启 ComfyUI 即可使用。

2. 下载 SUPIR 模型

在 Hugging Face（网址为 https://huggingface.co/camenduru/SUPIR/tree/main）上下载 SUPIR-v0Q 和 SUPIR-v0F 模型，放置在 ComfyUI/models/checkpoints 地址目录下。以下是两种 SUPIR 模型的介绍。

- SUPIR-v0Q：大多数情况下通用性高，图像质量高。
- SUPIR-v0F：该模型在处理质量不是特别高或者略有损伤的图片时，可以保持图像的更多细节信息。

3. 创建工作流节点

这一步需要创建节点、搭建工作流。

- 创建 SUPIR 节点：在 ComfyUI 界面任意位置右击，在弹出的快捷菜单中依次选择 Add Node | SUPIR | SUPIR Upscale（Legacy）。
- 创建图像前后对比节点：在 ComfyUI 界面任意位置右击，在弹出的快捷菜单中依次选择 Add Node | rgthree | Image Compare（rgthree）。

4. 使用效果

加载需要放大的图像，再在 SUPIR 调节器节点输入提示词，最后通过 SUPIR 采样器来修复老照片。具体工作流及效果如图 7-24 所示。

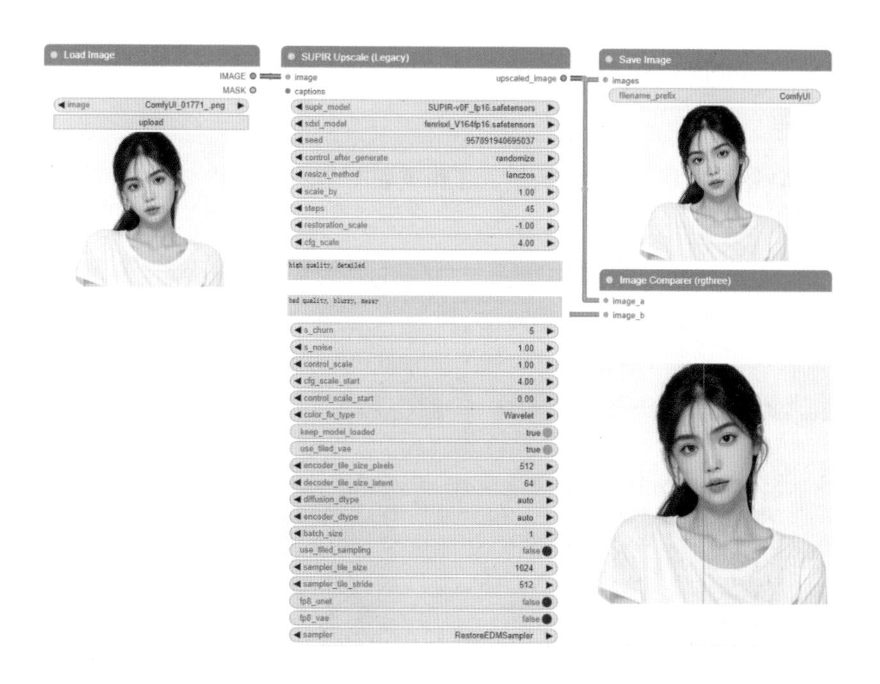

图 7-24　放大工作流

注意：为了获得放大的前后效果对比，可下载 rgthree's ComfyUI Nodes（项目地址为 https://github.com/rgthree/rgthree-comfy），在 ComfyUI 控制台区域单击 Manager，选择 Install Custom Nodes，搜索 rgthree's ComfyUI Nodes，安装后重启 ComfyUI 即可使用。

7.5.5　使用 APISR 进行动漫风放大

APISR 是一款可以恢复和增强低质量、低分辨率动漫图像和视频的放大节点，用于需要提高动漫图像和视频清晰度的多种场景，如旧版动漫的高清修复、低分辨率素材的优化等。接下来介绍如何搭建和使用 APISR 工作流。

1. 安装 APISR 插件

使用 APISR 工作流需要安装插件。在 ComfyUI 控制台区域单击 Manager，选择 Install Custom Nodes，搜索 APISR IN COMFYUI（项目地址为 https://github.com/ZHO-ZHO-ZHO/ComfyUI-APISR），安装放大节点然后重启 ComfyUI 即可使用。

2. 下载 APISR 模型

下载 2x_APISR_RRDB_GAN_generator 和 4x_APISR_GRL_GAN_generator 模型，然后将其放置在 /ComfyUI/models/apisr 目录下。

3. 创建工作流节点

这一步需要创建节点、搭建工作流。

- 创建 APISR 模型节点：在 ComfyUI 界面任意位置右击，在弹出的快捷菜单中依次选择 Add Node | APISR | APISR ModelLoader。
- 创建 APISR 节点：在 ComfyUI 界面任意位置右击，在弹出的快捷菜单中依次选择 Add Node | APISR | APISR。

4. 使用效果

下面使用 APISR 放大动漫女孩为例，工作流如图 7-25 所示。

图 7-25　使用 APISR 放大动漫女孩效果

7.5.6 使用 HiDiffusion 提升图像生成质量与速度

HiDiffusion（项目地址为 https://github.com/florestefano1975/ComfyUI-HiDiffusion）是字节跳动和旷视科技提出的较新的 AI 扩散算法，它能够提高预训练扩散模型的分辨率和效率。有了 HiDiffusion 算法的支持，SD 1.5 模型能够直接生成 2K 分辨率的高质量图片，而 SDXL 模型则能够直接输出 4K 分辨率的图像，同时将图像生成速度提升 1.5 ~ 6 倍。

基于 ComfyUI-HiDiffusion 节点，可以组装 HiDiffusion 放大工作流，组装过程如 7.5.4 和 7.5.5 小节基本一致，此处不再赘述。

第 8 章 ComfyUI 的趣味绘画工作流

ComfyUI 中有许多有趣的工作流，包括 IC-Light、三视图、艺术字、艺术二维码、实时绘画、毛绒图标、黏土风等。本章主要介绍这些工作流的应用场景和使用方法。

8.1 IC-Light 光影工作流

IC-Light 全称为 Lmposing Consistent Light，其技术核心在于能够模拟和调整光线条件，实现光线的一致。目前 IC-Light 支持通过文本和背景图对前景内容进行照明控制，还支持使前景主体与背景环境光照一致，让二者融为一体。

用户可以在 Hugging Face 上在线使用 IC-Light（网址为 https://huggingface.co/spaces/lllyasviel/IC-Light），如图 8-1 所示。

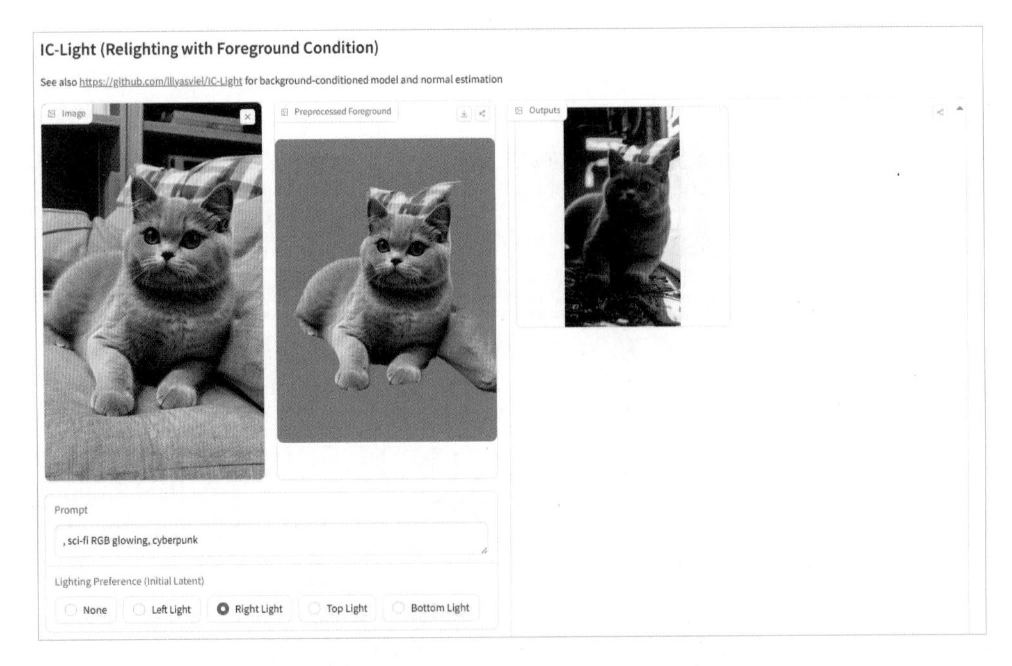

图 8-1 在 Hugging Face 上使用 IC-Light

用户不仅可以在线使用 IC-Light，还可以在 ComfyUI 本地创建工作流来使用 IC-Light，以获得更多的效果。接下来介绍如何在 ComfyUI 中搭建并使用 IC-Light 工作流。

在 ComfyUI 中使用 IC-Light 工作流需要安装以下插件。

- 安装 IC-Light 插件。在 ComfyUI 控制台区域单击 Manager，选择 Install Custom Nodes，搜索 IC-Light（项目地址为 https://github.com/kijai/ComfyUI-IC-Light），安装后重启 ComfyUI 即可使用。
- 安装 Essentials 插件。在 ComfyUI 控制台区域单击 Manager，选择 Install Custom Nodes，搜索 essentials（项目地址为 https://github.com/cubiq/ComfyUI_essentials），安装后重启 ComfyUI 即可使用。
- 安装 KJNodes 插件。在 ComfyUI 控制台区域单击 Manager，选择 Install Custom Nodes，搜索 KJNodes（项目地址为 https://github.com/kijai/ComfyUI-KJNodes），安装后重启 ComfyUI 即可使用。

在 ComfyUI 中使用 IC-Light 还需要下载模型。需要在 Hugging Face（网址为 https://huggingface.co/lllyasviel/ic-light/tree/main）上下载 IC-Light 模型并放置在 ComfyUI/models/unet 目录下，然后在 IC-Light 模块中加载 IC-Light 专用模型 iclight_sd15fc.safetensors。以下是对 IC-Light 的 3 个模型介绍。

iclight_sd15_fc.safetensors：为默认的照明模型，在前景工作流程中使用。

iclight_sd15_fcon.safetensors：与 iclight_sd15_fc.safetensors 模型的功能相似，均用于处理前景照明，但其在训练过程中引入了偏移噪声，以探索不同光照条件下的表现。经测试与评估，iclight_sd15_fc.safetensors 模型在性能上略胜一筹。

iclight_sd15_fbc.safetensors：是一个以文本、前景和背景为条件的重新照明模型。其不仅能够根据用户输入的文本指令调整照明效果，而且能同时考虑前景图像与背景图像的光线效果，实现更自然、和谐的照明效果。

注意：iclight_sd15_fc.safetensors 模型需要在没有背景图时使用。

接下来介绍如何搭建并使用 IC-Light 工作流。

1. 创建工作流节点

IC-Light 工作流由 3 种工作流节点组成，分别是默认文生图工作流节点、IC-Light 节点和光源方向设置节点。

- 添加 Image Resize 节点：在 ComfyUI 界面任意位置右击，在弹出的快捷菜单中依次选择 Add Node | essentials | Image manipulation，然后在 Image manipulation 分类下选择 Image Resize 节点。
- 添加 IC-Light 条件节点：在 ComfyUI 界面任意位置右击，在弹出的快捷菜单中依次选择 Load And Apply IC-Light（Add Node | IC-light | Load And Apply IC-Light）| IC-Light Conditioning（Add Node | IC-light | IC-Light Conditioning）节点。

- 添加光源方向设置节点：在 ComfyUI 界面任意位置右击，在弹出的快捷菜单中依次选择 Create Shape Mask（Add Node | Kjnodes | masking | generate | Create Shape Mask，然后再次右击，在弹出的快捷菜单中依次选择 Add Node | Kjnodes | masking | Grow Mask With Blur，添加 Create Shape Mask 和 Grow Mask With Blur 这两个节点。

2. 输入提示词

选用与原图风格类似的模型，这里选用的是麦橘写实大模型。

在 CLIP_POSITIVE 框内输入 The cat sits on the sofa, with smooth and shiny fur, 作为正向提示词；在 CLIP_NEGATIVE 框内输入 bad quality, 作为反向提示词。其他参数参考图 8-2 即可。

3. 生成图像

单击控制台上的 Queue Prompt 按钮生成图像，IC-Light 的具体工作流如图 8-2 所示。

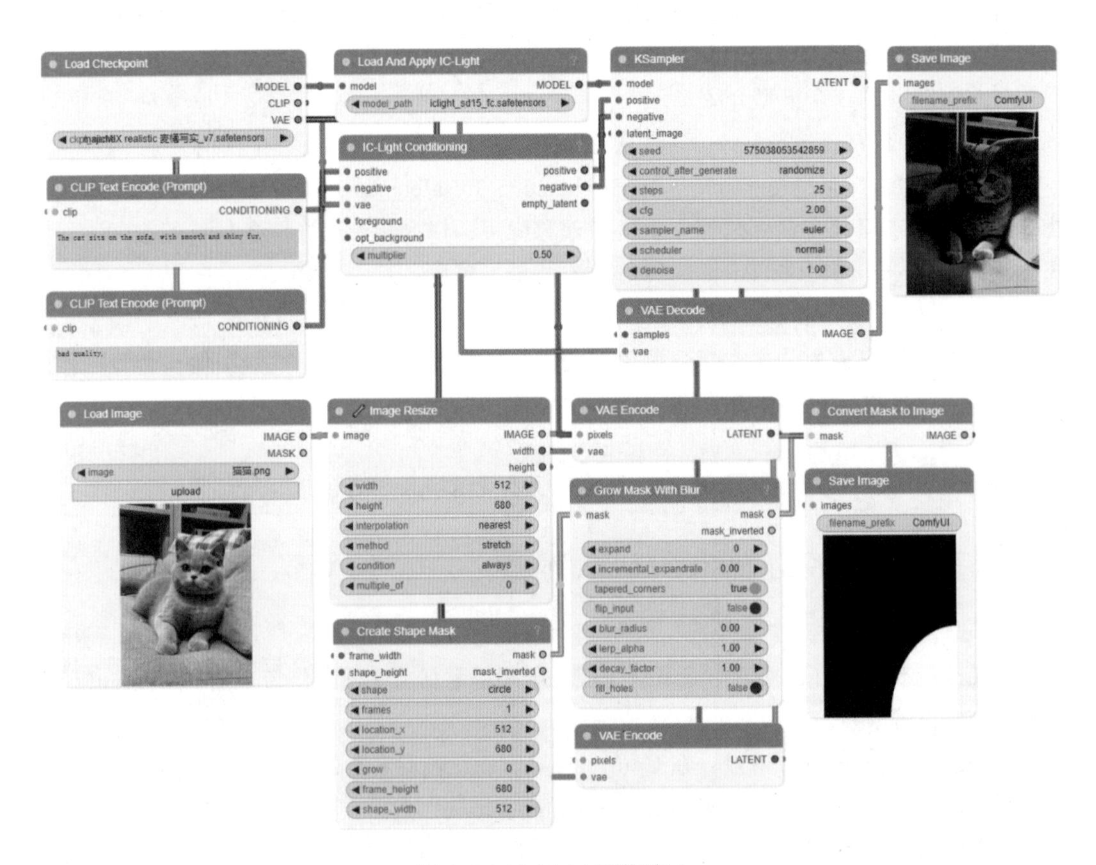

图 8-2　IC-Light 工作流 1

图 8-3 展示了当 x、y 坐标为不同值时的效果。

图 8-3 通过改变坐标来改变光源，图 8-4 通过使用 Spline Editor 节点来改变光源，图 8-5 通过垫图实现光线融合。

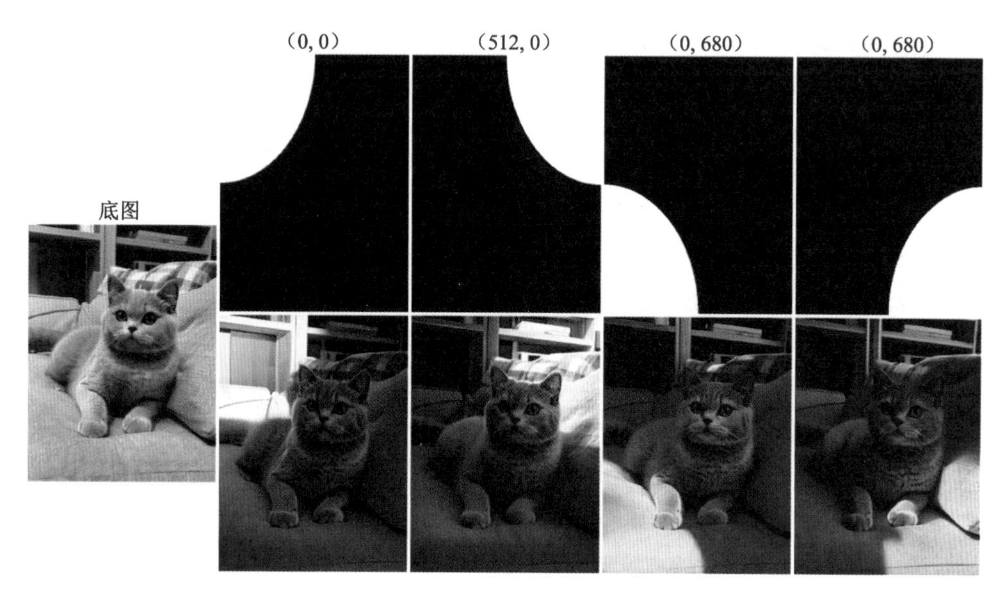

图 8-3 不同方向的光源效果

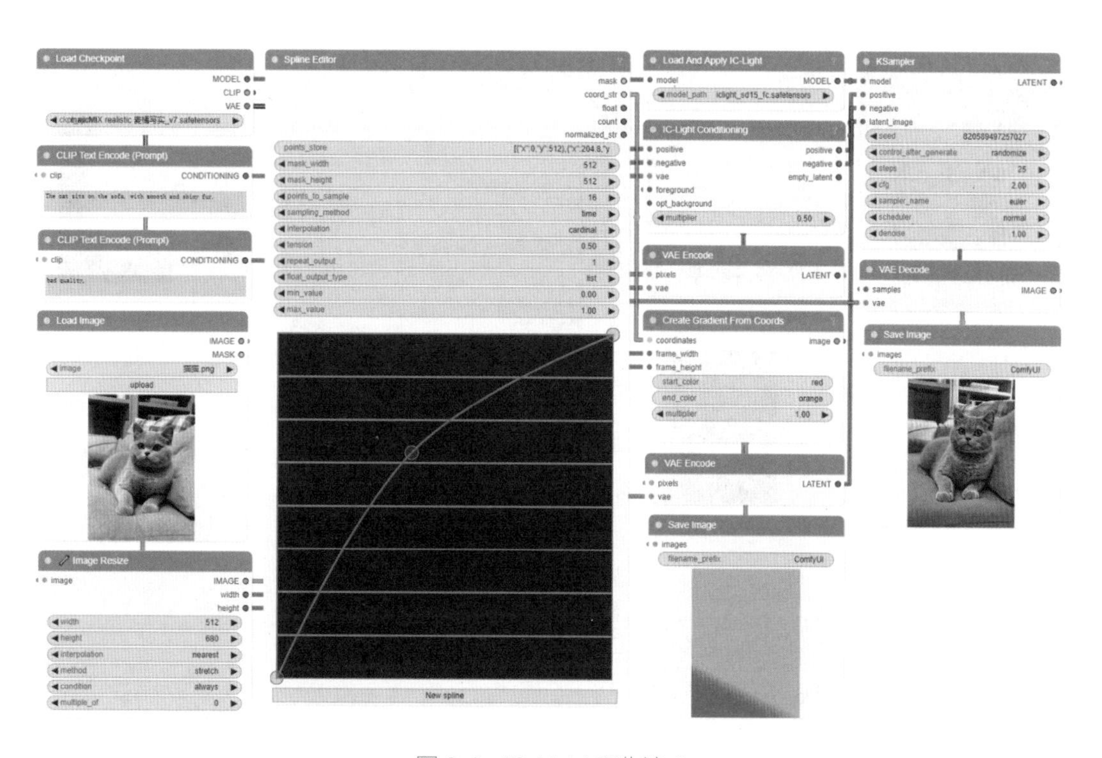

图 8-4 IC-Light 工作流 2

注意：在 IC-Light 模块中，加载 IC-Light 专用模型为 iclight_sd15fc.safetensors。

IC-Light 工作流里有一些重要参数，接下来着重介绍。

❑ Foreground：需要改善光效的图片，或者称为前景图。

- ❑ opt_background：用于参考光效的背景图。
- ❑ Multiplier：乘数，默认为 0.182，数值越高越清晰。

光源设置模块可以理解为生成的光源，可以设置它的大小、位置（坐标）、对比度等，下面有几个参数需要注意。

- ❑ shape：选择遮罩的形状，如圆形、矩形、三角形。
- ❑ location_x、location_y：设置遮罩形状的位置（x、y 坐标）、形状大小。
- ❑ blur_radius：模糊半径，数值越大，边缘模糊越大。

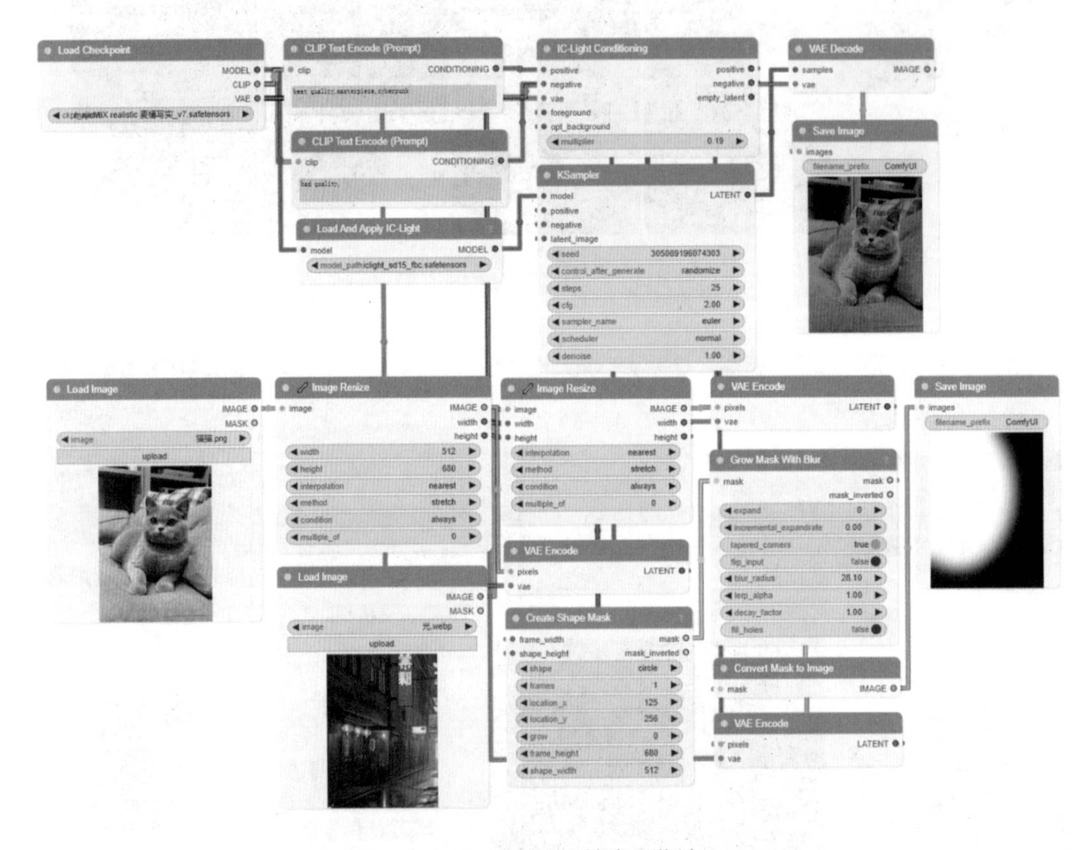

图 8-5　IC-Light 结合工作流

8.2　3D 视图工作流

多视角图作为一种经典而有效的表达工具，常用于展示商品。用户不仅可以在线使用，生成多视角的图像；还可以在 ComfyUI 中生成 3D 视图，进行辅助设计。

1. 在线使用

用户可以在线使用 Unique3D 或者 InstantMesh 技术生成 3D 图像。

Unique3D 是由清华大学团队研发的一种新型图像到 3D 框架。它利用深度学习和扩散模型，从单视图图像中提取特征，生成具有高保真度和强泛化能力的 3D 网格模型。整个过程只需要 30 秒，相比传统方法大大提升了效率。

用户可以在 Hugging Face（网址为 https://huggingface.co/spaces/Wuvin/Unique3D）上在线体验单张图像生成多种视角，如图 8-6 所示。

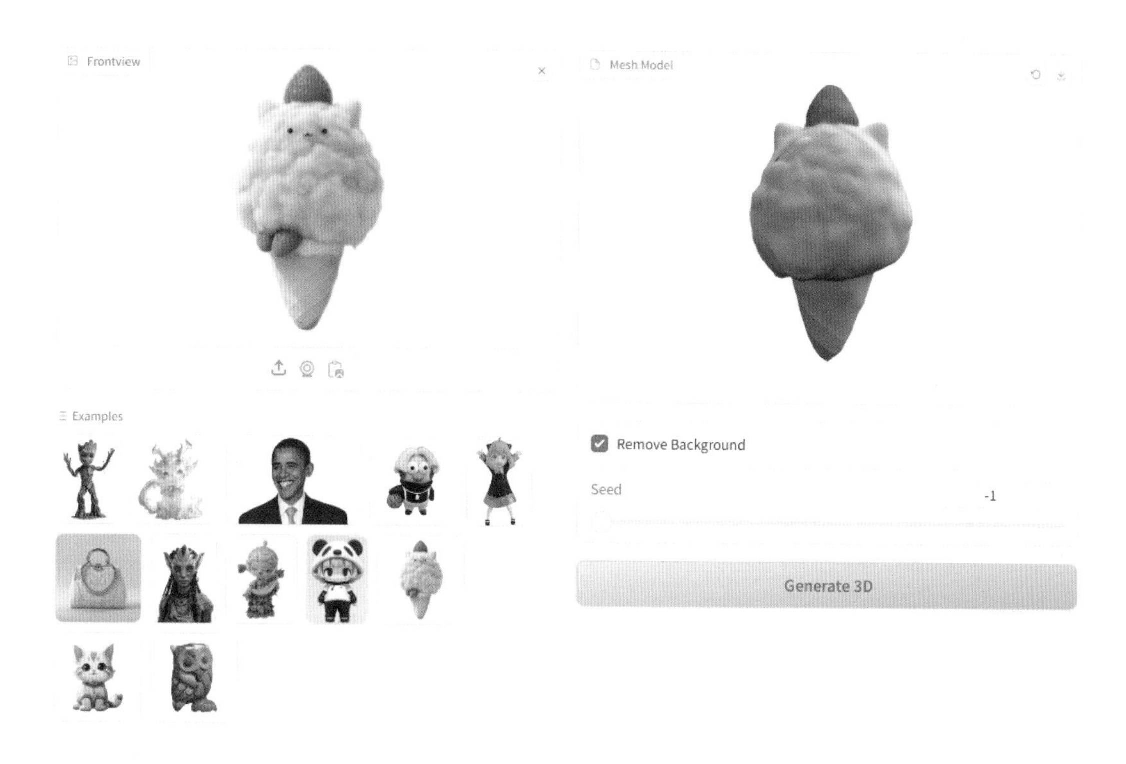

图 8-6　在线使用 Unique3D

InstantMesh 是由腾讯团队开发的前馈框架，它能够从单张图片中快速生成高质量的 3D 图像。用户可以在 Hugging Face（网址为 https://huggingface.co/spaces/Wuvin/Unique3D）上在线使用 InstantMesh。

2. 使用 ComfyUI-3D-Pack 插件

用户不仅可以在线生成 3D 图像，还可以在 ComfyUI 本地中使用 ComfyUI-3D-Pack 创建工作流获得更多的效果。接下来介绍如何在 ComfyUI 中搭建并使用 ComfyUI-3D-Pack 工作流。

1）安装插件并下载模型

在 ComfyUI 中使用 ComfyUI-3D-Pack 需要安装插件。在 ComfyUI 控制台区域单击 Manager，选择 Install Custom Nodes，搜索 ComfyUI-3D-Pack（项目地址为 https://github.com/MrForExample/ComfyUI-3D-Pack），安装后重启 ComfyUI 即可使用。

在 ComfyUI 中使用 ComfyUI-3D-Pack 还需要下载模型。下载 sv3d_u.safetensors（项目地址为 https://huggingface.co/stabilityai/sv3d/tree/main）并将其放置在 ComfyUI\models\checkpoints 目录下。

注意：在使用 ComfyUI 下载模型时，可在 ComfyUI 中依次单击 Manager、Model manager，搜索并下载模型。

2）使用 ComfyUI-3D-Pack 插件

完成插件安装和模型下载后，接下来介绍如何搭建并使用工作流。依次创建 Image Only Checkpoint Loader、VideoLinearCFGGuidance、SV3D_Conditioning、KSampler、SaveAnimatedWEBP 等节点，参数设置参考图 8-7。

单击控制台上的 Queue Prompt 按钮生成图像，具体工作流如图 8-7 所示。

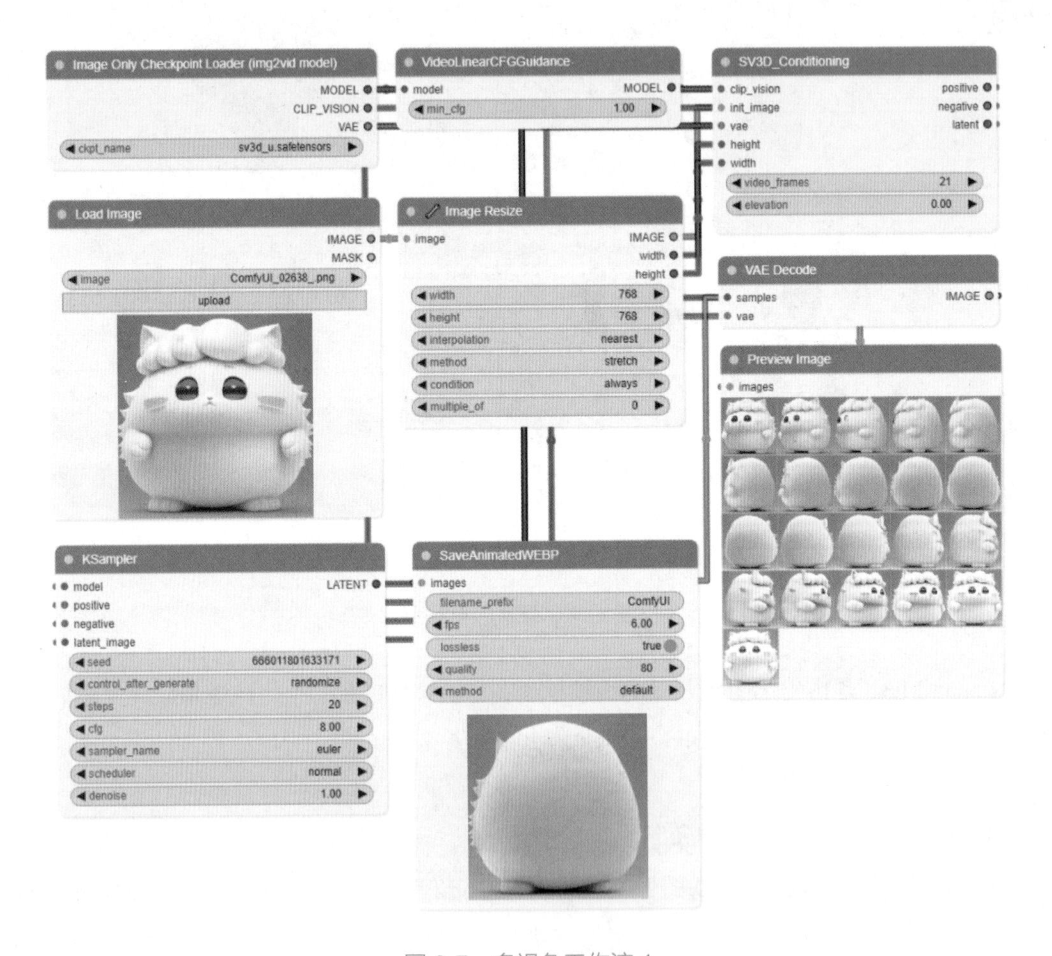

图 8-7　多视角工作流 1

3. 使用 Comfy_KepListStuff 插件

接下来介绍如何在 ComfyUI 中搭建并使用 Comfy_KepListStuff 工作流。

1）安装插件并下载模型

在 ComfyUI 中使用 Comfy_KepListStuff 需要安装插件。在 ComfyUI 控制台区域单击 Manager，选择 Install Custom Nodes，搜索 Comfy_KepListStuff（项目地址为 https://github.com/M1kep/Comfy_KepListStuff），安装后重启 ComfyUI 即可使用 Range（Num Steps）–

Float 节点。

在 ComfyUI 中使用 Comfy_KepListStuff 还需要下载模型。下载 stable-zero123（项目地址为 https://huggingface.co/stabilityai/stable-zero123/tree/main）并放置在 ComfyUI\models\checkpoints 目录下。

2）使用

完成插件安装和模型下载后，接下来介绍如何搭建并使用工作流。依次创建 Image Only Checkpoint Loader、Range（Num Steps）–Float、StableZero123_Conditioning 等节点。

注意：上传的图片最好为纯色背景。

单击控制台上的 Queue Prompt 按钮生成图像，具体工作流如图 8-8 所示。

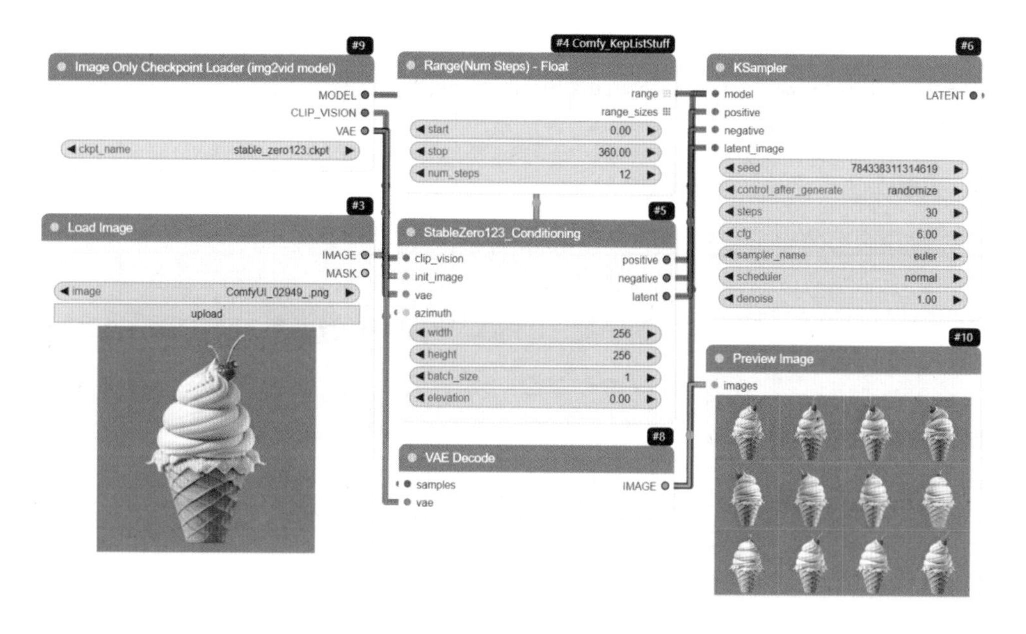

图 8-8 多视角工作流 2

8.3 艺术字工作流

普通的文字较难吸引大众注意力，使用 AI 创建的艺术字可以达到让人眼前一亮的效果。在制作关于季节、时令和中国传统节日的海报时，使用 AI 艺术字可以增加海报的吸引力和独特性，提高用户的体验。接下来介绍如何在 ComfyUI 中搭建并使用艺术字工作流。

艺术字工作流的构建主要依赖于 ControlNet 节点的配置搭建，其主要使用 depth 模型控制生成。此外，Scribble、LightingBasedPicture（基于光照的照片）以及与 Illumination（照明）等模型同样可以采用类似的方法融入该工作流，操作原理类似，所以这里不再介绍。接下来介绍如何在 ComfyUI 中搭建并使用艺术字工作流。

1. 创建工作流节点

艺术字的工作流可以在文生图工作流的基础上添加 ControlNet 节点。

- 创建加载图像节点：在 ComfyUI 界面任意位置右击，在弹出的快捷菜单中依次选择 Add Node | image | Load Image，上传一张白底黑字的图像。
- 创建反转图像节点：在 ComfyUI 界面任意位置右击，在弹出的快捷菜单中依次选择 Add Node | image | Invert Image，将白底黑字图像反转为黑底白字的蒙版图。
- 创建加载 ControlNet 模型节点：在 ComfyUI 界面任意位置右击，在弹出的快捷菜单中依次选择 Add Node | loaders | Load ControlNet Model（diff），选择 depth 模型。
- 创建 ControlNet 应用节点：在 ComfyUI 界面任意位置右击，在弹出的快捷菜单中依次选择 Add Node | conditioning | Apply ControlNet（Advanced）。

2. 输入提示词

在 CLIP Text Encode（Prompt）框内输入 sky,white yuanduo,words made of cloud, 作为正向提示词，在另一个 CLIP Text Encode（Prompt）框内输入 EasyNegative, 作为反向提示词。其他参数设置参考图 8-9。

3. 生成图像

单击控制台上的 Queue Prompt 按钮生成图像。艺术字的具体工作流如图 8-9 所示。

图 8-9　艺术字工作流

其他艺术字效果以及使用云朵 LoRA（项目地址为 https://www.liblib.art/modelinfo/1abbb66295e64bcc989ba2d24371135b）的艺术字效果如图 8-10 所示。

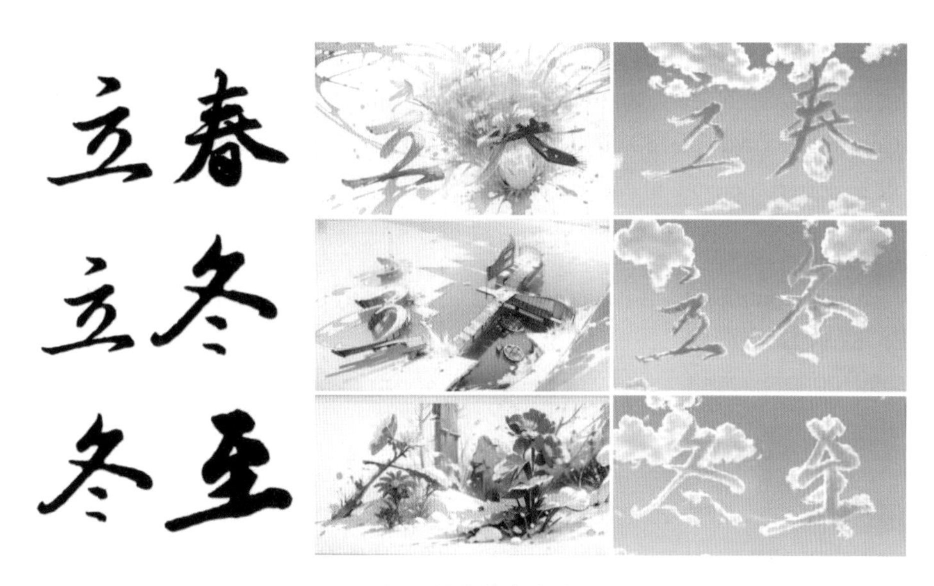

图 8-10 其他艺术字效果

8.4 艺术二维码工作流

二维码作为商业信息入口广受欢迎。常规的二维码一般呈黑白配色、点块分布，千篇一律，有没有办法让二维码更酷、更艺术呢？AI 绘画让艺术二维码成为现实。接下来介绍如何在 ComfyUI 中搭建并使用艺术二维码工作流。

生成艺术二维码，不同底模的生成效果不一样。根据经验，为了能生成效果更好的艺术二维码，推荐使用 ReV Animated（项目地址为 https://civitai.com/models/7371）基础大模型作为底模，并搭建两个 ControlNet 节点，分别应用 control_v1p_sd15_qrcode_moster.safetensors 模型（项目地址为 https://huggingface.co/monster-labs/control_v1p_sd15_qrcode_monster）和 control_v1p_sd15_brightness.safetensors 模型（项目地址为 huggingface.co/ioclab/ioc-controlnet/tree/main/models）。接下来介绍如何在 ComfyUI 中搭建并使用艺术二维码工作流。

1. 创建工作流节点

艺术二维码工作流可以在文生图工作流的基础上添加两个 ControlNet 节点。

- 创建加载图像节点：在 ComfyUI 界面任意位置右击，在弹出的快捷菜单中依次选择 Add Node | image | Load Image，上传一张解码之后的二维码图像。
- 创建加载 ControlNet 模型的节点：在 ComfyUI 界面任意位置右击，在弹出的快捷菜单中依次选择 Add Node | Loaders | Load ControlNet Model（diff），选择 control_v1p_sd15_qrcode_moster.safetensors 模型。由于生成艺术二维码的工作流需要使用两个 ControlNet 模型，所以需要创建两个加载 ControlNet 模型节点，可以复制 Load ControlNet Model（diff）节点，选择 control_v1p_sd15_brightness.safetensors 模型来实现。

- 创建 ControlNet 应用节点：在 ComfyUI 界面任意位置右击，在弹出的快捷菜单中依次选择 Add Node | conditioning | Apply ControlNet（Advanced）。创建两个 Apply ControlNet（Advanced）节点，分别与两个 Load ControlNet Model（diff）节点相连，设置好 start_percent 和 end_percent。

2．输入提示词

在与 Apply ControlNet（Advanced）节点①的 positive 输入端相连的 CLIP Text Encode（Prompt）框内输入 RAW photo of an Indian castle surrounded by water and nature, village, volumetric lighting,photorealistic,insanely detailed and intricate,Fantasy,epic cinematic shot,trending on ArtStation,mountains,8k ultra hd,magical,mystical,matte painting,bright sunny day,flowers,massive cliffs,Sweeper3D,seaside,blue sky,cloud,cherry flower,mountanin,castle, 作为正向提示词，根据需求在与 Apply ControlNet（Advanced）节点①的 negative 输入端相连的 CLIP Text Encode（Prompt）框内输入反向提示词。其他参数设置参考图 8-11。

3．生成图像

单击控制台上的 Queue Prompt 按钮生成图像。艺术二维码的具体工作流如图 8-11 所示。

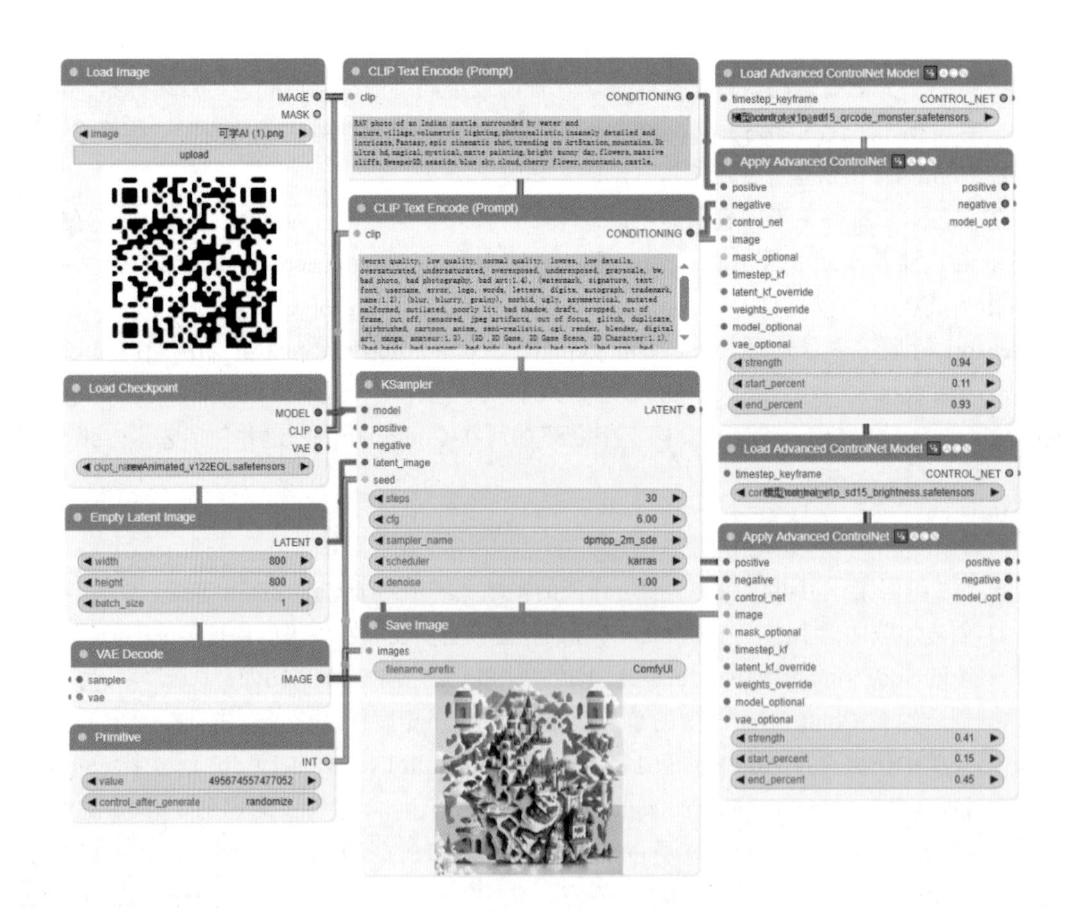

图 8-11 艺术二维码工作流

可学 AI 的微信公众号艺术二维码如图 8-12 所示。

图 8-12　可学 AI 公众号

经过长期使用，笔者总结出了许多经验如下：

- 不建议启用高清修复。
- 迭代步数不低于 40 步。
- 反复调整控制权重、引导介入和终止时机，一般能获得可识别且融合度高的二维码。
- 当控制权重设置过高时，虽然二维码的识别性得以增强，但是融合与隐藏效果会大打折扣。
- 如果二维码难以识别，则可以适当增加控制权重，提升其可识别性。
- 如果二维码易于识别，则应关注引导时机的选择，通过调整引导时机来进一步提升二维码的融合与隐藏效果。

若生成的艺术二维码扫描后无法识别，反复尝试始终无法获得较好的效果，可以将无法识别的二维码进行图生图重绘，以下是具体操作。

- 根据效果多次尝试调整参数设置。重绘幅度参数为 0.25，种子参数设置为“random”，其他参数影响不大，按常规方式取值。
- 使用两个 ControlNet 模型。设置第一个 ComtrolNet 模型为 Tile，第二个 ComtrolNet 模型为 Brightness。当在 ControlNet 中使用 Brightness 时，一般情况下，控制权重在 0.2 ~ 0.5 区间，引导介入时机在 0.3 ~ 0.5 区间，引导终止时机在 0.6 ~ 0.8 区间，即可得到效果良好的艺术二维码。

8.5 实时绘画工作流

实时绘画凭借其尖端智能，能够即时捕捉用户在画布上的随性笔触，并依据预先选定的模板或风格，瞬间转化为细腻而生动的图像作品，不仅打破了传统技艺的界限，更让那些未受专业训练的爱好者也能创作出令人叹为观止的艺术佳作，其艺术作品的质量足以与那些利用专业设计软件如 Photoshop、Illustrator 及 Cinema 4D 等设计出的作品相媲美，开启了艺术创作的新纪元。即使用户不具备绘画技艺，也无须忧虑，AI 绘画的实时创作技术赋予每个人成为杰出绘画创作者的潜能，使用户能够轻松跃居艺术大师之列。接下来介绍如何在 ComfyUI 中实现实时绘画功能。

1. 安装插件

- 安装实时绘画插件：在 ComfyUI 控制台区域单击 Manager，选择 Install Custom Nodes，搜索 AlekPet/ComfyUI_Custom_Nodes_AlekPet（项目地址为 https://github.com/AlekPet/ComfyUI_Custom_Nodes_AlekPet），安装后重启 ComfyUI 即可使用。
- 安装效率插件：在 ComfyUI 控制台区域单击 Manager，选择 Install Custom Nodes，搜索 Efficiency Nodes，安装 Efficiency Nodes 效率节点包（项目地址为 https://github.com/jags111/efficiency-nodes-comfyui），重启 ComfyUI 即可使用。
- 安装放大插件：在 ComfyUI 控制台区域单击 Manager，选择 Install Custom Nodes，搜索 ComfyUI-SUPIR（项目地址为 https://github.com/kijai/ComfyUI-SUPIR），安装后重启 ComfyUI 即可使用。
- 安装面部修复插件：在 ComfyUI 控制台区域单击 Manager，选择 Install Custom Nodes，搜索 ComfyUI Impact Pack（项目地址为 https://github.com/ltdrdata/ComfyUI-Impact-Pack），安装后重启 ComfyUI 即可使用。

图 8-13 的各个节点在前面已经介绍过，因此，这里仅介绍如何创建 PainterNode（绘画）节点。在 ComfyUI 界面任意位置右击，在弹出的快捷菜单中依次选择 Add Node | ImpactPack | image | AlekPet Nodes 节点，如图 8-14 所示。

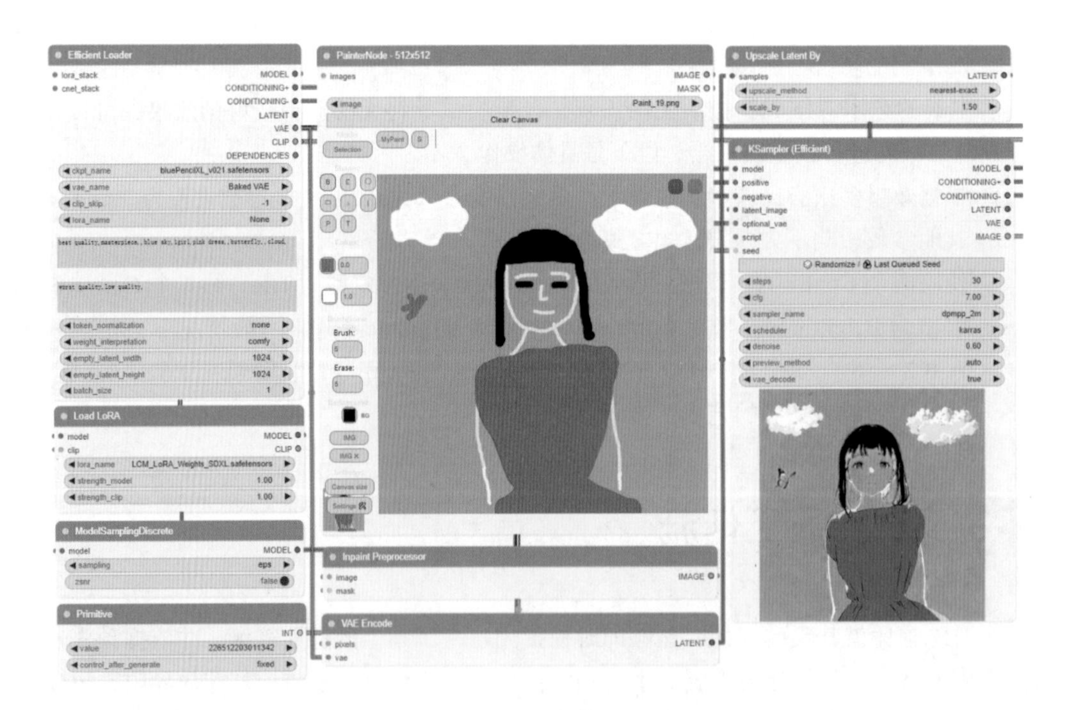

图 8-13　实时绘画工作流

图 8-14　Painter Node 界面

2. 重要节点参数介绍

接下来介绍图 8-14 所标注的 Painter Node 界面的参数。

- ①：Selection 选项可以选择笔刷及笔刷的大小、不透明度、笔锋及压力，还可对称画图。单击 Selection 会切换到 Drawing 选项，可以删除涂鸦的某一笔操作，锁定图像的 X、Y、X/Y 比例、旋转等。
- ②：B、E、○、□、△、｜分别表示涂鸦、擦除及圈、正方形、三角形和线条的便捷操作，P、T 分别表示插入素材和文字。
- ③：两个方框可以修改画笔的颜色。
- ④：笔刷 / 橡皮擦的大小，默认都为 5。
- ⑤：背景色，默认为黑色。
- ⑥：插入 / 删除背景图像。
- ⑦：Canvas size 可以设置画布大小。
- ⑧：Settings 为其他设置。

注意：需要对实时绘画的种子进行固定。首先创建 Primitive 节点，在 ComfyUI 界面的任意位置右击，在弹出的快捷菜单中依次选择 Add Node | utils | Primitive；然后创建种子输入接口，右击 KSampler 节点，在弹出的快捷菜单中依次选择 Convert | Convert seed to input，与 Primitive 相连，选择 fixed 选项，固定种子。

在设置面板中勾选 Extra Options 和 Auto Queue 即可实现实时绘画。

放大图 8-13 所示的图像并进行面部修复，工作流如图 8-15 所示。

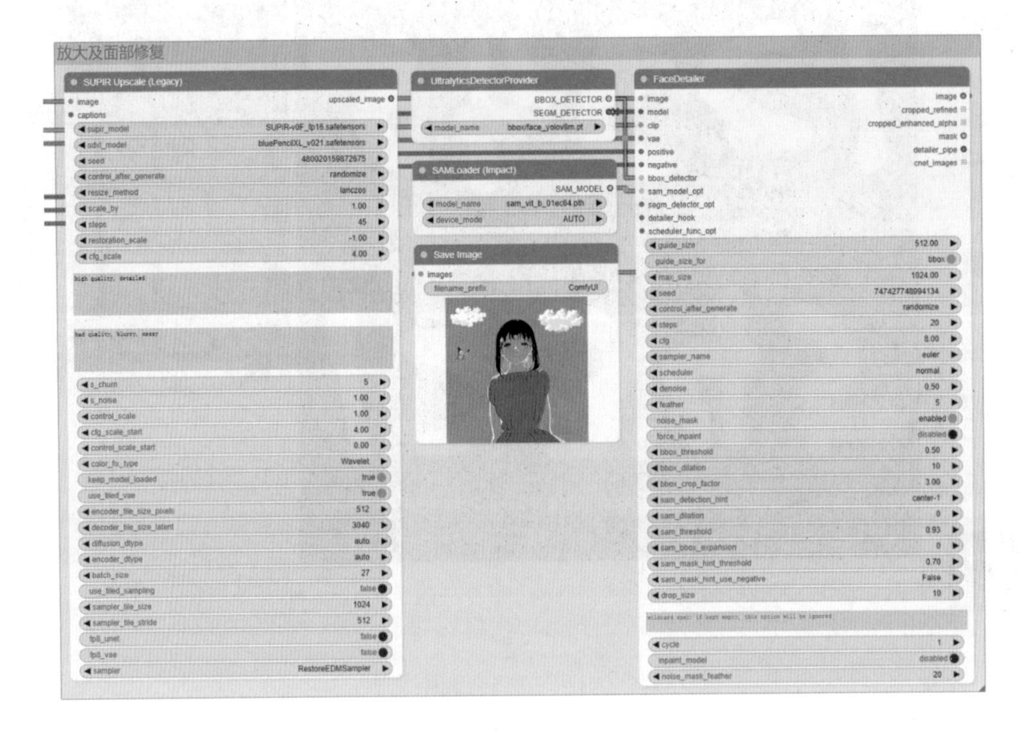

图 8-15　放大生成图像并进行面部修复

8.6　毛绒图标工作流

精心设计的带毛绒质感的 App 图标，宛如精致的毛毡玩具般跃然于屏幕之上，因此成为众多用户手机界面的新宠，为他们的数字生活平添了几分温馨与趣味。这些图标涵盖广泛的应用领域，从社交媒体 App 如微信、QQ，到内容分享平台小红书，再到电商购物平台京东，以及支付工具支付宝、视频娱乐平台哔哩哔哩等，它们以憨态可掬之姿，激发了人们内心深处对可爱事物的喜爱与呵护之情，仿佛每一次单击都能带来一丝温暖与安慰。

对于追求个性化手机桌面体验的用户而言，可以通过 ComfyUI 平台轻松实现这个愿望。通过 ComfyUI 不仅能够定制专属的毛绒风格图标，还能进一步探索更多个性化的装饰选项，让用户的手机界面焕然一新，成为展现个人品位的独特空间。

在豌豆荚网站（网址为 https://www.wandoujia.com/）下载应用的白底图标，用

Photoshop 或其他处理图像的工具将其处理为黑底的黑白图片，作为 ControlNet 的深度图，图标对比如图 8-16 所示。

图 8-16 图标对比

注意： 在 Photoshop 菜单栏中，单击“图像”选项，选择“调整”下的“去色”（快捷键为 Shift+Ctrl+U），即可移除图像中的所有颜色信息，仅保留黑白灰阶，将图像黑白化。

用户不仅可以在在线网站中实现毛绒图标的效果，还可以在 ComfyUI 本地中创建工作流以获得更多的效果。接下来介绍如何在 ComfyUI 中搭建并使用毛绒图标工作流。

1. 创建工作流节点

毛绒图标工作流可以由 3 种工作流节点组成，分别是默认文生图工作流节点、使用 LoRA 的节点和 ControlNet 的工作流节点。

- 添加 LoRA 节点：在 ComfyUI 界面任意位置右击，在弹出的快捷菜单中依次选择 Add Node | loaders | Load LoRA，依次匹配相对应的“model”和“clip”。
- 添加 ControLNet 节点：在 ComfyUI 界面任意位置右击，在弹出的快捷菜单中依次创建图像加载节点、处理器节点、ControlNet 模型节点、预览图像节点和 ControlNet 应用这 5 个节点。

2. 输入提示词

选用写实类模型，推荐 revAnimateed_v122.safetensors。

在 CLIP_POSITIVE 框内输入 Masterpiece,top view,(white,green,fluffy, plush _ hair,3D art: 1.4),solo,white background,light and shadow, natural lighting, close-up,minimalism,high quality,high detail, Sony FE GM,UHD, 作为正向提示词，在另一个 CLIP_NEGATIVE 框内输入 EasyNegative, 作为反向提示词，其他参数设置参考图 8-17。

3. 生成图像

单击控制台上的 Queue Prompt 按钮生成图像，毛绒图标的具体工作流如图 8-17 所示。笔者在运行毛绒图标工作流时使用了以下 LoRA：

- LoRA1：是毛团子啊！可爱化动物模型（网址为 https://www.liblib.art/modelinfo/c17051f8b3b74f29955bffaedc649fcc）。
- LoRA2：Wool felt v1.0_ 毛毡（网址为 https://www.liblib.art/modelinfo/77be9311a31b463da2af682c2c849052）。

❑ LoRA3：毛绒 2（网址为 https://www.liblib.art/modelinfo/da0bb8cf61094f32bc36607e58fb3aa1）。

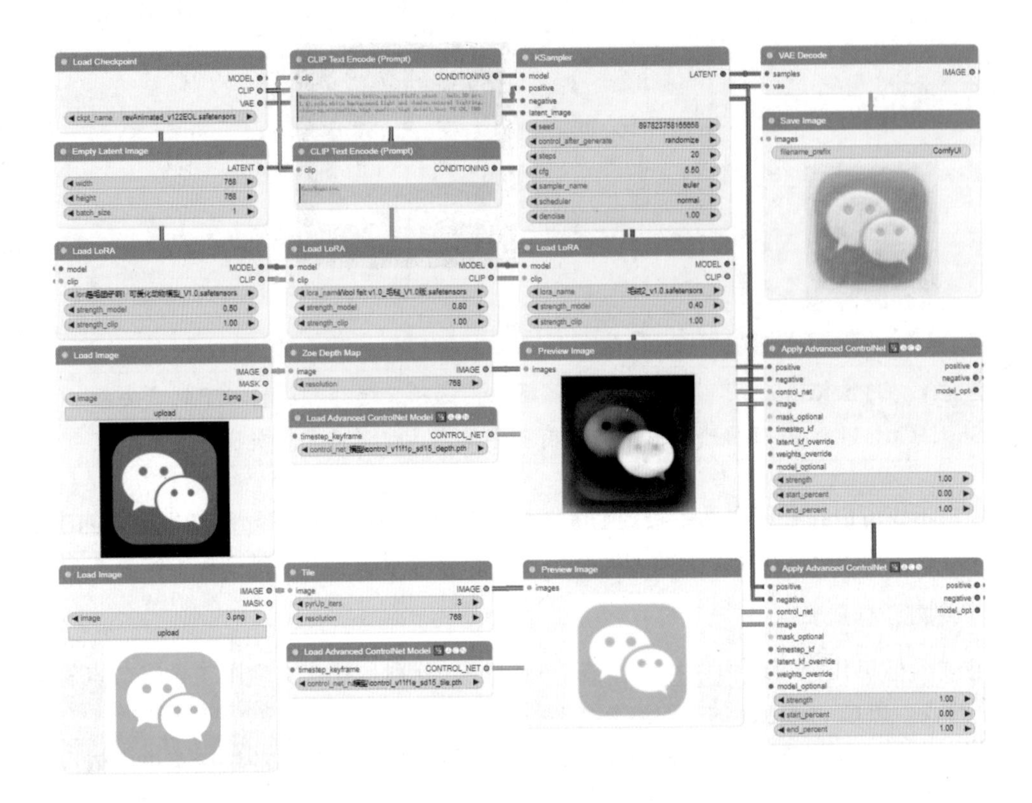

图 8-17　毛绒图标工作流

8.7　黏土风工作流

黏土风格的 AI 图像在网络上非常流行，它可以将普通图像转换成看起来像黏土雕塑的艺术品，将传统艺术韵味与现代科技魅力完美融合，既有趣又富有创意。更深层次地，它是一场跨越艺术与科技界限的创新实践，展现了人类创造力与数字技术无限可能的和谐共生。借助 ComfyUI 这个平台，用户能够轻松打造属于自己的黏土风格 AI 图像。接下来介绍如何在 ComfyUI 中搭建并使用黏土风工作流。

1. 创建工作流节点

黏土风工作流可以由 4 种工作流节点组成，分别是默认文生图工作流节点、使用 LoRA 的节点、IPAdapter 节点以及 ControlNet 的工作流节点。

❑ 添加 LoRA 节点：在 ComfyUI 界面任意位置右击，在弹出的快捷菜单中依次选择 Add Node | loaders | Load LoRA，依次匹配相对应的 model 和 clip。

❑ 添加 ControLNet 节点：在 ComfyUI 界面任意位置右击，在弹出的快捷菜单中依次创建图像加载节点、处理器节点、ControlNet 模型节点、预览图像节点和 ControlNet 应用节点。

2. 输入提示词

选用 XL 类大模型，推荐使用 juggernautXL_v9。

在 CLIP_POSITIVE 框内输入 made-of-clay,polymer clay, ultra light clay, High quality, details, cartoonish, 8k, finely detail, extremely detailed,pink perfume,water, 作为正向提示词，在 CLIP_NEGATIVE 框内输入 EasyNegative, 作为反向提示词。其他参数设置参考图 8-18。

3. 生成图像

单击控制台上的 Queue Prompt 按钮生成图像，黏土风的具体工作流如图 8-18 所示。

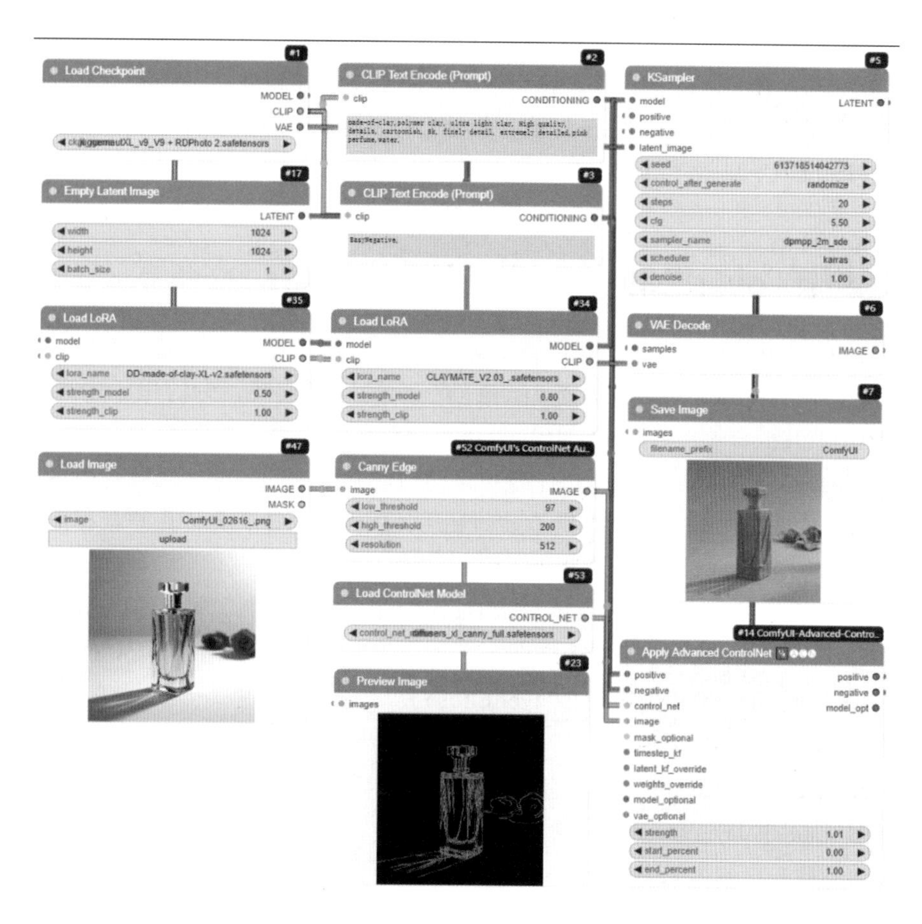

图 8-18 黏土风工作流

笔者在使用黏土风工作流时使用了以下 LoRA：

- LoRA1：CLAYMATE-Claymation Style for SDXL（网址为 https://civitai.com/models/208168/claymate-claymation-style-for-sdxl）。
- LoRA2：Doctor Diffusion's Claymation Style LoRA（网址为 https://civitai.com/models/181962/doctor-diffusions-claymation-style-lora）。

第 9 章 ComfyUI 的新型绘画工作流

得益于广大创作者的热情参与和积极贡献，ComfyUI 持续地在迭代升级，并且涌现出了许多新颖的功能插件。这些插件的推出进一步催生了多种新型的工作流。本章将重点介绍 ComfyUI 新推出的几个重要的工作流，包括 Layer Diffusion、Omost、SD3、快手可图、腾讯混元、Paints-Undo 及 FLUX。

9.1 使用 Layer Diffusion 生成透明图

ComfyUI-layerdiffuse 是 Layer Diffusion 的一个自定义实现，专门用于生成和处理前景、背景图像及其混合效果。ComfyUI-layerdiffuse 利用大型预训练的潜在扩散模型（Latent Diffusion Model）来生成透明图像，不仅可以生成单独的透明图像，还能生成多层透明图层。ComfyUI-layerdiffuse 工作流提供了多种灵活且强大的用法，允许用户根据需求生成图像、混合图像、提取前景（FG）与背景（BG）图像。

在 ComfyUI 中使用 ComfyUI-layerdiffuse 需要下载相关的插件。在 ComfyUI 控制台区域单击 Manager 按钮，选择 Install Custom Nodes，搜索 Layer diffusion（项目地址为 https://github.com/huchenlei/ComfyUI-layerdiffuse），下载安装后重启 ComfyUI 即可。

安装好 ComfyUI-layerdiffuse 插件后，还需要在 Hugging Face（网址为 https://huggingface.co/LayerDiffusion/layerdiffusion-v1/tree/main）上下载相应的模型，并将其放置在 \ComfyUI\models\layer_model 路径下。

在成功下载并安装了 Layer Diffusion 插件及其所需的模型文件后，可以在 ComfyUI 中充分利用 Layer Diffusion 插件来执行多项创作，包括文生前景、混合前景与背景、提取前景和背景，下面逐一进行介绍。

9.1.1 文生前景

可以利用 Layer Diffuse 工作流生成带有透明度信息（alpha 通道）的前景图像。这种图像不仅包含前景的 RGB 颜色信息，还包含每个像素的透明度值，使前景能够自然地融入不同的背景中。下面介绍文生前景的具体使用方法。

1. 创建工作流节点

在默认工作流的基础上，添加 Layer Diffuse 节点。

- 创建应用 Layer Diffuse 节点：在 ComfyUI 界面任意位置右击，在弹出的快捷菜单中依次选择 Add Node | layer_diffuse | Layer Diffuse Apply。
- 创建 Layer Diffuse 解码节点：在 ComfyUI 界面任意位置右击，在弹出的快捷菜单中依次选择 Add Node | layer_diffuse | Layer Diffuse Decode。
- 创建反转图像节点：在 ComfyUI 界面任意位置右击，在弹出的快捷菜单中依次选择 Add Node | image | Invert Image。
- 创建反转蒙版为图像节点。在 ComfyUI 界面任意位置右击，在弹出的快捷菜单中依次选择 Add Node | image | Convert Mask to Image。

2. 输入提示词

在 CLIP Text Encode（Prompt）框内输入 a bowl of noodles,a delicious noodles,a fried egg,meet,breakfirst,sausages，作为正向提示词；在另一个 CLIP Text Encode（Prompt）框内输入 worst quality,low quality, 作为反向提示词。

其他参数设置参照图 9-1 所示。

3. 生成图像

工作流创建完成后，单击控制台上的 Queue Prompt 按钮即可生成图像，具体工作流如图 9-1 所示。

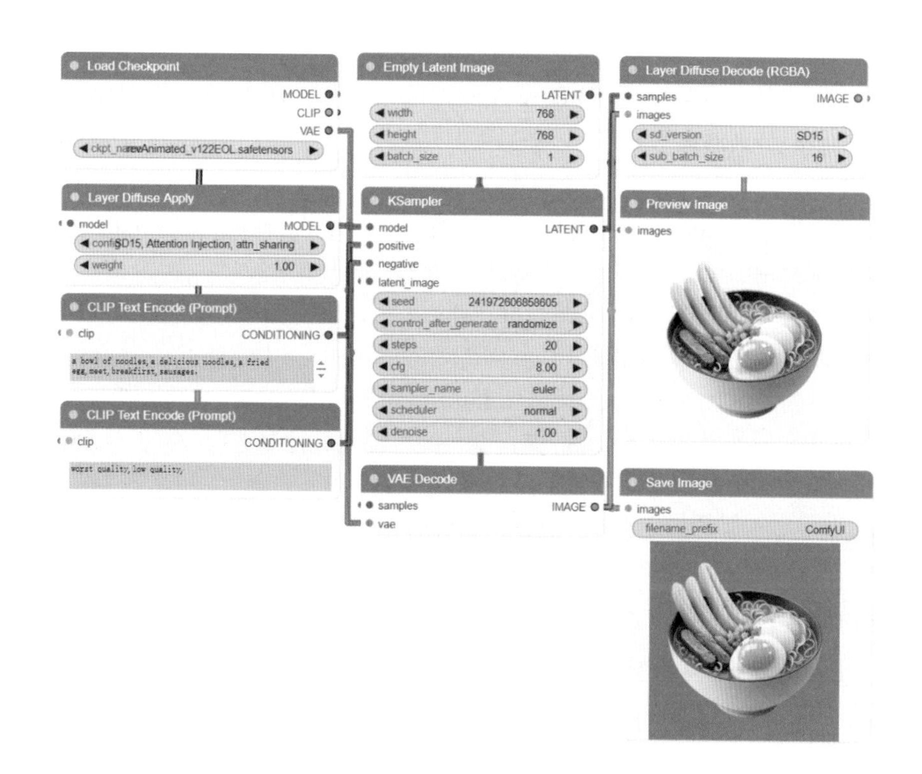

图 9-1　生成前景工作流

如果想要更好地控制分别获取 Alpha 通道蒙版和 RGB 图像，可以通过添加如图 9-2 ①、②所示的节点去实现。

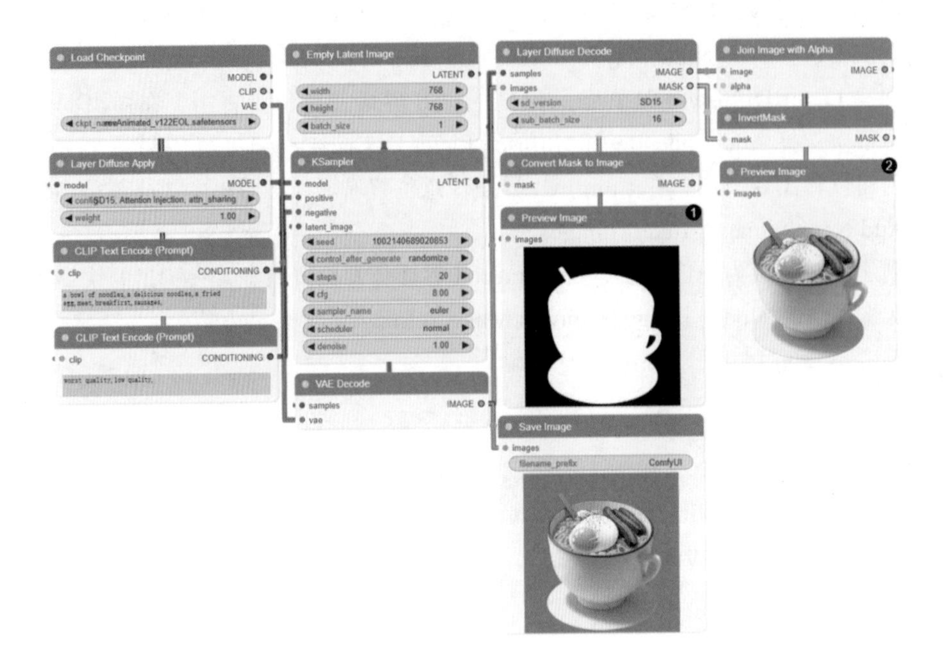

图 9-2　RGB 图像和 Alpha 通道蒙版工作流

在使用文生前景的工作流时，熟悉并掌握相关节点及其参数是至关重要的。此流程主要包含两个核心节点，一是 Layer Diffuse Apply 节点，二是 Layer Diffuse Decode 节点。以下是对这两个核心节点的详细介绍。

Layer Diffuse Apply 节点可以处理接入采样器的模型。它接收一个模型作为输入，并输出经过处理的模型。Layer Diffuse Apply 的参数有两个，即 config 和 weight，以下是对这两个参数的详细介绍。

- Config（配置）：控制透明图像生成的方法，包括 3 种，一是 SDXL，Attention Injection 方法，二是 SDXL，Conv Injection 方法，三是 SD15，Attention Injection, attn_sharing 方法。其中，Attention Injection 能够精确控制图像的透明区域，但对模型的干扰较小。Conv Injection 通过全局的特征融合控制透明效果，计算量较小，但控制效果较粗糙。
- Weight（权重）：控制透明度的权重。权重值为 0，表示完全不透明；权重值为 1，表示完全透明。

Layer Diffuse Decode 节点用于将处理后的模型解码为影响图像生成的信号。它接收两个输入，一是来自 KSampler 的 Latent（潜在表示），二是 VAE Decode 输出的 Image（图像）。经过解码后生成两个输出，即 Image 和 MASK。Image 包含主体信息的前景 RGB 图像，但不包含透明度信息。MASK 控制透明度的蒙版，即透明度 Alpha 通道，此蒙版可用于后续与前景图像合成，以实现带有透明度的前景效果。

9.1.2　混合前景与背景

借助 Layer Diffuse 工作流，依据预设的条件（如前景或背景条件）可以生成所需的图像。通过细致地调整混合参数，能够精准地掌控前景与背景之间的融合程度，进而创造出层次丰富、视觉冲击力强的图像效果。

下面以一碗面条的前景图像作为实例，详细阐述如何为该前景图像生成与之相得益彰的背景，并实现两者的自然融合。

1. 创建工作流节点

在默认工作流的基础上。创建应用 Layer Diffuse 条件节点，方法是：在 ComfyUI 界面任意位置右击，在弹出的快捷菜单中依次选择 Add Node | layer_diffuse | Layer Diffuse Cond Apply。

2. 输入提示词

在 CLIP Text Encode（Prompt）框内输入 a bow of noodels on the table, living room, dishes 作为正向提示词，在另一个 CLIP Text Encode（Prompt）框内输入 worst quality,low quality, 作为反向提示词。

其他参数设置参照图 9-3 所示。

3. 生成图像

创建完成工作流后，单击控制台上的 Queue Prompt 按钮即可生成图像，具体工作流如图 9-3 所示。

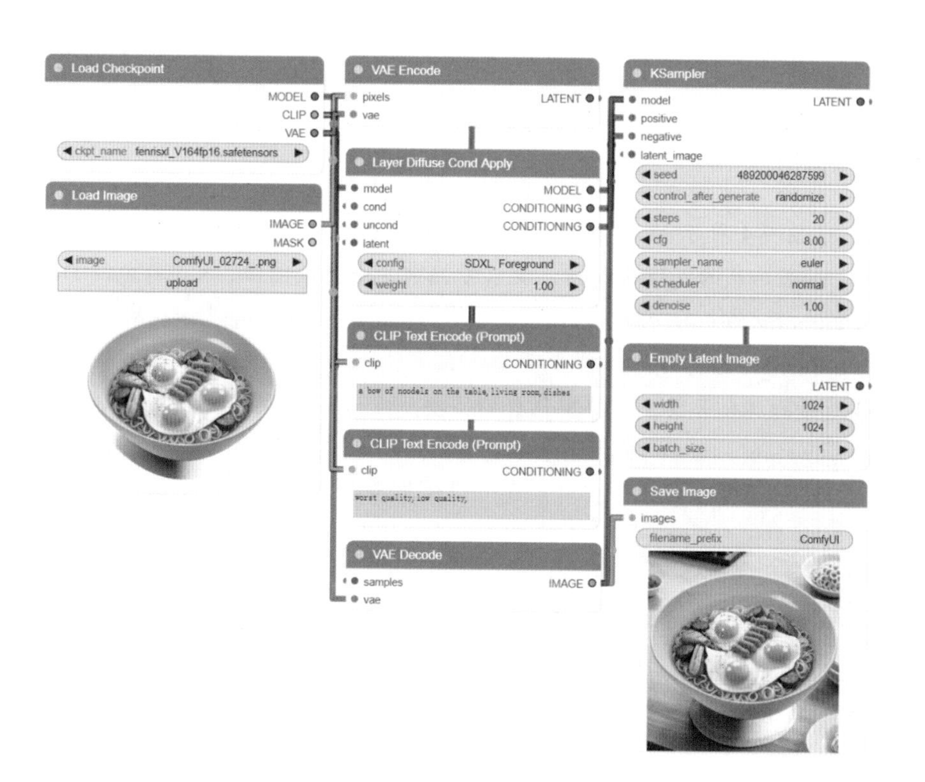

图 9-3　混合前景

也可以借助 Layer Diffuse 工作流，依据给定的背景图像生成相应的前景图像，并实现两者的自然融合。例如，给图 9-3 生成的面条加上鲜花调节氛围，具体工作流及生成的效果如图 9-4 所示。

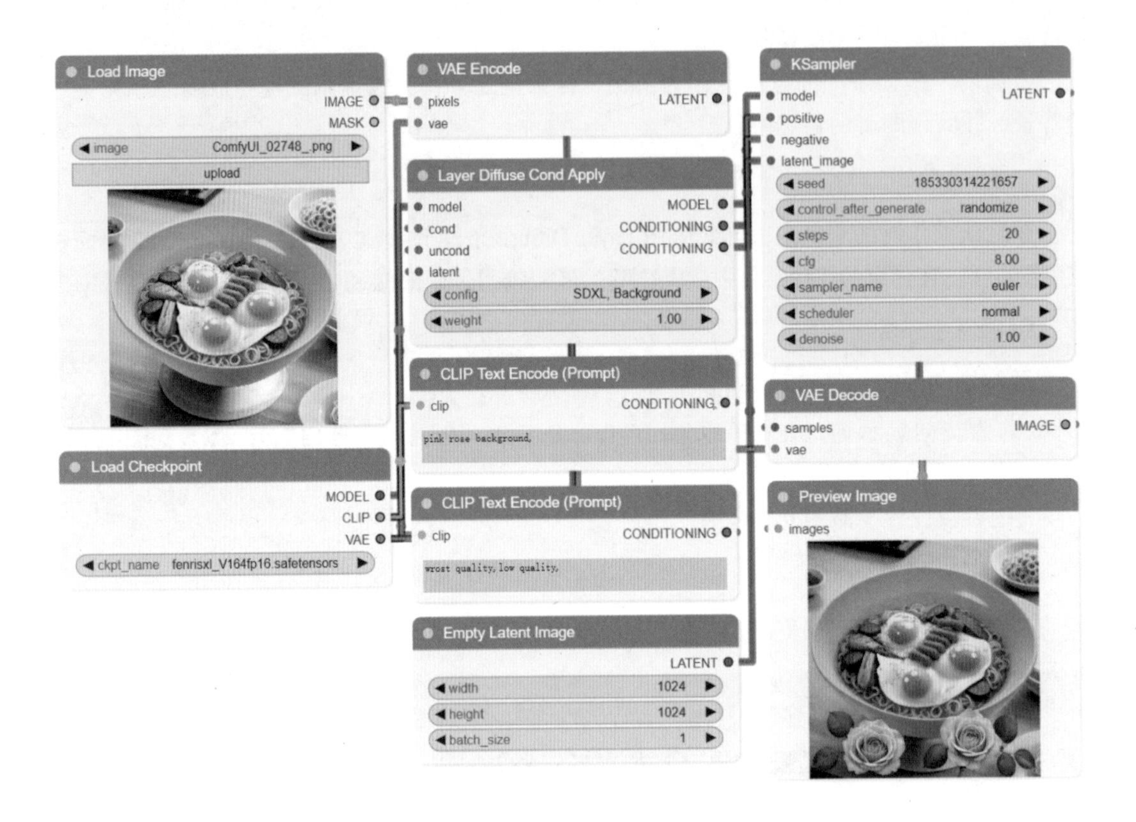

图 9-4　混合背景

注意： 在图 9-4 所示的混合背景工作流中，Layer Diffuse Cond Apply 节点只支持 SDXL 模型。如果加载的图像是前景，要求根据前景来生成图像，则在 Layer Diffuse Cond Apply 节点中 config 的参数应选择 SDXL，Foreground。同理，如果加载的图像是背景，则选择 SDXL，Background，同时加载的图像和设置的宽、高需要保持一致。

图 9-4 所示的混合背景工作流中包含的主要节点为 Layer Diffuse Cond Apply，其参数包括 config 和 weight。config 专注于条件扩散的配置，包括如何注入条件信息、在哪个层注入等。weight 用于控制条件信息对生成过程的影响程度。较小的权重意味着条件信息对生成结果的影响较小，而较大的权重则意味着条件信息对生成结果的影响较大。

9.1.3　提取前景与背景

当前景和背景混合时，Layer Diffuse 工作流还提供了从混合图像中分离出前景图像的功能。这通常涉及复杂的图像处理算法，能够识别并提取出前景的轮廓和细节，同时保留其透明度信息。

提取前景和背景的工作流中包含的主要节点为 Layer Diffuse Diff Apply，其输入端加载两个图像，混合图与背景图或者混合图与前景图，与之对应可以将前景或者背景提取出来。而 Layer Diffuse Diff Apply 节点的参数与 Layer Diffuse Cond Apply 节点相同，这里不再赘述。

下面以给定混合图与背景图来提取前景图像为例，展示工作流的具体使用方法。

1. 创建工作流节点

在默认工作流的基础上，添加 Layer Diffuse 节点。

- 创建应用 Layer Diffuse（Diff）节点：在 ComfyUI 界面任意位置上右击，在弹出的快捷菜单中依次选择 Add Node | layer_diffuse | Layer Diffuse Diff Apply。
- 创建加载图像节点。在 ComfyUI 界面任意位置右击，在弹出的快捷菜单中依次选择 Add Node | image | Load Image。此工作流需要两个加载图像节点，可以将加载图像节点复制并粘贴。

2. 输入提示词

在 CLIP Text Encode（Prompt）框内输入 an old man sitting,high quality, 作为正向提示词；在另一个 CLIP Text Encode（Prompt）框内输入 worst quality,low quality, 作为反向提示词。

其他参数设置参照图 9-5 所示。

3. 生成图像

工作流创建完成后，单击控制台上的 Queue Prompt 按钮即可生成图像，具体工作流如图 9-5 所示。

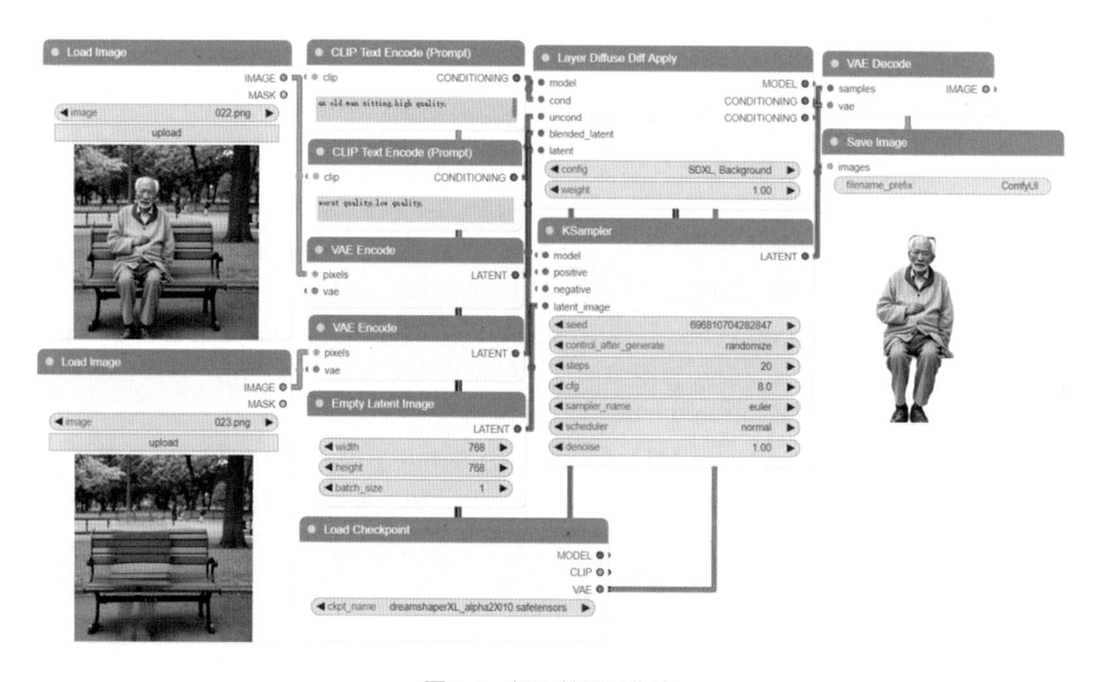

图 9-5　提取前景工作流

Layer Diffuse 工作流也可以根据给定混合图与前景图来提取背景图像，由于提取背景图像的工作流与上述提取前景图像的工作流相同，只有一些参数设置不同，因此，工作流的创建这里不再赘述，工作流的使用及参数设置如图 9-6 所示。

Layer Diffuse 的更多功能如给物品换指定背景、换生成背景以及结合前景图和背景图读者可自行尝试。

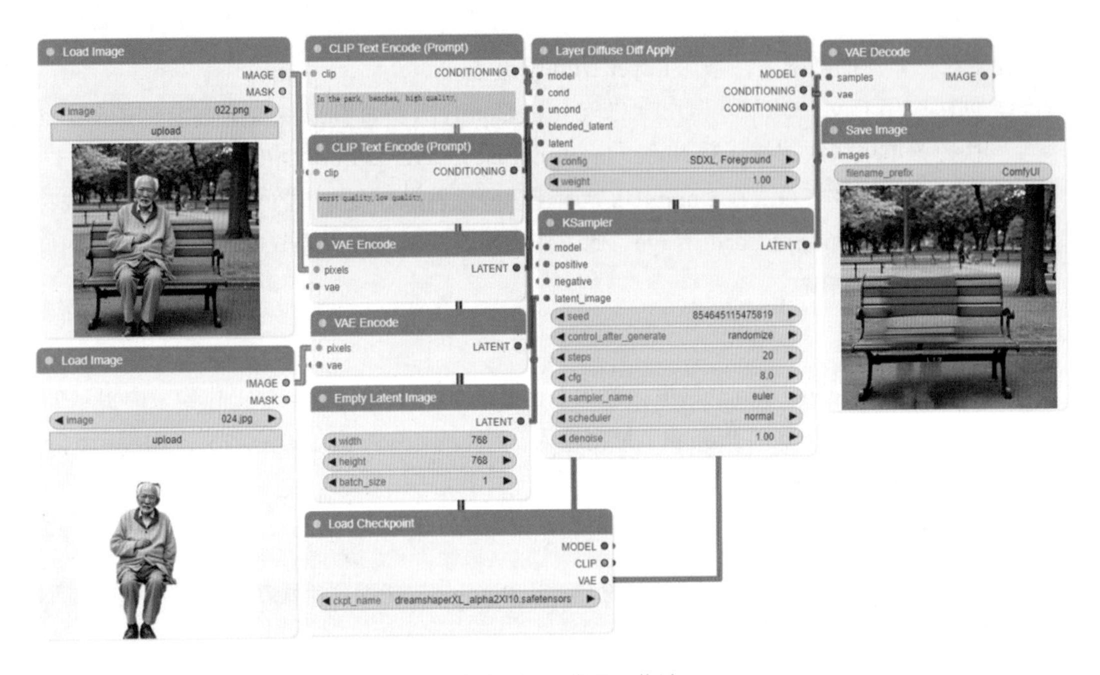

图 9-6　提取背景工作流

9.2 使用 Omost 实现绘图的分区控制

关于如何在 ComfyUI 中使用 Omost，我们在 6.2.2 节中已经详细介绍过，此处不再赘述。Omost 的核心目标是将大型语言模型（LLM）的编码潜力转化为图像生成能力，该项目引入了一个虚拟的 Canvas 代理，该代理通过特定的图像生成算法实现图像渲染。Omost 包含两层含义：一方面，它象征着图像的生成过程将“接近”完成；另一方面，O 取自 omni，代表多模态，而 most 则表达了我们追求最大化效果的愿景。

Omost 的图像生成效果非常显著，主要体现在以下几个方面。

- 高度精准和详细的图像描述。Omost 能够将用户输入的简短描述自动扩展成非常详细且准确的图像描述。例如，当用户输入“太空中的未来飞船”时，Omost 能够生成包括飞船的具体形状、材质、周围太空环境等详细信息的描述。
- 强大的图像合成能力。通过其独特的位置、偏移量和区域三大参数系统，用户能够直观地指定图像中各个元素的位置和大小，从而生成高质量、符合预期的图像。例如，用户可以指定飞船的位置、大小以及周围环境等细节。

- 高效率和低操作难度。Omost 的自动扩展提示词功能大大提高了图像生成的效率，用户无须编写冗长的提示词，只需要输入简短的描述词即可。此外，项目提供了交互式编辑的示例，用户可以通过简单的提示词对生成的图像进行修改和调整，降低了操作难度。

Omost 也提供了在线使用的平台，用户可以在 Hugging Face 上在线使用（网址为 https://huggingface.co/spaces/lllyasviel/Omost），在线使用界面如图 9-7 所示。

图 9-7 Omost Hugging Face 使用示例

在提示词框内输入提示词，待 Omost 丰富提示词后即可单击“Render the Image!”按钮生成图像，还可以继续对话更改图中的元素，将图 9-7 中的火箭改为蓝色的星球，如图 9-8 所示。

图 9-8 使用 Omost 改变图中的元素

9.3 SD 的新模型：SD3 和 SD3.5

Stable Diffusion 3 Medium（简称 SD3）是 Stability AI 推出的最新的文本到图像生成模型，具有 20 亿参数。SD3 在图像质量、生成文本、复杂提示理解和资源效率上均有显著提升。需要特别注意的是，未经 Stability AI 明确授权许可商业使用，SD3 模型不得应用于任何商业用途。下面将介绍文生前景和 SD3 的使用方法。

1. 下载模型

在 ComfyUI 中使用 SD3 需要在 Hugging Face（网址为 https://huggingface.co/stabilityai/stable-diffusion-3-medium）上下载模型。

Hugging Face 上存在多种 SD3 模型版本，需要根据实际需求选择适宜的 SD3 模型版本。随后，应将所选 SD3 模型文件放入 ComfyUI/models/checkpoints 目录下。下面介绍 4 种 SD3 模型。

- sd3_medium.safetensors：不包含文本编码器。
- sd3_medium_incl_clips.safetensors：包含除了 T5XXL 文本编码器之外的所有必要模型。
- sd3_medium_incl_clips_t5xx1fp8.safetensors：包含所有必要的模型，包括 T5XXL 文本编码器的 fp8 版本。
- sd3_medium_incl_clips_t5xxlfp16：包含所有必要的模型，包括 T5XXL 文本编码器的 fp16 版本。

在使用sd3_medium.safetensors时需要在Hugging Face（网址为https://github.com/liusida/ComfyUI-SD3-nodes）上下载 SD3 CLIP 模型，这些 CLIP 模型分别为 CLIP-G、CLIP-L、T5 XXL。下载完成 SD3 CLIP 模型之后，需要将 SD3 CLIP 模型文件放入 ComfyUI/models/clip 目录下。

注意：推荐使用和下载 sd3_medium_incl_clips 或 sd3_medium_incl_clips_t5xxlfp8 两种模型，由于这些模型已经包含所需的 CLIP 和文本编码器，因此不需要再创建 Clip 节点。

---

2. 创建工作流节点

添加默认的工作流与 SD 放大工作流。鉴于添加工作流已在之前的章节中详细介绍过，故此处不再赘述其具体细节。

3. 输入提示词

在 CLIP_POSITIVE 框内输入 an old apothecary. On the counter there are three old potions: a blue potion with the handwritten label "Mana" a green potion with the label "Health", a red potion with the label "Poison"，作为正向提示词；在 CLIP_NEGATIVE 框内输入 bad quality, poor quality, 作为反向提示词。

同时，选用 SD3 Medium 模型，推荐使用 sd3_medium_incl_clips_t5xx1fp8.safetensors。

其他参数设置参照图 9-9 所示。

4. 生成图像

创建完成工作流后，单击控制台上的 Queue Prompt 按钮即可生成图像，具体工作流如图 9-9 所示。

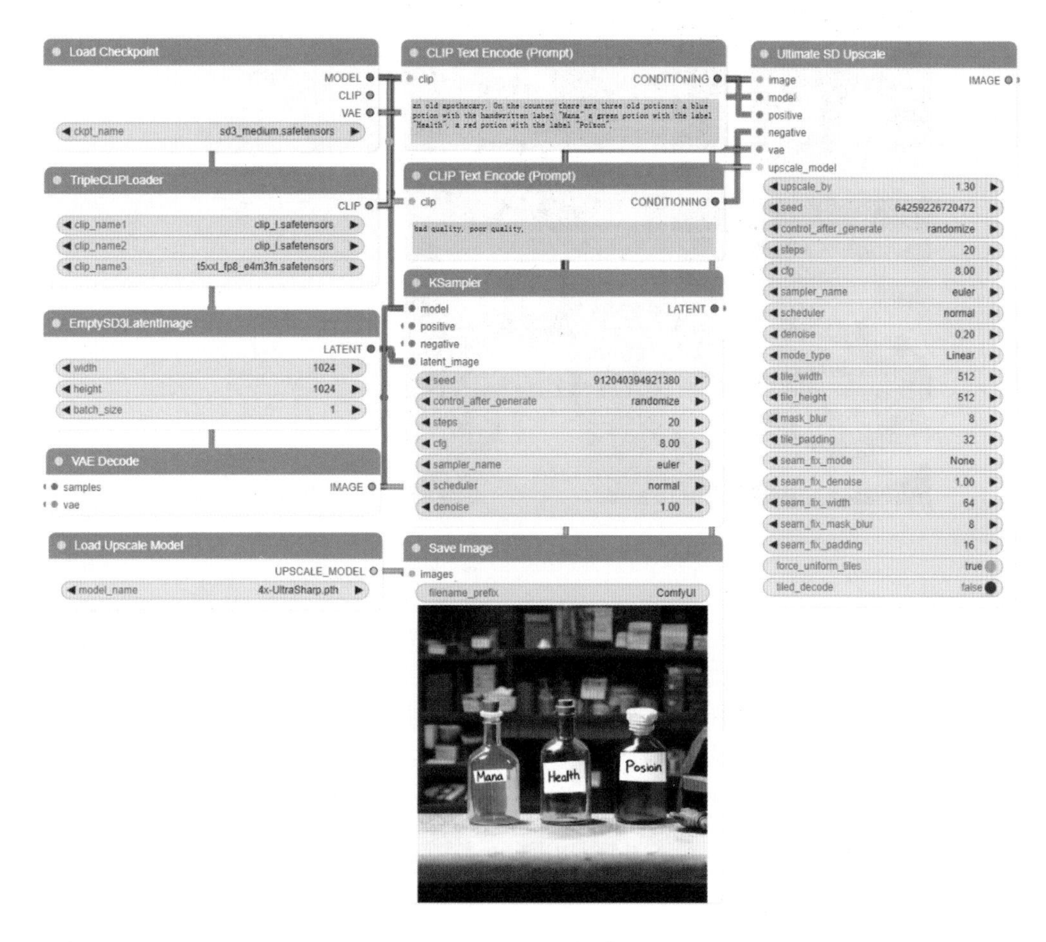

图 9-9　SD3 工作流展示

SD3 生成的其他图像效果如图 9-10 所示。

知名开源模型公司 Stability AI 于 2024 年 10 月 22 日发布新一代模型 SD3.5 版本（网址为 https://stability.ai/news/introducing-stable-diffusion-3-5）。该版本提供了多种模型，以满足科研人员、业余爱好者、初创公司和企业的需求，以下是对这些模型的详细介绍。

- SD3.5 Large：项目地址为 https://huggingface.co/stabilityai/stable-diffusion-3.5-large，该基本模型具有丰富的参数，优秀的质量和及时的依从性，是 SD 系列中最强大的模型。此型号非常适合 1 MP 分辨率的专业用例。
- SD3.5 Large Turbo：项目地址为 https://huggingface.co/stabilityai/stable-diffusion-3.5-large-turbo，该基本模型为 SD3.5 Large 的精简版本，只需 4 个步骤即可生成具有出色快速粘附性的高质量图像，图像生成速度比使用 SD3.5 Large 模型快得多。

- SD3.5 Medium：于 2024 年 10 月 29 日发布，该模型拥有 25 亿个参数，具有改进的 MMDiT-X 架构和训练方法，旨在“开箱即用”地在消费类硬件上运行，在质量和易于定制之间取得平衡。它能够生成分辨率在 0.25 到 2MP 之间的图像。

图 9-10　SD3 效果

与 SD 其他模型相比，SD3.5 版本有四大显著特点，使其成为市场上最可定制和可访问的图像模型之一，以下是对该版本特点的详细介绍。官方发布的 SD3.5 效果如图 9-11 所示。

- 可定制性。SD3.5 模型可以让用户轻松地对模型进行微调，满足个性化的需求。同时，其还支持基于用户自定义工作流程的应用程序构建，进一步拓宽了应用场景。
- 高效的性能。经过优化，SD3.5 模型可以在标准的消费级硬件上流畅运行，不需要过高的配置要求，尤其是 Stable Diffusion 3.5 Medium 和 Stable Diffusion 3.5 Large Turbo 型号。
- 多样化的输出。SD3.5 模型在图像输出方面展现出了极高的多样性。它不仅能够创建出代表世界多样性的图像，涵盖不同肤色、特征的人群，而且不需要大量提示即可生成多样化的图像内容。
- 多功能风格。SD3.5 模型能够生成包括 3D、摄影、绘画、线条艺术等在内的多种视觉风格的图像，几乎涵盖用户能够想象到的所有视觉表现形式。

图 9-11　SD3.5 模型效果

9.4 能画好汉字的模型：快手可图

“可图”模型于 2024 年 5 月对外开放，并相继推出了网页版的可图在线平台和微信小程序。“可图”模型支持文生图和图生图两类功能，可用于 AI 创作图像以及 AI 形象定制。

2024 年 7 月 6 日，快手公司宣布“可图”（Kolors）正式面向全球开放源代码。之后因业务调整与战略规划的需要，可图平台于同年 8 月 23 日正式关闭服务，并将其生成图像服务迁移至可灵平台（网址为 https://klingai.kuaishou.com/），用户可以在可灵平台上使用可图模型生成图像。可图模型具有以下优点：

- 可生成高质量的人像。与 SD 等模型相比，可图模型生成的人像更加逼真，图像更清晰。
- 可生成中国元素的图像。与 SD 等模型相比，可图模型生成的图像更具中国元素。
- 复杂语义理解。与 SD 等模型相比，可图模型可以理解复杂的提示词。
- 中文理解与生成。与 SD 等模型相比，可图模型不仅可以理解中文提示词，还可以在图片上生成汉字。

可以在 Hugging Face（网址为 https://huggingface.co/spaces/gokaygokay/Kolors）上在线使用可图模型，其在线使用界面如图 9-12 所示。

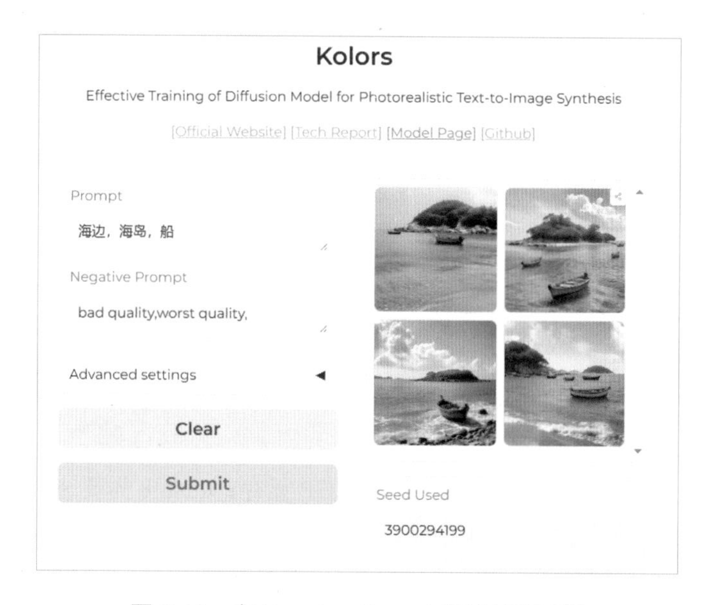

图 9-12　在 Hugging Face 上在线使用可图

除了可以在线使用外，可图模型也可在 ComfyUI 上使用，具体使用方法如下。

1. 下载插件和模型

在 ComfyUI 控制台区域单击 Manager，选择 Install Custom Nodes，搜索 ComfyUI-KwaiKolorsWrapper（项目地址为 https://github.com/kijai/ComfyUI-KwaiKolorsWrapper），安装后重启 ComfyUI 即可使用。可图模型会在第一次运行的时候自动下载。

如果第一次使用可图模型时未自动下载模型，那么可以在 Hugging Face（网址为 https://huggingface.co/Kwai-Kolors/Kolors/tree/main）上自行下载，下载完成后将模型放置在 ComfyUI/models/diffusers/Kolors 目录下。

同时，需要在 Hugging Face（网址为 https://huggingface.co/Kijai/ChatGLM3-safetensors/upload/main）上下载 ChatGLM3 模型，并将其放置 ComfyUI\models\LLM\checkpoints 目录下。可图模型安装目录如图 9-13 所示。

```
PS C:\ComfyUI_windows_portable\ComfyUI\models\diffusers\Kolors> tree /F
│   model_index.json
│
├─scheduler
│       scheduler_config.json
│
├─text_encoder
│       config.json
│       pytorch_model-00001-of-00007.bin
│       pytorch_model-00002-of-00007.bin
│       pytorch_model-00003-of-00007.bin
│       pytorch_model-00004-of-00007.bin
│       pytorch_model-00005-of-00007.bin
│       pytorch_model-00006-of-00007.bin
│       pytorch_model-00007-of-00007.bin
│       pytorch_model.bin.index.json
│       tokenizer.model
│       tokenizer_config.json
│       vocab.txt
│
└─unet
        config.json
        diffusion_pytorch_model.fp16.safetensors
```

图 9-13　可图模型安装目录

2. 创建工作流节点

在下载完插件和模型之后，需要创建可图模型的节点，方法是：在 ComfyUI 界面任意位置右击，在弹出的快捷菜单中依次选择 Add Node | KwaiKolorsWrapper，在 KwaiKolors Wrapper 分类下选择（Down）load Kolors Model、（Down）load ChatGLM3 Model、Kolors Text Encode 和 Kolors Sampler 这 4 个节点。

ChatGLM3 有 3 种显存模式：FP16 需要 12GB 显存；quant8 需要 8GB 显存；quant4 需要 6GB 显存。

3. 输入提示词

在 Kolors Text Encode 节点内输入大漠孤烟直，长河落日圆，作为正向提示词；输入 low quality,worst quality, 作为反向提示词。

其他参数设置参照图 9-14 所示。

4. 生成图像

工作流创建完成后，单击控制台上的 Queue Prompt 按钮即可生成图像，具体工作流如图 9-14 所示。

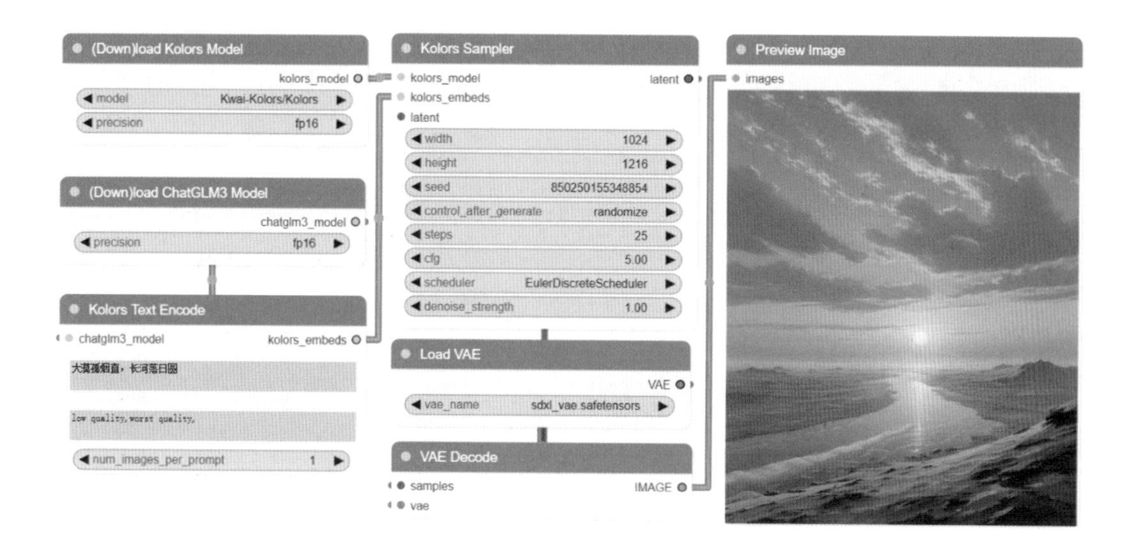

图 9-14　可图文生图工作流

将生成的“大漠孤烟直，长河落日圆”图像转化为莫奈风格，效果如图 9-15 所示。

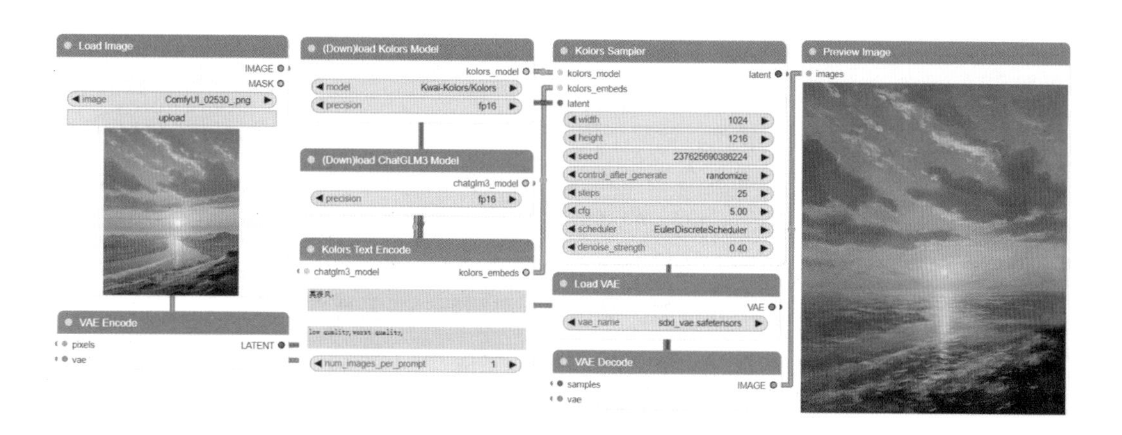

图 9-15　可图图生图工作流

可图邀请了 50 位影像专家对不同模型生成的结果进行比较、评估。专家们根据 3 个标准对生成的图像进行评分，这 3 个标准是视觉吸引力、文本忠实度和整体满意度。在评测过程中，与其他模型相比，可图获得了最高的整体满意度得分，并在视觉吸引力方面显著领先。具体评分对比如图 9-16 所示。

注意：如果已下载插件但 ComfyUI 界面未显示插件选项，则需要安装位于 ComfyUI\custom_nodes\ComfyUI-KwaiKolorsWrapper 文件夹中的 requirements.txt 所列出的依赖项。如果选择使用便携式版本（即在 ComfyUI_windows_portable-folder 文件夹中运行该程序），则需要在命令行中运行 python_embedded\python.exe -m pip install -r ComfyUI\custom_nodes\ComfyUI-KwaiKolorsWrapper\requirements.txt 命令安装依赖项。

模型	平均总体满意度	平均视觉吸引力	平均文本忠实度
Adobe-Firefly	3.03	3.46	3.84
Stable Diffusion 3	3.26	3.50	4.20
DALL-E 3	3.32	3.54	4.22
Midjourney-v5	3.32	3.68	4.02
Playground-v2.5	3.37	3.73	4.04
Midjourney-v6	3.58	3.92	4.18
可图	**3.59**	**3.99**	**4.17**

图 9-16　可图与其他模型对比

9.5　国产开源 DiT 模型：腾讯混元

腾讯混元是国内首个中文原生的 DiT（Diffusion Transformer）架构文生图开源模型，用户可以直接使用中文的数据与标签，无须使用英文提示词。DiT 架构是一种结合了 Transformer 架构的扩散模型，主要用于图像和视频生成任务。它能够高效地捕获数据中的依赖关系并生成高质量的结果。

在 ComfyUI 中启用混元模型，首要步骤是下载该模型文件，下面介绍具体的下载信息。

首先下载混元模型，版本号为 hunyuan_dit_1.2（网址为 https://huggingface.co/comfyanonymous/hunyuan_dit_comfyui/blob/main/hunyuan_dit_1.2.safetensors）。下载完成后，将该模型文件放置于 ComfyUI/models/checkpoints 目录下。

然后在 ComfyUI 中启用混元模型。操作便十分简便，只需要在默认的文生图工作流中将 Checkpoint 模型选项设定为已下载的混元模型即可。限于篇幅，关于工作流的详细介绍在此不再赘述。使用混元模型的工作流界面参照图 9-17。

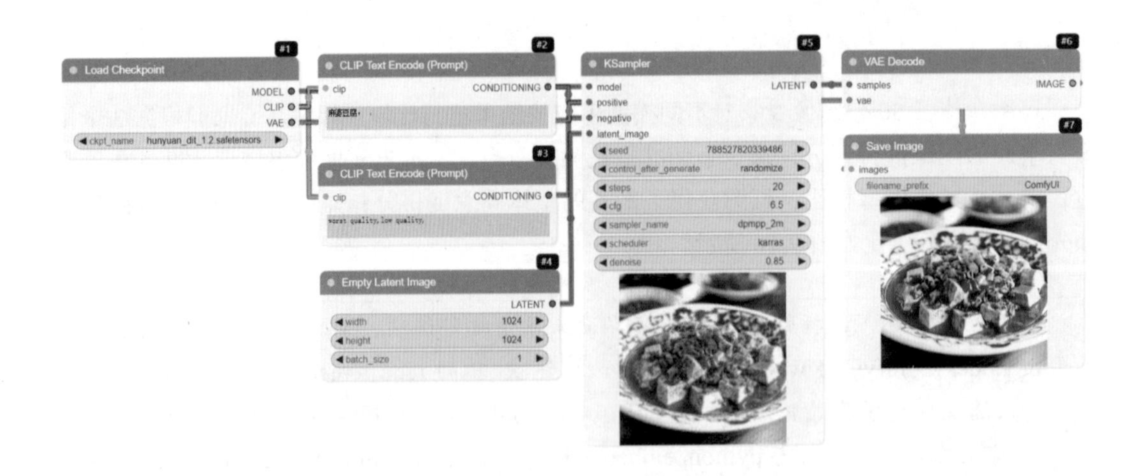

图 9-17　混元工作流

为了全面对比混元 DiT 与其他模型的生成能力，由 50 多位专业评测人员对图文一致性、去除 AI 伪像、主体清晰度、美观度进行评测，结果如图 9-18 所示。

模型	开源	文本图像一致性（%）	排除AI人工制品（%）	主题清晰度（%）	美学（%）	总体（%）
SDXL	✔	64.3	60.6	91.1	76.3	42.7
PixArt-α	✔	68.3	60.9	93.2	77.5	45.5
Playground 2.5	✔	71.9	70.8	94.9	83.3	54.3
SD 3	✗	77.1	69.3	94.6	82.5	56.7
MidJourney v6	✗	73.5	80.2	93.5	87.2	63.3
DALL-E 3	✗	83.9	80.3	96.5	89.4	71.0
Hunyuan-DiT	✔	74.2	74.3	95.4	86.6	59.0

图 9-18　混元评分结果

9.6 再现绘画过程模型：Paints-Undo

Paints-Undo 是 ControlNet 作者张吕敏开发的一个新项目，Paints-Undo 的核心在于其基于 AI 的模型能够接受图像输入，并输出该图像的绘制过程序列视频。这项技术能够模拟人类绘画的多种行为，包括但不限于草图绘制、描线、上色、阴影处理、形状转换、左右翻转、颜色与曲线调整、图层可见性变化等，甚至在绘画过程中可以进行创意调整。通过这项技术，用户可以将静态图片转化为绘画过程视频，从而展示从初步素描到最终作品的详细步骤。

Paints-Undo 项目创新性地提供了两种 AI 模型，旨在模拟和再现数字绘画的过程。单帧模型（paints_undo_single_frame）允许用户输入一张最终图像及一个操作步骤数（0 ~ 999），模型随即输出一个模拟的截图，展示在指定“撤销”次数后的绘画阶段，仿佛实现了 Ctrl+Z 的撤销功能，让用户能够追溯并观察绘画过程中的每一个细节变化。用户可在 Hugging Face（网址为 https://huggingface.co/lllyasviel/paints_undo_single_frame/tree/main）上下载单帧模型并使用。

多帧模型（paints_undo_multi_frame）则更进一步，它接收两张图片作为输入，并生成这两张图片之间平滑过渡的 16 个中间帧。这个模型在展示图片间的变化时更为连贯，尽管其速度相对较慢且创造性有所限制，但非常适合用于需要精细展示图像过渡效果的应用场景。用户可在 Hugging Face（网址为 https://huggingface.co/lllyasviel/paints_undo_multi_frame/tree/main）上下载多帧模型并使用。

同时，用户也可以在 Hugging Face（网址为 https://huggingface.co/spaces/MohamedRashad/PaintsUndo）上在线使用 Paints-Undo。

如图 9-19 展示了 Paints-Undo 的工作流。

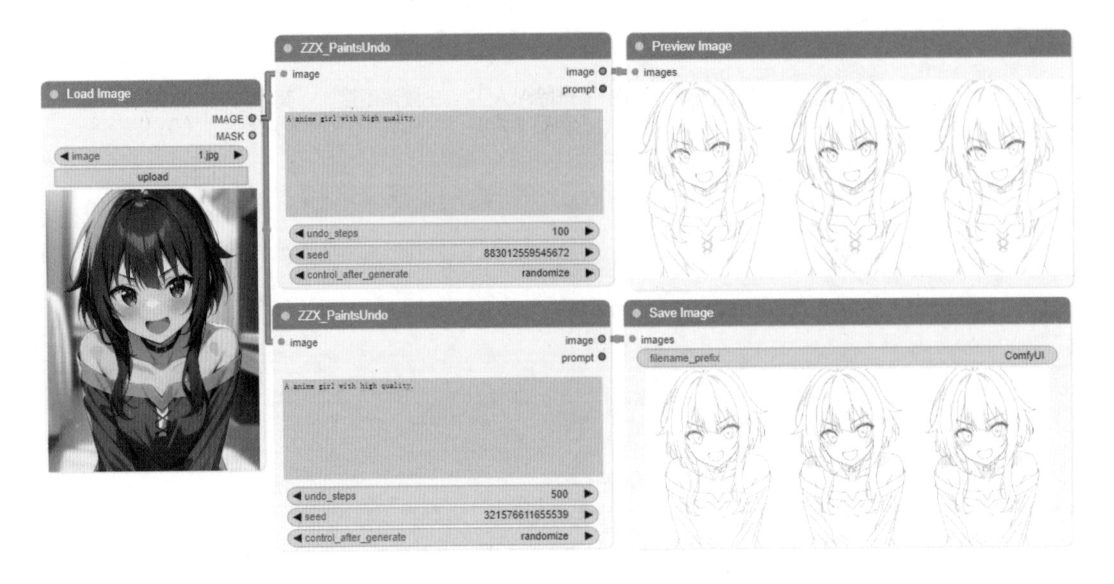

图 9-19　Paints-Undo 工作流

Paints-Undo 官方效果演示如图 9-20 所示。

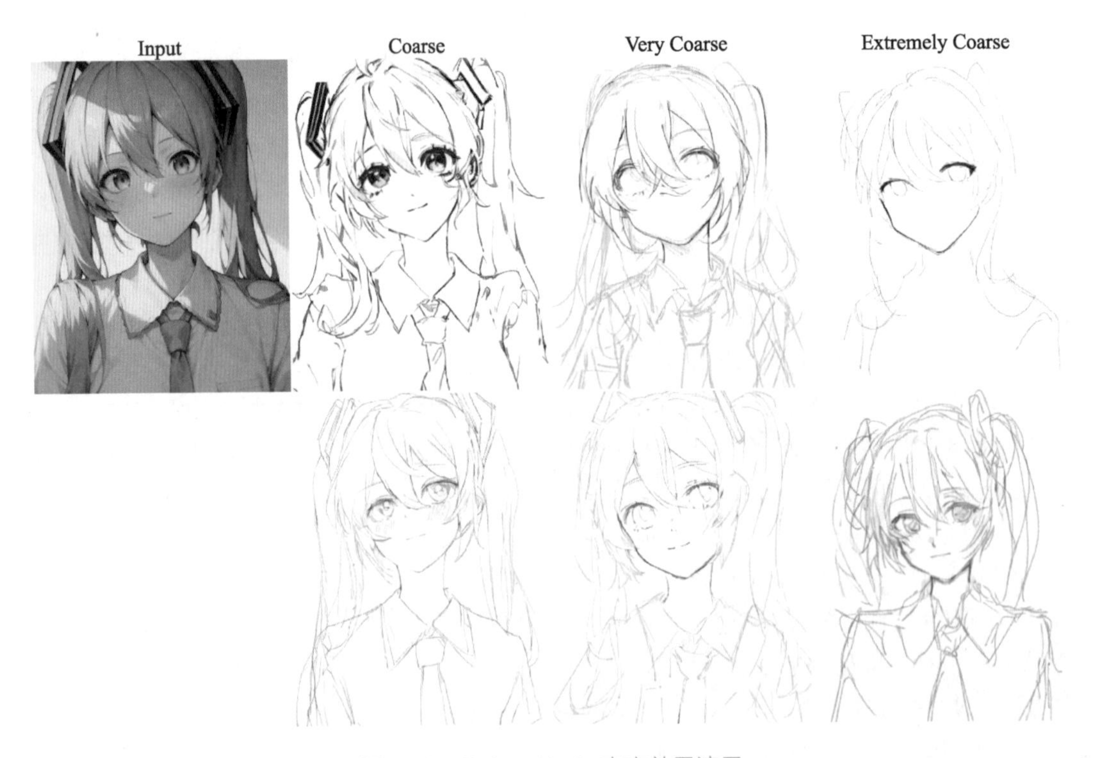

图 9-20　Paints-Undo 官方效果演示

9.7 文生图像模型：FLUX

由 Black Forest Labs 推出的 FLUX 是一款先进的开源文本到图像生成模型，拥有惊人的 120 亿参数。FLUX 模型可以通过文本描述生成高质量的图像，挑战并超越像 Midjourney 和 DALL-E3 这样的流行闭源模型，同时提供开源的便利性和灵活性。

FLUX 官方模型有 3 个版本，可以分别满足不同的使用需求和性能要求，具体介绍如下。

- FLUX1[dev]：基础模型，已开源，但不能商用，适合社区使用和进一步开发。它提供了前沿的输出质量并在提示词遵循性方面具备显著的竞争力。模型下载地址为 https://huggingface.co/black-forest-labs/FLUX.1-dev。
- FLUX1[schnell]：基础模型的精简版，在保证高性能的同时速度提升了 10 倍，在 Apache 2.0 许可下提供，适合个人和本地开发。模型下载地址为 https://huggingface.co/black-forest-labs/FLUX.1-schnell。
- FLUX1[pro]：闭源版本，仅通过 API 提供，图像质量、细节和提示遵循性最佳，适用于商业用途和高需求应用。

接下来介绍 FLUX 模型的主要功能。

- 高分辨率图像生成能力。FLUX 模型具备生成高分辨率图像的强大能力，其输出的视觉效果清晰细腻，支持多种宽高比和分辨率设置，最高可达 200 万像素。这种高分辨率的生成能力为艺术创作、广告设计、影视制作等领域提供了高质量的图像资源。
- 先进的人体解剖真实感。在人体图像生成方面，FLUX 模型展现出了卓越的解剖准确性和真实感。它能够生成极其逼真的人体图像，不仅在整体形态上符合人体比例，还在细节上精准再现了肌肤纹理、肌肉线条等特征，为服装设计、虚拟形象创作等领域提供了有力的支持。
- 改进的提示遵循性。FLUX 模型在解析和处理用户输入的文本提示时，表现出了更高的准确性和相关性。它能够更好地理解用户的意图和需求，并据此生成更加符合预期的图像。这种改进的提示遵循性使得 FLUX 模型在广泛的创意应用中具有更高的灵活性和适用性。
- 出色的生成速度。针对需要快速图像生成的应用场景，FLUX 模型推出了 Schnell 变体。该变体经过优化处理，在保持高质量图像输出的同时，显著提升了生成速度。这使得 FLUX 模型在实时交互、快速迭代等应用场景中具有更强的竞争力。

如图 9-21 展示了 FLUX 的工作流。

根据最新测试数据，FLUX1.0 不仅在性能上大幅超越了 DALL-E3 和 MidjourneyV6.0 的闭源模型，更是将开源 SD3 系列的 Ultra、Medium、Turbo 和 SDXL 全线击溃，成为业界瞩目的焦点。FLUX1.0 与主流模型的 ELO 分数对比如图 9-22 所示。

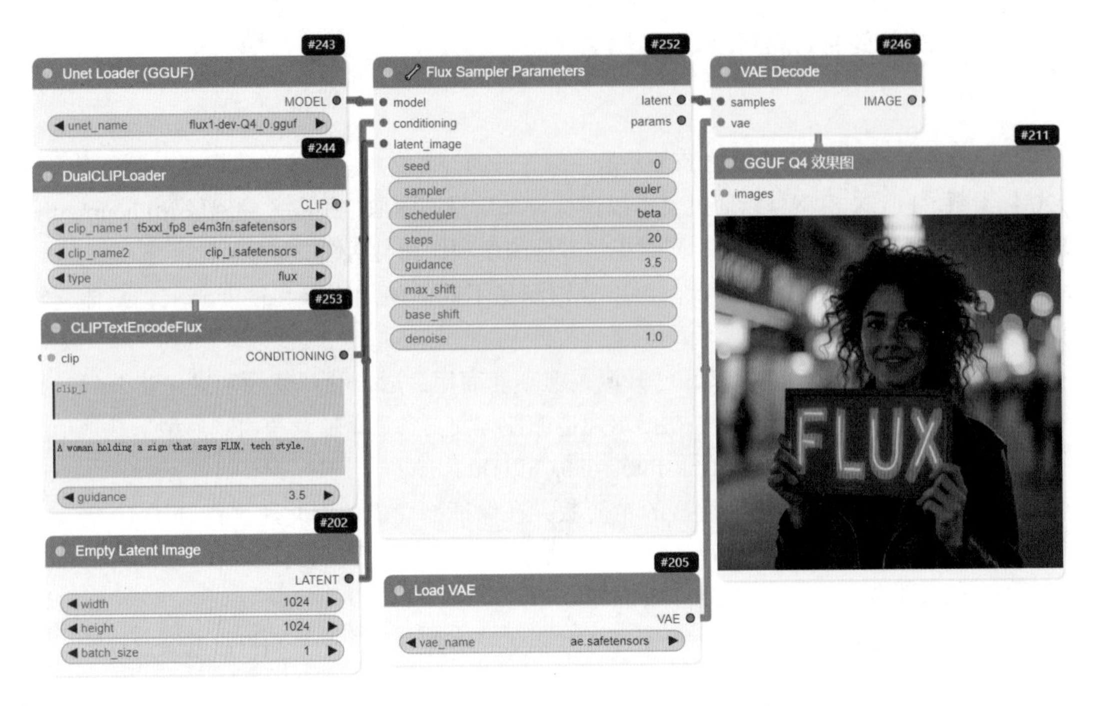

图 9-21　FLUX 工作流

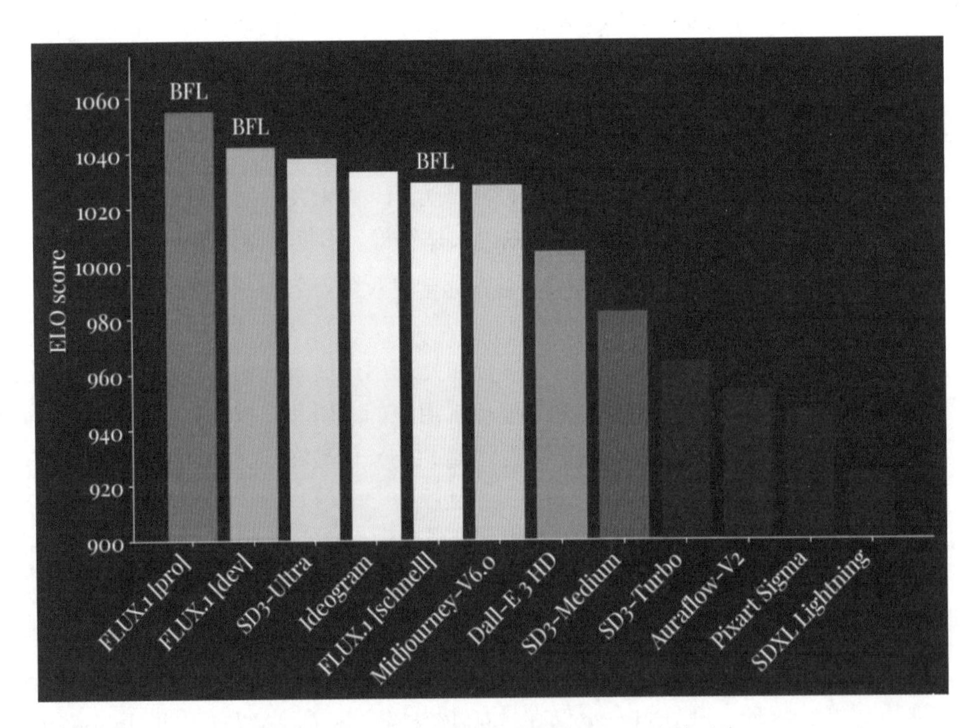

图 9-22　FLUX1.0 与主流模型的 ELO 分数对比

在 Black Forest Labs 官方网站最新发布的性能评估报告中，FLUX1 系列的 pro 版本与 dev 版本在多个关键指标上展现出了对 DALL-E3（HD）、Midjourney v6.0 以及 SD3-Ultra 等业界领先模型的显著超越。在 BFL 官方雷达图对比中，直观展示了各模型在视觉质量、指令遵从度、尺寸与纵横比的可调节性、排版布局以及输出结果的多样性等方面的综合表现，如图 9-23 所示。

FLUX1.0 系列模型经过精心设计的微调策略，旨在保留并强化其预训练阶段累积的丰富输出多样性，这一努力在其性能表现中得到了充分体现。与当前技术前沿的模型相比，FLUX1.0 在多个维度上展现出了强劲的优势。

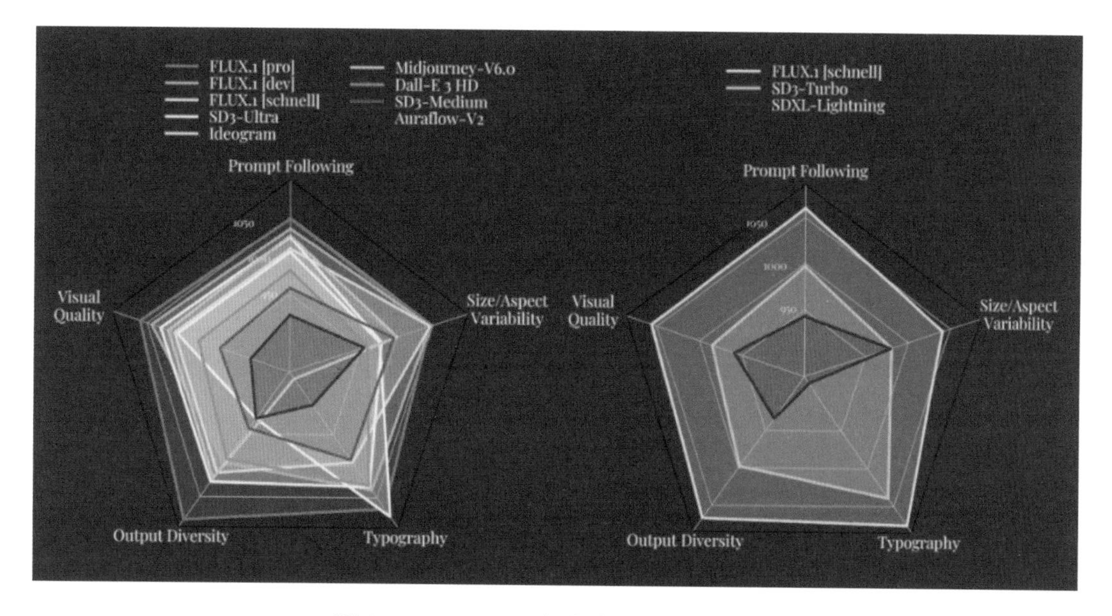

图 9-23 FLUX1.0 与主流模型的雷达对比

用户可以在 Hugging Face（网址为 https://huggingface.co/spaces/black-forest-labs/FLUX.1-dev 或者 https://huggingface.co/spaces/black-forest-labs/FLUX.1-schnell）网站上在线使用 FLUX.1-dev 和 FLUX.1-schnell 模型生成图像。

截至 2024 年 9 月 10 日，FLUX 模型家族已经扩展至 5 种大模型、3 个插件及 3 种小模型。以下是对这些模型和插件的详细介绍。

1. 五种大模型

- FP16：作为 FLUX 官方的原版大型模型，它在图像生成质量上表现卓越，但相应的处理速度较慢。此模型对硬件要求较高，需要至少 16GB 的显存和 64GB 的内存。
- FP8kijia：由 Kijia 团队优化的版本，它在保持较高图像质量的同时提升了处理速度。硬件配置要求相对较低，需要至少 8GB 的显存以及 16GB 或 32GB 的内存。
- FP8org：ComfyUI 官方推出的大型模型同样在图像质量和处理速度上表现良好。硬件配置要求为至少 8GB 的显存和 32GB 的内存。
- NF4：由张吕敏开发的版本，处理速度极快，但图像质量的稳定性有待提高。NF4 硬件配置的要求较低，只需要至少 4GB 的显存和 32GB 的内存。据悉，该模型未来将不再更新。
- GGUF：由 city96 团队开发，提供多个量化版本模型以适应不同的显存需求，如

fluxl-dev-Q80.gguf 模型版本在效果上与 FP8 相当。该模型以质量稳定和多样化的选择著称。

2. 三个插件

- ComfyUI_bitsandbytes_NF4 插件：专为 NF4 开发的大模型插件，以确保其最佳性能。
- ComfyUI_GGUF 插件：为使用 GGUF city96 开发版大型模型而设计，以优化用户体验。
- X-flux_comfyui 插件：适用于 Lora 模型、ControlNet 模型以及 IPAdapter 模型，提供更广泛的兼容性。

3. 三种小模型

- Lora 模型：由 XLabs-AI 提供，包含 6 种不同配置的模型，可通过 Hugging Face（网址为 https://huggingface.co/XLabs-AI/flux-lora-collection/tree/main）下载，存放于 ComfyUI\models\xlabs\loras 目录下。
- ControlNet 模型：由 XLabs-AI 提供，包含 3 种模型（Hed、Depth、Canny），可在 Hugging Face（网址为 https://huggingface.co/XLabs-AI/flux-controlnet-collections/tree/main）上下载，存放路径为 ComfyUI\models\xlabs\Controlnets。
- IPAdapter 模型：XLabs-AI 提供的单一模型，目前使用效果尚不理想。可在 Hugging Face（网址为 https://huggingface.co/XLabs-AI/flux-ip-adapter/tree/main）上下载，下载后存放于 ComfyUI\models\clip_vision 目录下。

第 3 篇

音视频工作流

第 10 章 ComfyUI 的语音类工作流

AI 语音类工作流，作为前沿技术的集大成者，依托先进的语音识别与合成技术，构建了一个全面而强大的语音创作与编辑生态系统。这个系统不仅限于简单的语音转换与识别，而且在文字转语音、数字人口播、语音克隆以及音乐生成等多种工作流上展现出了卓越的能力。

10.1 文字转语音工作流

在 ComfyUI 的文字转语音工作流中，其核心原理精妙地融合了先进的语音合成（Text-To-Speech，TTS）技术，实现了从文本输入到语音输出的无缝转换。这个过程不仅拓宽了内容创作的边界，还极大地提升了用户体验的丰富性和互动性。本节将深入阐述 ChatTTS 与 MSSpeech_TTS 这两项成熟的语音合成技术在 ComfyUI 平台上的具体应用与实现，对于其他技术方案，则仅作简要提及，以保持论述的聚焦与深度。

10.1.1 ChatTTS 文字转语音

ChatTTS 作为一种创新的语音合成解决方案，以其高度定制化的声音模型与流畅的语音输出，在 ComfyUI 中展现出了卓越的性能。该技术能够精准捕捉文本中的情感与语境信息，生成更加自然和贴近人类发音的语音内容，为用户带来沉浸式的听觉体验。

接下来介绍如何在 ComfyUI 中搭建并使用 ChatTTS 文字转语音工作流，同时详细阐述工作流中的关键节点，并提供当 ComfyUI 系统遇到错误时的解决方案。

1. 插件安装与模型下载

在 ComfyUI 控制台区域单击 Manager，选择 Install Custom Nodes，搜索 Comfyui-ChatTTS（项目地址为 https://github.com/shadowcz007/Comfyui-ChatTTS），安装后重启 ComfyUI 即可使用。

使用节点时需要下载模型，具体模型与地址目录如表 10-1 所示。

表 10-1　ChatTTS 模型与模型地址目录

分　类	地 址 目 录	模　型
Chat_tts 模型	ComfyUI/models/chat_tts	在此下载模型 https://huggingface.co/2Noise/ChatTTS
音色 pt 文件	ComfyUI/models/chat_tts_speaker	可在此网站上下载需要的音色文件 https://modelscope.cn/studios/ttwwwaa/ChatTTS_Speaker/summary
openvoice 模型（语音克隆）	ComfyUI/models/open_voice	https://myshell-public-repo-hosting.s3.amazonaws.com/openvoice/checkpoints_v2_0417.zip
whisper 模型（语音识别）	ComfyUI/models/whisper/large-v3	config.json model.bin preprocessor_config.json tokenizer.json vocabulary.json

2. 单人文字转语音使用方法

1）创建工作流节点

- 创建 ChatTTS 节点：在 ComfyUI 界面任意位置右击，在弹出的快捷菜单中依次选择 Add Node | Mixlab | Audio | ChatTTS | ChatTTS。
- 创建音频播放节点：在 ComfyUI 界面任意位置右击，在弹出的快捷菜单中依次选择 Add Node | Mixlab | Audio | Audio Play 命令。

2）输入文字

在 ChatTTS 框内输入需要转语音的文字君不见，黄河之水天上来，奔流到海不复回。君不见，高堂明镜悲白发，朝如青丝暮成雪。

3）生成语音

单击控制台上的 Queue Prompt 按钮生成语音，具体工作流如图 10-1 所示。输出的音频文件保存在 ComfyUI/output 文件夹下。

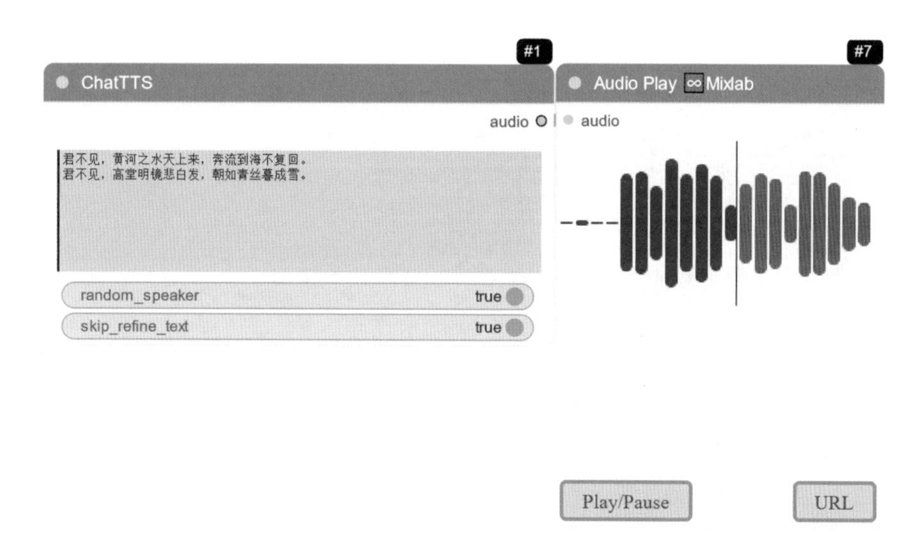

图 10-1　单人文字转语音工作流

3. 多人文字转语音使用方法

1）创建工作流节点

- 创建多人播客节点。在 ComfyUI 界面任意位置右击，在弹出的快捷菜单中依次选择 Add Node | Mixlab | Audio | ChatTTS | Multi Person Podcast。
- 创建音频播放节点。在 ComfyUI 界面任意位置右击，在弹出的快捷菜单中依次选择 Add Node | Mixlab | Audio | Audio Play。

2）输入文字

在 Multi Person Podcast 节点框内输入需要转语音的文字如下：

小王：武汉，这座历史悠久而又充满活力的城市，以其丰富多样的美食文化而闻名遐迩。提到武汉美食，不得不提的就是那令人垂涎欲滴的热干面。

小李：除了热干面，武汉的鸭脖也是一绝。香辣可口的鸭脖，经过精心卤制，肉质鲜嫩多汁，辣中带甜，回味无穷，是许多人逛街小憩时的首选小吃。

小王：当然，武汉的美食远不止于此。还有色香味俱佳的武昌鱼，鱼肉鲜嫩细腻，搭配清蒸或红烧等烹饪方式，都能完美展现出其鲜美之味。

注意： 输入文字的写法为“人物名称 + 冒号 + 需要转语音的文字”。人物名称一致，生成的语音音色也一致。

3）生成语音

单击控制台上的 Queue Prompt 按钮生成语音，具体工作流如图 10-2 所示。输出的音频文件保存在 ComfyUI/output 文件夹下。

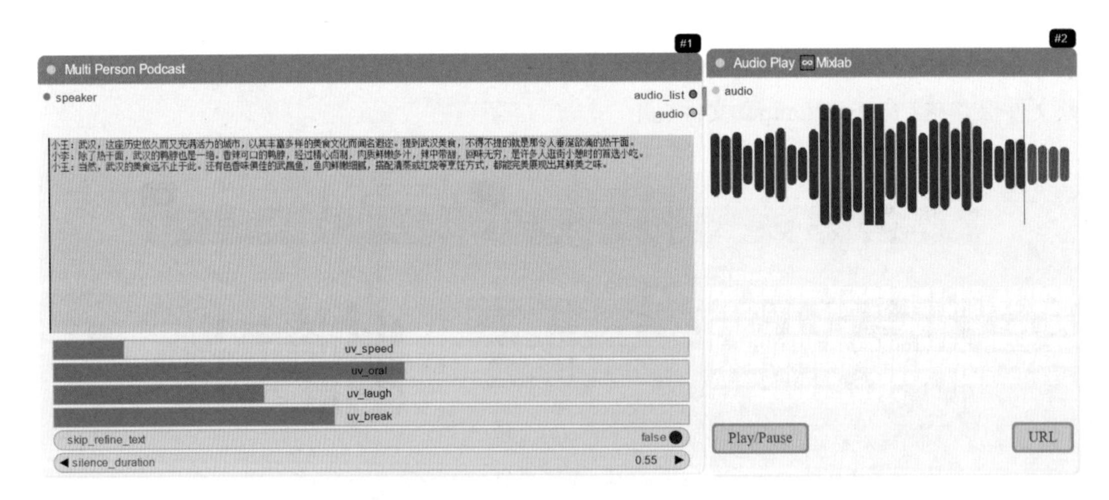

图 10-2　多人文字转语音工作流

4. 重要节点介绍

1）ChatTTS

ChatTTS 可以将输入的文本信息实时转换成高质量的语音输出，其包含两个关键参数，下面具体介绍。

- random_speaker：当将其设置为 true 时，表示允许用户选择随机生成不同的讲话者声音，为语音输出增添多样性和趣味性。
- skip_refine_text：当将其设置为 true 时，系统将跳过对输入文本的进一步精炼处理，直接进行语音合成，适用于对实时性要求极高的场景。

2）Multi Person Podcast

Multi Person Podcast 又称多人播客，其包含 6 个关键参数，下面具体介绍。

- uv_speed：用于精细调整语速，允许用户根据对话情境或角色特点设置合适的语速，增强表达效果。
- uv_oral：用于控制口头语气的表达，包括语调、重音等，使语音输出更加贴近自然对话，提升听众的沉浸感。
- uv_laugh：用于模拟笑声，通过调整参数，可以控制笑声的类型、强度和持续时间，为对话增添轻松愉快的氛围。
- uv_break：控制停顿的语气，包括停顿的长度、位置等，有助于区分句子结构，强调重点信息，使对话更加流畅自然。
- skip_refine_text：当将其设置为 true 时，系统将跳过对输入文本的进一步精炼处理，直接进行语音合成，适用于对实时性要求极高的场景。
- silence_duration：该参数用于设置对话中的沉默持续时间，通过合理的沉默安排，可以引导听众的注意力，增强对话的情感表达和节奏感。

5. 报错解决

在执行该工作流的过程中，可能会遭遇特定的错误情形，针对这些潜在问题，下面例举两种常见的报错案例，并提供相应的解决方案，以确保工作流的顺利执行。

1）报错 1

我们经常遇到如下报错内容：

Error occurred when executing ChatTTS_:

CUDA error: operation not supported

CUDA kernel errors might be asynchronously reported at some other API call, so the stacktrace below might be incorrect.

For debugging consider passing CUDA_LAUNCH_BLOCKING=1.

Compile with `TORCH_USE_CUDA_DSA` to enable device-side assertions.

在遇到上述报错内容时，可以参考下述方案进行解决。

首先，在 ComfyUI 主文件夹下找到 run_nvidia_gpu.bat 文件。随后，右击该文件以记事本方式进行编辑，将其内容改为图 10-3 所示。最后，保存该文件，重启 ComfyUI 并运行工作流，一般不再出现上述报错内容。

2）报错 2

有时候也会遇到如下报错内容：

加载原生节点 Save Audio 或者 Preview Audio 节点报错

此时，可通过选择使用 Comfyui-mixlab-node 插件的 Audio Play 节点进行解决。

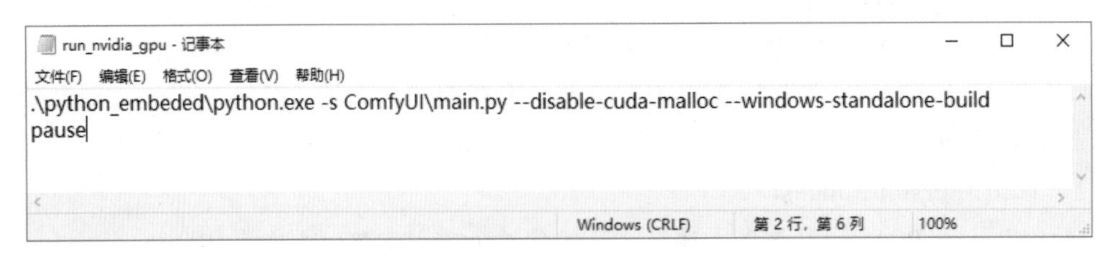

图 10-3　CUDA 错误的报错解决方法

10.1.2　MSSpeech_TTS 文字转语音

MSSpeech_TTS 作为微软提供的成熟 TTS 服务，以其稳定的性能、丰富的语音库和广泛的语言支持，成为 ComfyUI 文字转语音工作流中的另一个重要选择。用户可以根据自身需求，灵活选用不同的语音风格、语速和音调，以满足多样化的应用场景需求。

接下来介绍如何在 ComfyUI 中搭建和使用 MSSpeech_TTS 工作流，并详细阐述工作流中的关键节点。

1. 插件安装与模型下载

在 ComfyUI 控制台区域单击 Manager，选择 Install Custom Nodes，搜索 ComfyUI_MSSpeech_TTS（项目地址为 https://github.com/chflame163/ComfyUI_MSSpeech_TTS），安装后重启 ComfyUI 即可使用。

2. 创建工作流节点

- 创建输入触发器节点：在 ComfyUI 界面任意位置右击，在弹出的快捷菜单中依次选择 Add Node | dzNodes | MSSpeechTTS | Input Trigger。
- 创建 Microsoft 语音 TTS 节点。在 ComfyUI 界面任意位置右击，在弹出的快捷菜单中依次选择 Add Node | dzNodes | MSSpeechTTS | MicrosoftSpeech_TTS。
- 创建播放声音节点。在 ComfyUI 界面任意位置右击，在弹出的快捷菜单中依次选择 Add Node | dzNodes | MSSpeechTTS | Play Sound。

3. 输入文字

在 MicrosoftSpeech_TTS 节点的框内输入嗨，这里是可学 AI。作为要输出的语音。

4. 生成语音

单击控制台上的 Queue Prompt 按钮生成语音，具体工作流如图 10-4 所示。生成的语音文件保存在 ComfyUI/output/audio/ 文件目录下。

5. 重要节点介绍

（1）Play Sound（播放声音）是可触发的声音播放节点，支持 MP3 和 WAV 格式，支持多线程播放。Play Sound 包含 4 个关键参数，下面是对这 4 个关键参数的具体介绍。

- path：声音文件路径。需要将其转换为输入，与 MicrosoftSpeech_TTS 节点相连。
- volume：音量调整范围为 0 ~ 1.0。
- speed：语速调整范围为 0.1 ~ 2.0。
- trigger：触发开关，当其值为 True 时开始播放。也可以将其转换为输入，与 Input Trigger 节点相连。

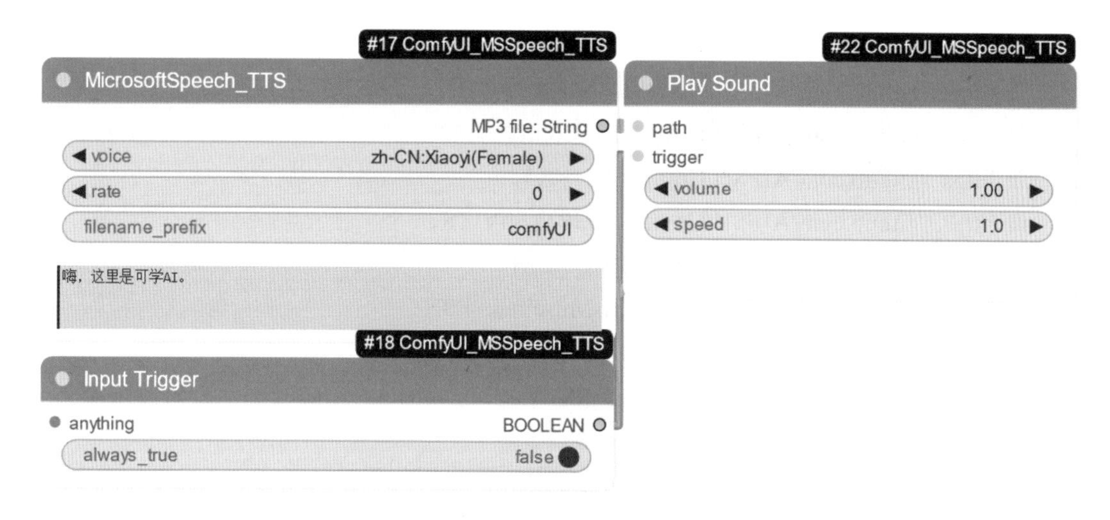

图 10-4 MSSpeech_TTS 文字转语音工作流

（2）Play Sound（loop）即播放声音（循环）是可触发的声音播放节点，支持 MP3 和 WAV 格式，此节点始终占用一个声音播放线程。Play Sound（loop）包含 4 个关键参数，下面是对这 4 个关键参数的具体介绍。

- path：声音文件路径。
- volume：音量调整范围为 0 ~ 1.0。
- loop：当其值为 True 时循环播放，否则播放一次。
- trigger：触发开关，当其值为 True 时开始播放。

（3）Input Trigger（输入触发器）可接入任意类型的数据，当检测到有输入内容（非 None）时输出 True；如果没有接入输入，则一直输出 False。

Input Trigger 的输入端可以为任意类型，包括且不限于 image、latent、model、clip、string、float 和 int 等；Input Trigger 的输出端为 Boolean 值。

Input Trigger 包含一个关键参数 always_true，当此参数打开时，将忽略输入检测，直接输出 True 值。

（4）Microsoftspeech_TTS（Microsoft 语音 TTS）可以将文本内容转为 MP3 格式的语音文件。MicrosoftSpeech_TTS 包含 3 个关键参数，下面是对这 3 个关键参数的具体介绍。

- voice：语音种类。
- rate：语音速度。默认是 0，调整范围从 -200 ~ 200。数字越大，速度就越快。

- filename_prefix：文件名前缀。

MicrosoftSpeech_TTS 的输出端为 MP3 file String，是字符串类型，其内容是语音文件地址。

除了上面提及的插件外，还存在着众多其他高质量的文本转语音插件，限于篇幅，此处不再逐一深入介绍。为了方便读者选择，笔者整理出了这些插件的访问地址，详情请参考以下链接。

- https://github.com/smthemex/ComfyUI_Llama3_8B；
- https://github.com/smthemex/ComfyUI_ParlerTTS；
- https://github.com/AIFSH/ComfyUI-MARS5-TTS；
- https://github.com/AIFSH/CosyVoice-ComfyUI；
- https://github.com/AIFSH/ComfyUI-UVR5；
- https://github.com/AIFSH/ComfyUI-GPT_SoVITS；
- https://github.com/AIFSH/ComfyUI-IP_LAP；
- https://github.com/AIFSH/ComfyUI-MuseTalk_FSH；
- https://github.com/AIFSH/ComfyUI-WhisperX；
- https://github.com/AIFSH/ComfyUI-RVC；
- https://github.com/AIFSH/ComfyUI-XTTS；
- https://github.com/AIFSH/ComfyUI-Hallo；
- https://github.com/AIFSH/ComfyUI-EdgeTTS。

10.2 数字人口播工作流

数字人口播技术已广泛渗透至直播带货、在线教育、企业宣传等多个行业领域。在 AI 语音处理的工作流中，该技术常涉及将特定的人物图像与一段音频信息融合，以生成逼真的数字人口播视频。此外，更高级的应用还包括基于给定的人物图像、音频素材及参考视频，动态生成包含特定动作变化的数字人口播视频，实现更丰富的视觉与听觉交互体验。数字人口播技术多种多样，应用到 ComfyUI 中的插件也较为丰富，主要包括 V-Express、EchoMimic、AniPortrait 及 MuseTalk 等。

10.2.1　腾讯公司开源的 V-Express 工作流

V-Express 是由腾讯公司开源的一个创新项目，它能够使用人像照片生成视频。这一技术通过一系列渐进式丢弃的操作来平衡不同控制信号，使得音频等较弱的信号得以有效利用，实现对姿态、输入图像和音频的综合控制。

接下来介绍如何在 ComfyUI 中搭建并使用 V-Express 工作流，同时详细阐述工作流中的关键节点以及需要注意的事项。

1. 插件安装与模型下载

在 ComfyUI 控制台区域单击 Manager，选择 Install Custom Nodes，搜索 ComfyUI_V-Express（项目地址为 https://github.com/tiankuan93/ComfyUI-V-Express），安装后重启 ComfyUI 即可使用。

使用节点时，需要下载一些适配的模型，具体的模型及其地址目录如表 10-2 所示。

表 10-2　V-Express 模型与模型地址目录

分　类	地 址 目 录	模　型
v-express 模型	ComfyUI/custom_nodes/ComfyUI-V-Express/model_ckpts/v-express	audio_projection.bin denoising_unet.bin motion_module.bin reference_net.bin v_kps_guider.bin
buffalo_l 模型	ComfyUI/custom_nodes/ComfyUI-V-Express/model_ckpts/insightface/models/buffalo_l	1k3d68.onnx 2d106det.onnx det_10g.onnx genderage.onnx w600k_r50.onnx
sd-vae-ft-mse 模型	ComfyUI/custom_nodes/ComfyUI-V-Express/model_ckpts/sd-vae-ft-mse	config.json diffusion_pytorch_model.bin
stable-diffusion-v1-5 模型	ComfyUI/custom_nodes/ComfyUI-V-Express/model_ckpts/stable-diffusion-v1-5/unet	config.json
wav2vec2-base-960h 模型	ComfyUI/custom_nodes/ComfyUI-V-Express/model_ckpts/wav2vec2-base-960h	config.json feature_extractor_config.json preprocessor_config.json pytorch_model.bin special_tokens_map.json tokenizer_config.json vocab.json

2. 创建工作流节点

安装完插件并下载好模型之后，需要创建工作流节点，下面对需要创建的节点进行介绍。

- 创建设置 V-Express 模型路径节点：在 ComfyUI 界面任意位置右击，在弹出的快捷菜单中依次选择 Add Node | V-Express | Set V-Express Model Path。
- 创建加载音频路径节点：在 ComfyUI 界面任意位置右击，在弹出的快捷菜单中依次选择 Add Node | V-Express | Load Audio Path。
- 创建加载参考图像路径节点：在 ComfyUI 界面任意位置右击，在弹出的快捷菜单中依次选择 Add Node | V-Express | Load Reference Image Path。
- 创建加载 V-Express 节点：在 ComfyUI 界面任意位置右击，在弹出的快捷菜单中依次选择 Add Node | V-Express | V-Express Loader。
- 创建从视频加载 V-Kps 路径节点：在 ComfyUI 界面任意位置右击，在弹出的快捷菜单中依次选择 Add Node | V-Express | load V-Kps Path From Video。

- ❑ 创建设置图像大小节点：在 ComfyUI 界面任意位置右击，在弹出的快捷菜单中依次选择 Add Node | V-Express | Set Image Size。
- ❑ 创建 V-Express 采样器节点：在 ComfyUI 界面任意位置右击，在弹出的快捷菜单中依次选择 Add Node | V-Express | V-Express Sampler。
- ❑ 创建预览输出视频节点：在 ComfyUI 界面任意位置右击，在弹出的快捷菜单中依次选择 Add Node | V-Express | Preview Output Video。

3. 生成视频

单击控制台上的 Queue Prompt 按钮生成视频，具体工作流如图 10-5 所示。

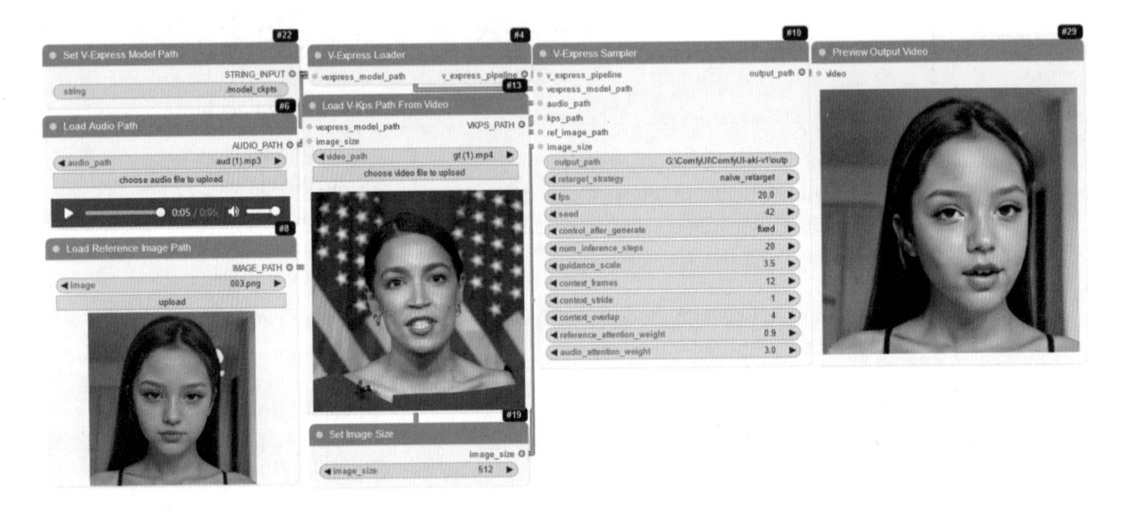

图 10-5　V-Express 工作流

4. 重要节点介绍

V-Express Sampler（V-Express 采样器）节点的输入端与输出端包括 V-express_pipeline、Vexpress_model_path、Audio_path、Kps_path、Ref_image_path、Image_size 和 Output_path，下面将逐一进行介绍。

- ❑ v-express_pipeline：输入 V-Express 模型，与 V-Express Loader 节点相连。
- ❑ vexpress_model_path：输入 V-Express 模型文件的路径，与 Set V-Express Model Path 节点相连。
- ❑ audio_path：输入音频文件的路径，该音频文件将作为生成视频的背景声音或参考声音，与 Load Audio Path 节点相连。
- ❑ kps_path：输入参考视频，用于指导面部表情或动作的生成，与 load V-Kps Path From Video 节点相连。
- ❑ ref_image_path：输入参考图像的路径，这张图像通常包含目标人物的表情或面部特征，用于生成视频时作为参考，与 Load Reference Image Path 节点相连。
- ❑ image_size：输入指定生成图像的尺寸大小，最低建议设置为 512×512 像素。如果用户的计算机显存有限，建议保持这个尺寸或适当调整以避免内存不足的问题。

- output_path：输出视频，与 Preview Output Video 节点相连。

V-Express Sampler 包含 9 个关键参数，下面逐一进行介绍。

- output_path：指定输出文件的路径，即生成的视频将保存到这个位置。例如，可以设置为 G:\ComfyUI\output\001.mp4。
- retarget_strategy：重新定位战略，决定如何结合参考图像和参考视频来生成目标视频。其包括 4 种模式：fix_face（固定面部）、no_retarget（不进行重新定位）、offset_retarget（偏移重新定位）和 native_retarget（原生重新定位）。如果参考图像和参考视频都为同一人，则使用 no_retarget；如果没有提供参考视频，则使用 fix_face；如果参考图像和参考视频不是同一人，则使用 offset_retarget 或者 native_retarget。相比之下，native_retarget 合成的面部动作更接近参考视频动作。注意，参考视频与参考音频应是一致的。
- fps：输出视频的帧率，最低设置为 20 帧。
- seed：随机数种子，用于确保结果的可重复性。
- controlnet_after_generate：生成后的控制，即是否允许对结果进行进一步的调整或控制，包括固定、增加、减少以及随机 4 种。
- num_inference_steps：推理步骤的数量，影响生成过程的复杂度和输出质量。
- guidance_scale：指导尺度，用于调整生成过程中参考数据的权重或影响力。
- context_frames、Context_stride、Context_overlap：这些参数与视频帧的上下文信息相关，用于控制参考视频帧的选取和处理方式。
- reference_attention_weight、Audio_attention_weight：分别指定参考图像和音频在生成过程中的注意力权重，影响它们对最终生成结果的影响程度。数值越大，视频人物的动作变化越明显，不同数值对比效果可在官方网站（网址为 https://tenvence.github.io/p/v-express/）上查看。

5. 注意事项

在使用 ComfyUI 进行视频处理时，应遵循以下文件管理与配置规范，以确保流程顺利执行。

1）文件放置与命名规范

- 输入的视频、图像及语音文件应统一放置于 ComfyUI/custom_nodes/input 目录下。
- 输入视频文件的命名应避免使用中文字符，以确保系统能够正确生成和处理辅助文件（如 xxx_pts.kp 文件）。这是因为某些处理步骤可能无法正确解析包含中文字符的文件名。
- 例如，一个有效的视频文件路径应为 ComfyUI/custom_nodes/input/xxx.mp4，其中，xxx 为不含中文的文件名。

2）输出路径配置

- 在 V-Express Sampler 节点的配置中，output_path 参数应明确指向输出视频文件的期望保存位置。
- 输出路径应同样遵循上述文件夹结构，并位于 ComfyUI/custom_nodes/output 目录下。

例如，若要生成的视频文件名为 001.mp4，则应在 V-Express Sampler 节点的 output_path 中设置为 G:\ComfyUI\output\001.mp4。确保此路径正确无误，否则可能会导致视频文件无法正确生成或保存。

10.2.2　蚂蚁集团开源的 EchoMimic 工作流

EchoMimic 是由蚂蚁集团支付宝技术部开源的一个音频驱动的数字人项目，专注于通过音频输入生成逼真的人像动画。它能够通过单独的音频文件和一张静态面部标志点的图像生成数字人像视频，也可以结合音频和选定的面部标志点来生成更丰富的动画效果。EchoMimic 在生成逼真和动态的人像方面取得了显著进展，相比传统方法，它能够更好地平衡音频驱动的稳定性和面部关键点驱动的自然性。下面介绍 EchoMimic 的功能及其特点。

- 音频到动画的转换：接收语音输入，并将其转换为与语音内容相匹配的口型、表情和头部动作，生成逼真的数字人动画。
- 同步与一致性：确保生成的动画与语音输入在时间上高度同步，口型与发音精确匹配，提高用户体验的自然度和流畅度。
- 个性化定制：支持用户上传自定义的面部图像和音频文件，生成具有个性化特征的数字人动画，以满足不同场景和需求。

接下来介绍如何在 ComfyUI 中构建并使用 ComfyUI_EchoMimic 工作流，并详细阐述工作流中的关键节点。

1. 插件安装与模型下载

用户在使用 EchoMimic 时需要安装插件，可以在 ComfyUI 控制台区域单击 Manager，选择 Install Custom Nodes，搜索 ComfyUI_EchoMimic（项目地址为 https://github.com/smthemex/ComfyUI_EchoMimic），安装后重启 ComfyUI 即可使用。

安装完插件后，需要下载适配的模型，具体模型与地址目录如表 10-3 所示。

表 10-3　EchoMimic 模型及其地址目录

分　类	地 址 目 录	模　型
unet 模型	ComfyUI/models/echo_mimic/unet	diffusion_pytorch_model.bin config.json
audio_processor 模型	ComfyUI/models/echo_mimic/audio_processor	whisper_tiny.pt
echo_mimic 模型	ComfyUI/models/echo_mimic	denoising_unet.pth face_locator.pth motion_module.pth reference_unet.pth
vae 模型	ComfyUI/models/vae/stabilityai/sd-vae-ft-mse	config.json diffusion_pytorch_model.bin

2. 创建工作流节点

在安装完插件并下载完模型之后，需要创建工作流节点，下面对需要创建的节点进行逐一介绍。

- 创建加载图片节点：在 ComfyUI 界面任意位置右击，在弹出的快捷菜单中依次选择 Add Node | loaders | Load Image。
- 创建加载音频（补丁）节点：在 ComfyUI 界面任意位置右击，在弹出的快捷菜单中依次选择 Add Node | Video Helper Suite | audio | Load Audio（Patch）。
- 创建 Echo 加载模型节点：在 ComfyUI 界面任意位置右击，在弹出的快捷菜单中依次选择 Add Node | EchoMimic | Echo_Load Model。
- 创建 Echo 采样器节点：在 ComfyUI 界面任意位置右击，在弹出的快捷菜单中依次选择 Add Node | EchoMimic | Echo_Sampler。
- 创建合并为视频节点：在 ComfyUI 界面任意位置右击，在弹出的快捷菜单中依次选择 Add Node | Video Helper Suite | Video Combine。

3. 生成视频

单击控制台上的 Queue Prompt 按钮生成数字人口播视频，具体工作流如图 10-6 所示。

图 10-6 EchoMimic 工作流

4. 重要节点介绍

Echo_Sampler（Echo 采样器）节点集成了图像处理、音频处理以及视频帧生成的能力。通过接收图像和音频的输入，可以生成高度定制化的输出，包括处理后的图像、音频以及具有特定帧率的视频帧序列。下面依次介绍该节点的输入端和输出端。

- image：接收单张或多张图像作为输入，这些图像可以是静态的，也可以是视频中的某一帧。
- audio：接收音频文件作为输入，以增强视频内容的整体效果。

- ❑ pipe：与 Echo_Load Model 节点相连，用于加载 EchoMimic 模型。
- ❑ face_detector：与 Echo_Load Model 节点相连，用于输出检测到的人脸位置、大小等信息。
- ❑ visualizer：与 Echo_Load Model 节点相连，用于接收数据并生成可视化图像，这些图像可以作为输入，以生成具有视觉效果的输出。
- ❑ image：输出处理后的图像。
- ❑ audio：输出处理后的音频。
- ❑ frame_rate：输出具有指定帧率的视频帧序列，其中，帧率由 fps 参数控制。

Echo_Sampler 节点包含多个关键参数，依次介绍这些关键参数。

- ❑ seeds：随机数种子，用于控制采样过程中的随机性，确保结果的可重复性。
- ❑ cfg：配置参数。
- ❑ steps：迭代步数，用于控制采样次数。
- ❑ fps：帧率，指定输出视频或帧序列的每秒帧数。
- ❑ sample_rate：音频采样率，指定音频处理或输出时的采样频率。
- ❑ facemask_ratio：面部遮罩比例，用于控制面部处理（如遮罩、模糊等）的程度。
- ❑ facecrop_ratio：面部图像裁剪比例，指定从检测到的人脸图像中裁剪出多少区域用于后续处理。
- ❑ context_frames：上下文帧数，在视频处理中，指定考虑前后多少帧的上下文信息来生成当前帧。
- ❑ context_overlap：上下文重叠度，指定在处理视频帧时，相邻帧之间重叠的程度。
- ❑ length、width、height：分别指定输出视频的长度、宽度和高度。
- ❑ save_video：当设置为 true 时，表示将输出保存为视频文件。

10.2.3　其他数字人口播工作流

在数字人口播技术的广阔领域中，存在诸多创新应用，如 AniPortrait 与 MuseTalk 等，它们在特定场景下展现出了卓越的性能与潜力。限于篇幅，本节仅对上述技术进行简要介绍，不深入展开，以保持论述的精炼与严谨性。

1. 腾讯公司的 AniPortrait

AniPortrait（项目地址为 https://github.com/chaojie/ComfyUI-AniPortrait?tab=readme-ov-file）是一款由腾讯游戏智迹团队开发的创新技术，它能够通过音频和参考肖像生成高质量的肖像动画，通俗地讲就是根据给出的照片生成人物说话的视频。下面介绍 AniPortrait 的具体功能。

- ❑ 音频驱动的动画合成。AniPortrait 能够根据输入的音频内容（如说话、唱歌等）生成与之同步的逼真人脸动画。AniPortrait 通过先进的音频处理技术，从音频中提取关键信息，如语音节奏、音调等，并转化为动画中的面部表情和嘴唇动作。
- ❑ 面部再现功能。AniPortrait 能够精准捕捉参考视频或图像中的人物表情变化，并将其迁移到新的肖像上，实现面部再现。AniPortrait 使得生成的动画在表情上更加生动、自然，非常适合虚拟主持人、数字人物等应用场景。

- 高质量动画生成。利用深度学习技术和先进的图像处理算法，AniPortrait 能够生成具有高质量细节的动态视频。动画中的面部特征、皮肤质感以及光影效果都处理得十分细腻，提升了整体的视觉效果。
- 灵活性和可控性。用户可以根据需要调整模型和权重配置，实现个性化的动画效果。AniPortrait 支持多种语言和面部重绘、头部姿势控制等功能，进一步增强了技术的灵活性和可控性。

此外，也可在 Hugging Face（网址为 https://huggingface.co/spaces/ZJYang/AniPortrait_official）上在线使用 AniPortrait，使用效果如图 10-7 所示。

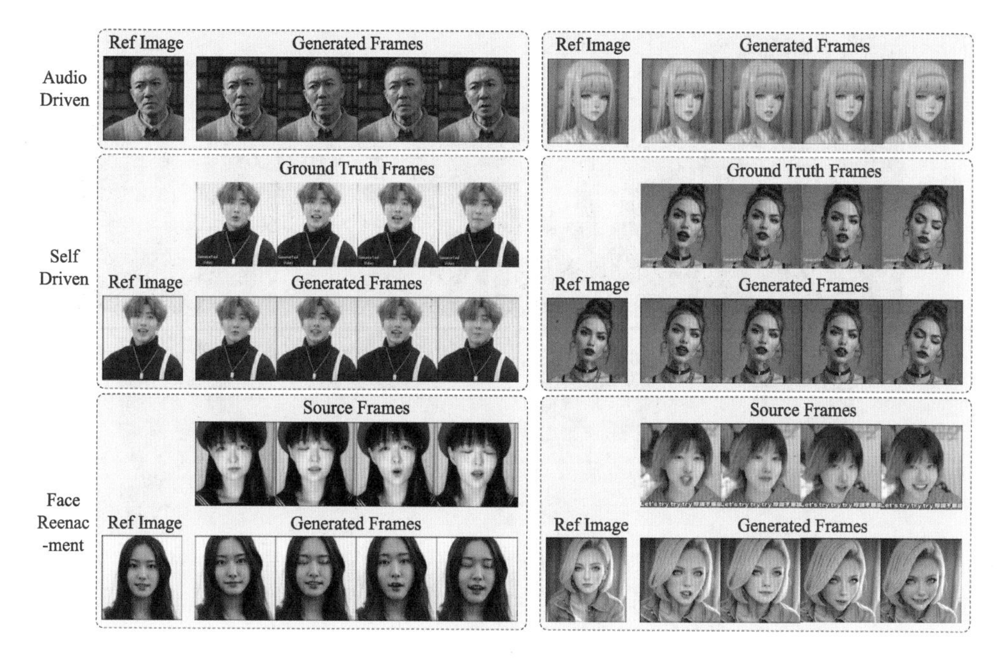

图 10-7　AniPortrait 官方效果展示

2. 腾讯公司的 MuseTalk

MuseTalk（项目地址为 https://github.com/ainewsto/ComfyUI-MuseTalk）是由腾讯团队开发的一款实时高质量音频驱动的口型同步模型，它能够将输入的音频信号与数字人物的面部图像进行高度同步，使得数字人物的唇形与音频内容完美匹配。下面介绍 MuseTalk 的具体功能。

- 实时音频驱动。MuseTalk 能够根据输入的音频实时调整数字人物的面部图像，确保唇形与音频内容的高度同步。
- 高质量同步效果。MuseTalk 模型采用了先进的算法和技术，实现了高质量的唇形同步效果，使得观众能够看到数字人物口型与声音完美匹配的效果。
- 多语言支持。MuseTalk 支持中文、英文、日文等多种语言的音频输入，满足了不同用户的需求。

- 高性能表现。在高性能的 NVIDIA 显卡上，MuseTalk 能够实现超过每秒 30 帧的实时推理速度，保证用户体验的流畅。
- 灵活的参数调整。可以通过调整面部区域的中心点等参数进一步优化生成效果，以满足不同的应用场景和需求。

可在 Hugging Face（网址为 https://huggingface.co/spaces/TMElyralab/MuseTalk）上在线使用 MuseTalk，使用效果如图 10-8 所示。

图 10-8　MuseTalk 官方效果展示

10.3 语音克隆工作流

在追求高效与便捷的时代背景下，无论是工作、学习还是日常生活，语音克隆（Voice Cloning）技术正逐渐成为一项引人注目的创新应用。特别是在需要个性化语音素材的场合，如模拟演讲、在线教育、角色配音等，传统方法往往耗时长且成本高昂。在 ComfyUI 中也集成了多种语音克隆插件，如 ChatTTS、FishSpeech 等，为用户带来了前所未有的便捷体验，下面对这些插件进行介绍。

10.3.1 使用 ChatTTS 实现语音克隆

除了 10.1.1 节中介绍的文字转语音功能之外，ChatTTS 还集成了先进的语音克隆技术，为用户提供了更为丰富和个性化的语音合成体验。由于 10.1.1 节已详细介绍了 ChatTTS 插件的安装及相关模型的下载，本节我们将介绍如何在 ComfyUI 中构建和使用 ChatTTS 语音克隆工作流，并详细阐述工作流中的关键节点。

1. 创建工作流节点

ChatTTS 语音克隆工作流包含 Load And Combined Audio、Open Voice Clone 和 Audio Play 节点，下面对这些节点逐一介绍。

- 创建加载和组合音频节点：在 ComfyUI 界面任意位置右击，在弹出的快捷菜单中依次选择 Add Node | Mixlab | Audio | Load And Combined Audio。
- 创建打开语音克隆节点：在 ComfyUI 界面任意位置右击，在弹出的快捷菜单中依次选择 Add Node | Mixlab | Audio | ChatTTS | Open Voice Clone。
- 创建音频播放节点：在 ComfyUI 界面任意位置右击，在弹出的快捷菜单中依次选择 Add Node | Mixlab | Audio | Audio Play。

2. 上传音频

创建完 ChatTTS 语音克隆工作流之后，需要在与 Open Voice Clone 节点的 Reference_audio 输入端相连的 Load And Combined Audio 节点中上传一段具有特殊音色的音频；在与 Open Voice Clone 节点的 Source_audio 输入端相连的 Load And Combined Audio 节点中上传一段源音频。

3. 生成语音

上传完音频之后，单击控制台上的 Queue Prompt 按钮即可生成语音，具体工作流如图 10-9 所示。

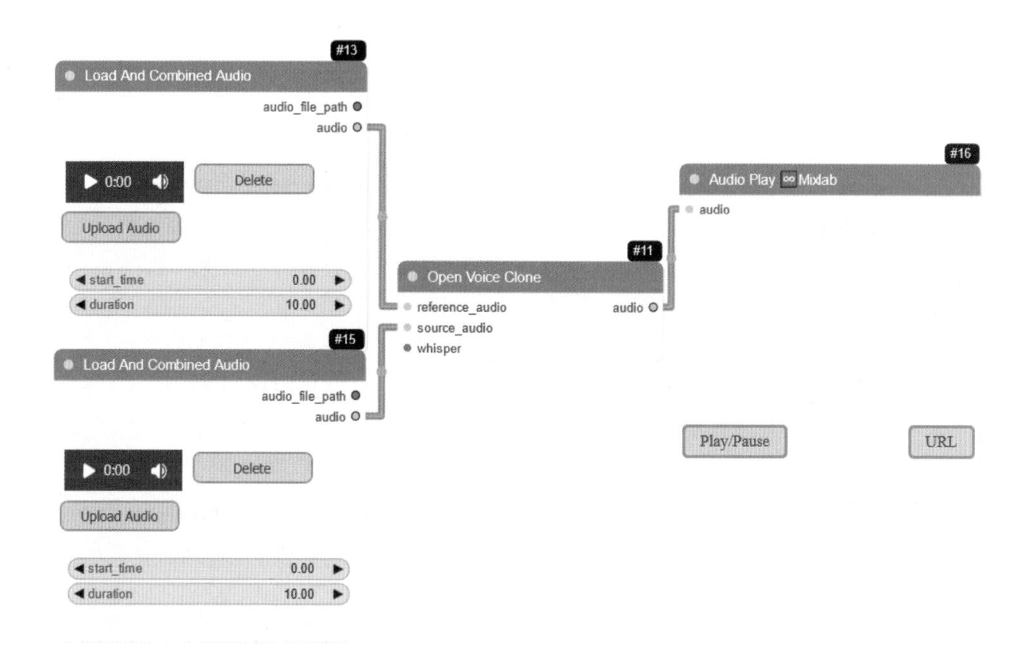

图 10-9 ChatTTS 语音克隆工作流

4. 重要节点介绍

（1）Load And Combined Audio（加载和组合音频）节点可以从指定路径加载音频文件，并根据用户设定的开始时间和持续时间来裁剪或提取音频片段。

Load And Combined Audio 节点的输出端包含 Audio_file_path 和 Audio，下面对这两个输出端进行介绍。

- audio_file_path：原始音频文件的路径。
- audio：经过裁剪或提取后的音频数据，可直接用于后续处理或播放。

Load And Combined Audio 节点包含两个关键参数，下面对这两个关键参数进行介绍。

- start_time：指定音频文件开始处理的时间点（如 0 秒表示从头开始）。
- duration：指定要处理的音频片段的持续时间（如 5 秒表示从 start_time 开始提取 5 秒的音频）。

（2）Open Voice Clone（打开语音克隆）节点利用语音克隆技术，通过参考音频（通常包含目标说话人的声音特征）和源音频（需要被转换为目标说话人风格的文本对应的音频）来生成一段新的音频，该音频在内容上是源音频，但在音色上则模仿了参考音频中的说话的人。

Open Voice Clone 节点的输入端为 reference_audio、Source_audio 和 whisper，下面逐一进行介绍。

- reference_audio：输入参考音频，包含目标音色特征的音频文件。
- source_audio：输入源音频，需要被克隆音色或风格的原始音频文件。
- whisper（可选）：输入 whisper 模型，用于自动语音识别。
- open Voice Clone 节点的输出端为 audio，其经过语音克隆处理后生成新的音频，内容来源于源音频，但音色模仿了参考音频中的说话的人。

10.3.2 使用 ComfyUI-fish-speech 实现语音克隆

ComfyUI-fish-speech（项目地址为 https://github.com/AnyaCoder/ComfyUI-fish-speech）是基于 Fish Speech 进行改装的 ComfyUI 版本，可以在 ComfyUI 平台上加入 Fish Speech 节点，与其他 AI 技术结合，形成一个完整的工作流。接下来介绍如何在 ComfyUI 中构建和使用 ComfyUI-fish-speech 工作流，并详细阐述工作流中的关键节点及需要注意的事项。

1. 安装插件

- 访问 GitHub 上的 ComfyUI-fish-speech 项目页面，下载项目文件并将其拖曳覆盖原来的 ComfyUI 文件夹即可。
- 下载项目文件并覆盖原文件之后，在 ComfyUI 的 python_embeded 文件夹的地址栏中输入 \python_embeded\python.exe -m pip install -r requirements.txt --no-warn-script-location 代码。通过这行代码可以在 ComfyUI 的环境中安装 Fish Speech 运行所需要的环境。
- ComfyUI-fish-speech 所有模型都储存在 checkpoints 文件夹中，将 Fish Speech 原项目的 Checkpoints 模型放在 ComfyUI\models\fish_speech\checkpoints 目录下，然后

替换掉原文件即可。

2. 创建节点工作流

在创建工作流之前需要明白 Fish Speech 模型运行的大致流程，以下是对该流程的详细介绍。

（1）给定一段 1~10 秒的语音，将它用 VQGAN 进行编码。

（2）将编码后的语义 token 和对应的文本输入语言模型作为例子。

（3）给定一段新文本，让模型生成对应的语义 token。

（4）将生成的语义 token 输入 VQGAN 解码，生成对应的语音。

在了解了相关流程后，在 ComfyUI 上进行工作流的创建，以下是对这些节点的详细介绍。

- 创建 AudioLoader 节点，该节点用于上传参考音频。
- 创建 LoadVQGAN 节点，该节点用于音频的编码和解码。
- 创建 LoadLLAMA 节点，该节点引用 LLAMA 模型，并对模型个别参数进行设置。
- 创建 Audio To Prompot 节点，该节点输入端与 AudioLoader、LoadVQGAN 节点相连。
- 创建 Prompt2Semantic 节点，该节点的输入端与 LoadLLAMA 节点的 llama、decode_func 输出端以及 Audio To Prompot 节点的 prompt_tokens 输出端相连。
- 创建 Semantic2Audio 节点，该节点的输入端与 LoadVQGAN 节点和 Prompt2Semantic 节点的 codes 输出端相连。
- 创建 PreviewAudio 节点，该节点的输入端与 Semantic2Audio 节点的 generated_audio 输出端相连。

3. 语音合成

在创建完成工作流并上传语音之后，即可单击控制台上的 Queue Prompt 按钮生成语音，具体工作流如图 10-10 所示。

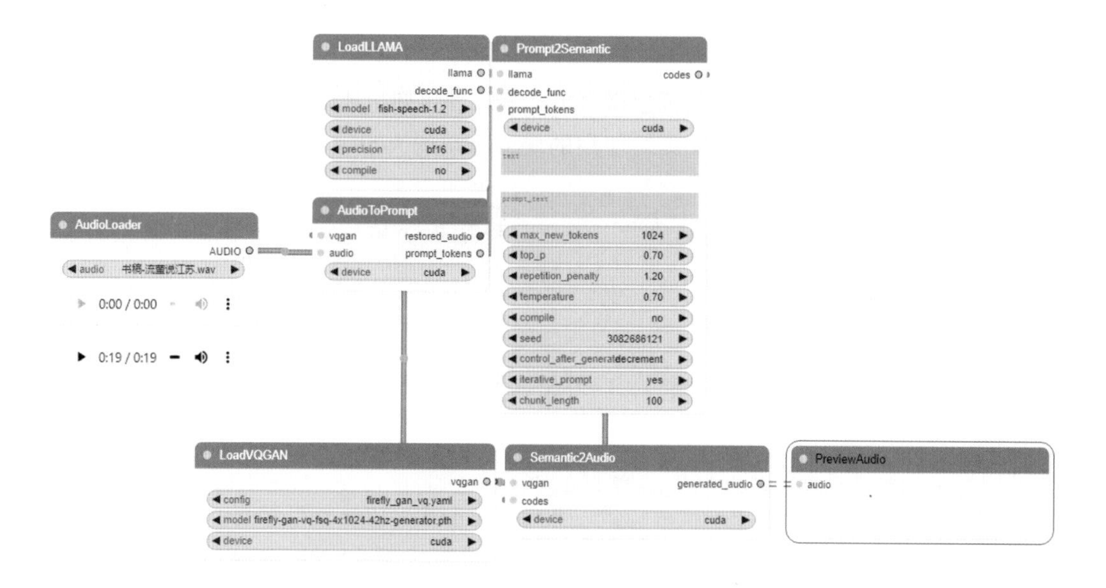

图 10-10　Fish Speech 语音克隆工作流

4. 重要节点介绍

（1）Prompt2Semantic（提示词到语义）节点的输入端与输出端的端口包含 llama、decode_func、prompt_tokens 和 codes，下面逐一进行介绍。

- llama：llama 模型端口，llama 模型是一个大型的预测训练语言模型，其与 LoadLLAMA 节点相连，一个大型的预训练语言模型。
- decode_func：解码函数端口，负责将模型生成的内部表示转换为可理解的输出格式（如文本、音频代码等）。
- prompt_tokens：用户输入的文本提示被分解为的令牌（tokens）。这些令牌是模型处理的基本单位。
- codes：经过处理后的文本提示被转换成特定格式的代码或指令，这些代码或指令将用于指导语音生成过程或其他形式的输出。

Prompt2Semantic 节点包含多个关键参数，下面对这些关键参数逐一进行介绍。

- device：指定用于计算和生成输出的设备（如 CPU、GPU）。
- text：经过预处理或调整后的文本输入。
- prompt_text：用户输入的原始文本提示。
- max_new_tokens：生成过程中允许的最大新令牌数量，用于控制输出内容的长度。
- top_p：用于控制生成内容多样性的参数。它基于概率分布选择最可能的令牌，较高的值会增加生成的多样性和随机性。
- repetition_penalty：用于防止模型输出重复内容。
- temperature：控制音频情感波动性的参数，数值范围为 0 ~ 1，较低的值使生成效果更加稳定，而较高的值则增加了生成效果的多样性和随机性。
- compile：将参数和设置编译或整合成最终的生成指令。
- seed：随机数生成器的种子，用于确保可重复的结果。
- control_after_generate：控制是否允许对生成结果进行进一步的调整，包括固定、增加、减少以及随机 4 种。
- iterative_prompt：是否允许通过迭代方式修改和重新生成提示，以优化最终输出。
- chunk_length：处理输入文本时使用的块或分块的大小，有助于处理长文本或优化内存。

（2）Semantic2Audio（语义到语音）节点会根据 Prompt2Semantic 节点中调整的参数进行语音合成。

5. 注意事项

在使用 ComfyUI 进行声音合成时，应遵循以下文件管理与配置规范，以确保流程顺利执行。

1）文件放置与命名规范

- 输入的视频、图像及语音文件应统一放置于 ComfyUI/input 目录下。
- 输入视频文件的命名应避免使用中文字符，以确保系统能够正确生成和处理辅助文件（如 xxx_.WAV 文件）。这是因为在运行工作流时，某些处理无法正确解析包含中文字符的文件名。

2）输出路径

- 合成出来的语音会被保存在 ComfyUI/output 目录下，也可以在 ComfyUI 页面上直接下载。

10.4 音乐生成工作流

在数字化生活日益丰富的今天，音乐创作与欣赏已不再是专业音乐人的专属领域。无论是庆祝升学的喜悦，还是筹备婚礼的浪漫氛围，音乐总能以其独特的魅力为这些重要时刻增添无限光彩。然而，对于非专业人士而言，创作符合特定场合需求的音乐往往既耗时又费力，ComfyUI 中有许多生成音乐的插件，如 Stable Audio Open 和 sound-lab 等，可以满足用户的需求。

10.4.1 使用 Stable Audio Open 生成音乐

Stable Audio Open 是 Stability AI 开发的一款前沿生成式 AI 模型，于 2024 年 6 月 6 日正式开源，它基于超过 48 万个商业许可音频数据进行训练，能根据文本描述生成包括钢琴、鼓点在内的多样音效，并且支持个性化数据微调，确保生成音效既丰富又合法，无商业化后法律方面的后顾之忧。接下来介绍如何在 ComfyUI 中构建和使用 Stable Audio Open 工作流，并详细阐述工作流中的关键节点。

1. 插件安装与模型下载

在 ComfyUI 控制台区域单击 Manager，选择 Install Custom Nodes，搜索 ComfyUI-StableAudioSampler（项目地址为 https://github.com/lks-ai/ComfyUI-StableAudioSampler），安装后重启 ComfyUI 即可使用。

ComfyUI-StableAudioSampler 插件安装完成后，需要下载对应的模型，在 Hugging Face（网址为 https://huggingface.co/stabilityai/stable-audio-open-1.0）上将 model.safetensors 和 model_config.json 模型下载到 ComfyUI/models/audio_checkpoints 目录下。

2. 创建工作流节点

安装完 ComfyUI-StableAudioSampler 插件并下载相应模型后，需要创建 Stable Audio Open 工作流节点，接下来详细介绍这些节点。

- 创建加载稳定音频模型节点：在 ComfyUI 界面任意位置右击，在弹出的快捷菜单中依次选择 Add Node | audio | loaders | Load Stable Audio Model。
- 创建稳定的音频预处理节点：在 ComfyUI 界面任意位置右击，在弹出的快捷菜单中依次选择 Add Node | audio | conditioning | Stable Audio Pre-Conditioning。
- 创建稳定的音频提示词节点：在 ComfyUI 界面任意位置右击，在弹出的快捷菜单中依次选择 Add Node | audio | conditioning | Stable Audio Prompt。

- ❑ 创建稳定音频采样器节点：在 ComfyUI 界面任意位置右击，在弹出的快捷菜单中依次选择 Add Node | audio | sampler | Stable Audio Sampler。
- ❑ 创建保存音频节点：在 ComfyUI 界面任意位置右击，在弹出的快捷菜单中依次选择 Add Node | audio | SaveAudio。

3．输入提示词

工作流创建完成之后，在与 Stable Audio Sampler 节点的 Positive 端口相连的 Stable Audio Prompt 框内输入 Create ethereal space travel music that floats in the universe, making the body light, agile, 作为正向提示词；在 Stable Audio Prompt 框内输入 Create 作为反向提示词。其他参数设置参考图 10-11。

4．生成音乐

输入提示词之后，单击控制台上的 Queue Prompt 按钮即可生成语音，具体工作流如图 10-11 所示。

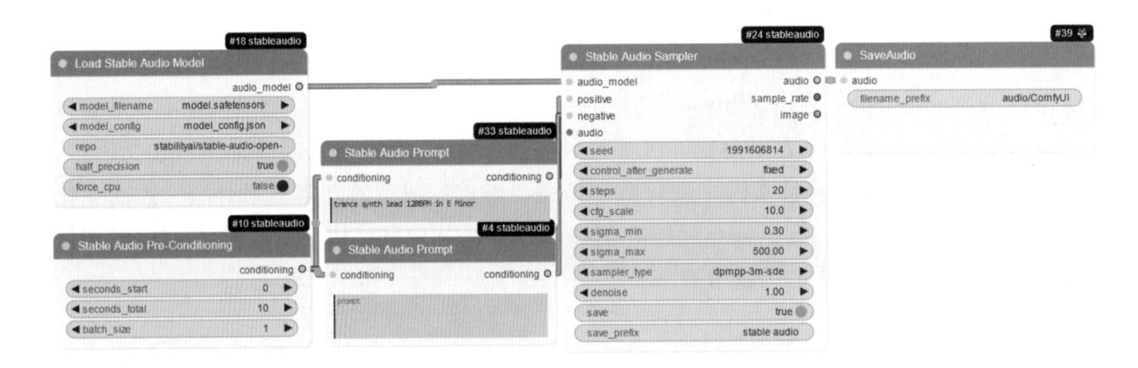

图 10-11　使用 Stable Audio Open 生成音乐工作流

5．重要节点介绍

Stable Audio Sampler（稳定音频采样器）节点的输入端包含 audio_model、positive、negative 和 audio，下面逐一进行介绍。

- ❑ audio_model：输入接收一个已加载的音频模型并与 Load Stable Audio Model 节点相连。此连接使得采样器能够利用模型的能力来生成音频。
- ❑ positive：输入正面提示词（Prompts），用于指导采样器生成特定风格、情感或内容的音频。这些提示词鼓励模型向用户期望的方向生成音频。
- ❑ negative：输入负面提示词，用于排除用户不希望出现在生成音频中的特定元素或特征。
- ❑ audio（可选）：除了文本提示外，此输入允许用户提供一个现有的音频文件作为参考或起始点，以进一步引导生成过程。

Stable Audio Sampler 节点的输出端包含 audio、sample_rate 和 image，下面逐一进行介绍。

- ❑ audio：生成的音频文件，包含根据输入提示词和参数设置生成的音频内容。

- sample_rate：音频的采样率，表示每秒采样的样本数，是音频质量的一个重要指标。
- image：输出采样器的频谱图图像。

Stable Audio Sampler 节点包含多个关键参数，下面逐一进行介绍。

- seed：随机数种子，用于确保生成过程的可重复性。相同的种子将产生相同的输出，这在实验和比较中非常有用。
- control_after_generate：控制生成是否允许对生成结果进行进一步的调整，包括固定、增加、减少以及随机 4 种。
- steps：采样步数，控制生成音频需要的迭代次数。步数越多，可能生成的音频细节越丰富，但也可能导致计算成本增加。
- cfg_scale：提示词引导系数，调节正面提示词对生成过程的影响程度。较高的值会使生成的音频更紧密地遵循提示词。
- sigma_min、sigma_max：这两个参数与采样过程中的噪声控制相关，用于调整采样过程中的随机性范围。
- sampler_type：采样器类型，选择不同类型的采样算法可能对生成音频的质量和特性有显著影响。
- denoise：去噪选项，用于在生成过程中减少或消除不必要的噪声。
- save：当将其设置为 True 时，将生成的音频保存到指定位置。
- save_prefix：保存音频文件时使用的文件名前缀，便于用户管理和识别生成的音频文件。

10.4.2　使用 ComfyUI-sound-lab 生成音乐

ComfyUI-sound-lab 是由无界社区 MixLab 开源的声音合成项目。接下来，我们将介绍如何在 ComfyUI 中构建并使用 ComfyUI-sound-lab 工作流，同时详细阐述该工作流中的关键节点以及需要注意的事项。

1. 插件安装与模型下载

用户在使用 ComfyUI-sound-lab 时需要安装 ComfyUI-sound-lab，可以在 ComfyUI 控制台区域单击 Manager，选择 Install Custom Nodes，搜索 comfyui-sound-lab（https://github.com/shadowcz007/comfyui-sound-lab），安装后重启 ComfyUI 即可使用。

安装好 ComfyUI-sound-lab 插件之后，需要下载相应模型，在 Hugging Face（网址为 https://huggingface.co/facebook/musicgen-small）上下载 musicgen-small 模型，并放在 ComfyUI/models/musicgen/ 目录下；在 Hugging Face（网址为 https://huggingface.co/stabilityai/stable-audio-open-1.0）上下载 stable-audio-open 模型，并放在 ComfyUI/models/stable_audio/ modcl.safctensors/ 目录下，如图 10-12 所示。

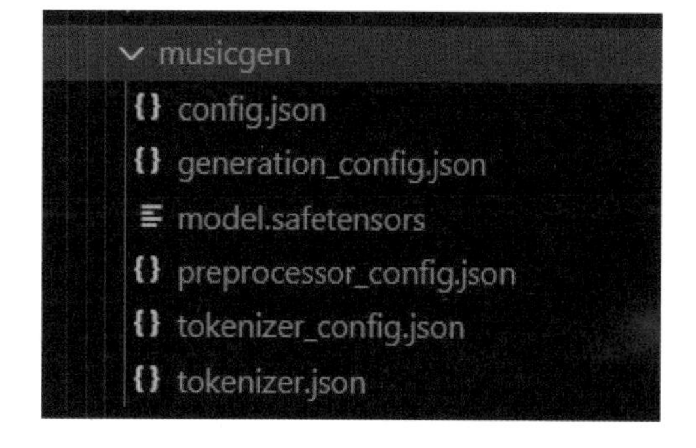

图 10-12　ComfyUI-sound-lab 模型安装目录

2. 创建工作流节点

安装好插件并下载好模型之后，需要创建工作流节点，下面对需要创建的节点进行逐一介绍。

- 创建 Stable Audio 或者 Music Gen 节点：在 ComfyUI 界面任意位置右击，在弹出的快捷菜单中依次选择 Add Node | Sound Lab，在 Sound Lab 分类下选择 Stable Audio 或者 Music Gen 节点。
- 创建音频播放节点。在 ComfyUI 界面任意位置右击，在弹出的快捷菜单中依次选择 Add Node | Mixlab | Audio Play。

3. 输入文字

创建完工作流之后，在 Stable Audio 或者 Music Gen 框内输入想要生成的音乐类型 Create ethereal space travel music that floats in the universe, making the body light, agile, and cheerful。其他参数设置参考图 10-13 和图 10-14 所示。

4. 生成音乐

单击控制台上的 Queue Prompt 按钮即可生成语音，具体工作流如图 10-13 和图 10-14 所示。

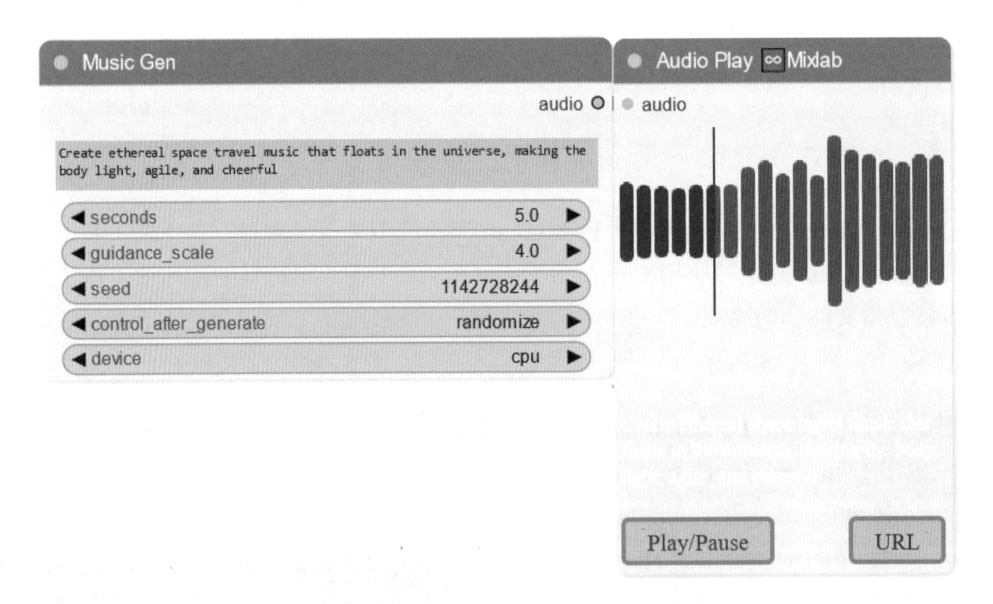

图 10-13 Music Gen 音乐生成工作流

5. 重要节点介绍

1）Music Gen 节点

Music Gen 节点的输出端为 audio，其最终生成的音乐以 Audio 格式输出。

Music Gen 节点包含 5 个关键参数，下面逐一进行介绍。

- seconds：指定生成音乐的总时长，以秒为单位，如 5 秒的音乐。最高能生成 47 秒的音乐，但对显存要求比较高。

- guidance_scale：提示词引导系数，用于控制生成音乐时用户提供的提示词对最终生成结果的影响程度。值越高，生成的音乐越接近用户提示的期望；值越低，则可能产生更自由、不受限制的音乐。
- seed：随机数种子，用于确保生成结果的可重复性。
- control_after_generate：控制生成是否允许对生成结果进行进一步的调整，包括固定、增加、减少以及随机 4 种。
- device：指定运行生成过程的设备类型。auto 表示自动选择最佳设备，cpu 表示仅在 CPU 上运行。

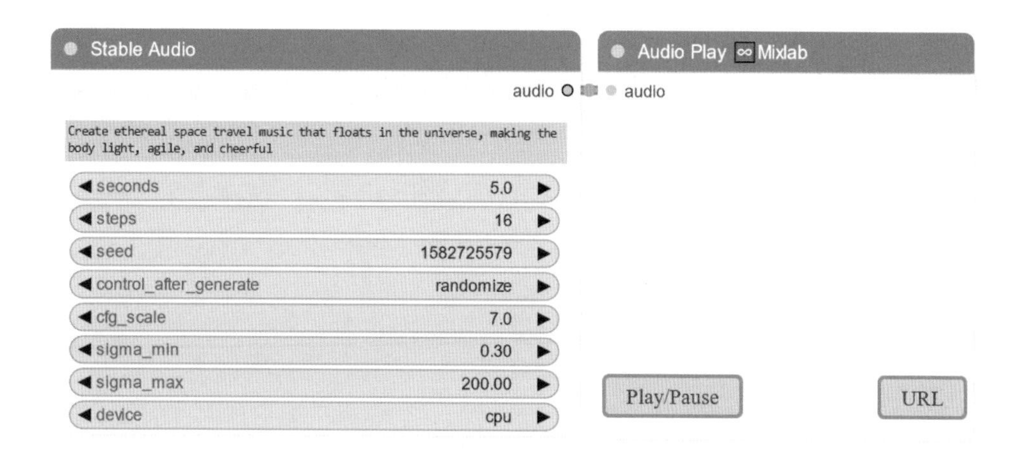

图 10-14　Stable Audio 音乐生成工作流

2）Stable Audio 节点

Stable Audio 的输出端为 audio，其最终生成的音乐以 Audio 格式输出。

Stable Audio 包含多个关键参数，下面逐一进行介绍。

- seconds：指定生成音乐的总时长，以秒为单位。最高能生成 47 秒的音乐，但对显存要求比较高。
- steps：控制音乐生成算法的迭代步数，可以影响生成音乐的细节和复杂度。
- seed：随机数种子，用于确保生成结果的可重复性。
- control_after_generate：控制是否允许对生成结果进行进一步的调整，包括固定、增加、减少以及随机 4 种。
- cfg_scale：提示词引导系数，用于控制生成音乐时用户提供的提示词对最终生成结果的影响程度。值越高，生成的音乐越接近用户提示的期望；值越低，则可能产生更自由、不受限制的音乐。
- sigma_min、sigma_max：这两个参数与采样过程中的噪声控制相关，用于调整采样过程中的随机性范围。
- device：指定运行生成过程的设备类型。auto 表示自动选择最佳设备，cpu 表示仅在 CPU 上运行。

6. 注意事项

如果在运行工作流时出现需要下载 flash-attention 的报错信息，那么可以通过下载 flash-attention 或者将设备改为使用 CPU 来解决。

- 下载 flash-attention。首先，将 flash-attention（项目地址为 https://github.com/bdashore3/flash-attention/releases）文件下载并放置在 comfyui-sound-lab 文件中，然后双击 install.bat，以适配 Windows 安装包。注意，下载的 flash-attention 版本必须要与使用的 Python 版本一致。
- 更改使用设备。将 Stable Audio 或者 Music Gen 节点的 device 参数改为 cpu。

第 11 章 ComfyUI 的视频类工作流

ComfyUI 是一个基于 SD 的 AI 绘画创作工具，它不仅在图像处理方面有着广泛的应用，还能够生成视频内容。ComfyUI 的视频类工作流按功能主要分为文生视频、图生视频、视频转绘等多种。此外，还包括许多创意工作流，如图片跳舞、视频换脸，视频修复、对口型、拖曳控制等。这些工作流为创作者提供了丰富的视频生成和编辑能力。

11.1 文生视频工作流

文生视频即根据文本描述生成视频。这个功能通过特定的模型和算法，将输入的文本内容转化为生动的视频画面。例如，使用 Stable-Video-Diffusion（SVD）模型，ComfyUI 可以从文本描述中生成短视频片段。SVD 模型以静止图像为条件帧，并据此生成支持多种分辨率和时长的视频。用户只需要输入文本描述，选择相应的模型和参数，即可生成符合文本内容的视频。与此相同的还有 AnimateDiff、MagicTime 和 Deforum 等。

11.1.1 SVD 文生视频

在 ComfyUI 中使用 SVD 文生视频的操作流程是：首先需要确保 ComfyUI 的版本为最新版，在 ComfyUI 控制台区域单击 Manager，选择 Update All 来更新 ComfyUI，然后重启 ComfyUI，确保可以加载 SVD 节点；其次需要下载 SVD 模型，然后调节节点参数；最后一步是生成视频。

1. 下载 SVD 模型

使用 ComfyUI-SVD 需要确保 ComfyUI 有 SVD 模型，在 Hugging Face（项目地址为 https://huggingface.co/collections/stabilityai/video-65f87e5fc8f264ce4dae9bfa）上下载模型，并将其放在 ComfyUI/models/checkpoint 目录下。

目前 SVD 的模型有 3 个，以下是对这 3 个模型的详细介绍。

- stabilityai/stable-video-diffusion-img2vid：原版模型，用于训练的视频帧数是在 14 帧视频上训练的。

- stabilityai/stable-video-diffusion-img2vid-xt：xt 版本的模型，视频是在 25 帧上训练的，运动更加流畅自然。
- stabilityai/stable-video-diffusion-img2vid-xt-1-1：xt 版本模型的最新模型。

2. 创建工作流节点

SVD 文生视频工作流的原理为文生图加上图生视频，需要先搭建文生图节点，通过输入提示词生成一张图像，再将生成的图像通过 SVD 节点合成视频，以下详细介绍如何创建节点。

- 创建效率加载器节点：在 ComfyUI 界面任意位置右击，在弹出的快捷菜单中依次选择 Add Node | Efficiency Nodes | Loaders | Efficient Loader。
- 创建 K 采样器（效率）节点。在 ComfyUI 界面任意位置右击，在弹出的快捷菜单中依次选择 Add Node | Efficiency Nodes | Sampling | Ksampler（Efficient）。
- 创建仅图片加载节点：在 ComfyUI 界面任意位置右击，在弹出的快捷菜单中依次选择 Add Node | loaders | video_models | Image Only Checkpoint Loader（img2vid model）。
- 创建 SVD 图像到视频 _ 条件节点：在 ComfyUI 界面任意位置右击，在弹出的快捷菜单中依次选择 Add Node | conditioning | video_models | SVD_img2vid_Conditioning。
- 创建线性 CFG 引导节点：在 ComfyUI 界面任意位置右击，在弹出的快捷菜单中依次选择 Add Node | sampling | video_models | VideoLinerCFGGuidance。
- 创建 K 采样器（效率）节点：在 ComfyUI 界面任意位置右击，在弹出的快捷菜单中依次选择 Add Node | Efficiency Nodes | Sampling | Ksampler（Efficient）。
- 创建合并为视频节点：在 ComfyUI 界面任意位置右击，在弹出的快捷菜单中依次选择 Add Node | Video Helper Suite | Video Combine。

3. 输入提示词

创建好工作流之后，需要输入提示词，可在 CLIP_POSITIVE 框内输入 A rocket, frontal image, taking off, blue sky, white clouds, high-definition, 4k, 作为正向提示词，从而生成一张火箭发射的图片。

其他参数设置参照图 11-1 所示。

4. 生成视频

输入提示词之后，单击控制台上的 Queue Prompt 按钮即可生成视频，具体工作流如图 11-1 所示。

5. 重要节点介绍

在 SVD 文生视频工作流中存在若干重要的节点，对于理解整个流程非常有帮助。接下来对这些关键节点进行介绍。

（1）Image Only Checkpoint Loader（img2vid model）为仅图像检查点加载器（img2vid 模型），其作用为加载 SVD 模型。

（2）VideoLinerCFGGuidance（线性 CFG 引导）节点的作用为跨帧缩放 CFG 进行视频采样。VideoLinerCFGGuidance 的参数为 min_cfg，中文意思为最小无分类器指导，默认值为 1。SVD 在绘制视频第一帧内容时运用最小 cfg，之后逐渐增大，到最后一帧内容时变为 Ksampler 里的最终 cfg。

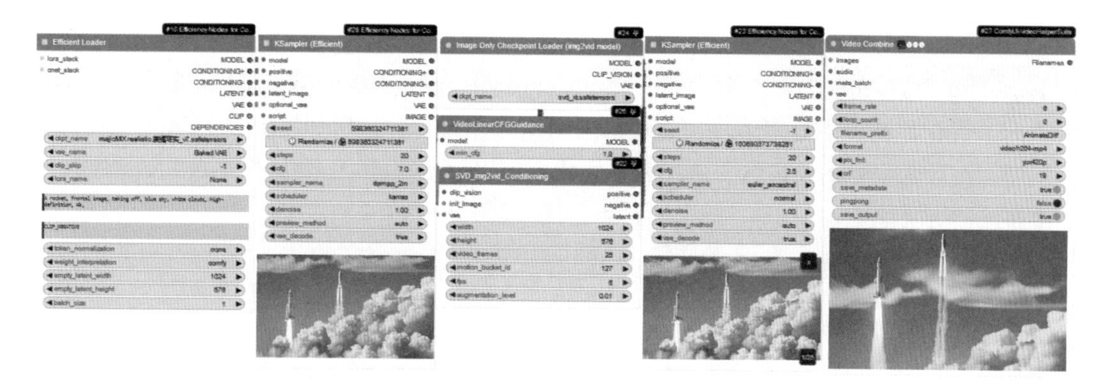

图 11-1 SVD 文生视频工作流

（3）SVD_img2vid_Conditioning（SVD 图像到视频 _ 条件）是 SVD 的核心节点，用于将图片转化为视频。SVD_img2vid_Conditioning 节点中有一些需要了解的参数，下面详细介绍。

- width：生成视频的宽度。
- height：生成视频的高度。
- video_frames：生成的运动总帧数，使用原版模型，建议最大设置为 14；使用 xt 版本模型，建议最大设置为 25。
- motion_bucket_id：控制生成视频的运动幅度，数值越大运动幅度越大，默认值为 127。
- fps：帧率，代表视频每秒播放的帧数，默认值为 6，一般设置为 6 或 8。
- augmentation_level：控制添加到图像的噪声量，数值越大视频与初始帧的差异就越大，一般设置不超过 1。

注意：SVD 模型是在 1024576（16 ∶ 9）的尺寸上进行训练的，所以推荐生成的图片尺寸为 1024576。Ksampler（Efficient）节点的 cfg 值一般设置在 1 ～ 3 之间，建议设置为 2.5。

11.1.2 AnimateDiff 文生视频

在 ComfyUI 中使用 AnimateDiff 模型能够将个性化的文本或图像转换为高质量的动态图像或视频。AnimateDiff 大致有 3 个功能，以下是对这 3 个功能的详细介绍。

- 动画生成。通过文本输入或静态图像，用户可以创建个性化的动画图像，将静态图像转换为动态图像，为创意表达提供了一种新的方式。
- 视频制作。AnimateDiff 为视频制作人员提供了一种新的工具，可以将文本描述或图像序列转换为动画视频，从而丰富视频内容。

- 高效性。与 WebUI 相比，在 ComfyUI 中使用 AnimateDiff 生成图片和视频的速度更快，可控性更强，并且所需的显存更小。

ComfyUI-AnimateDiff 只是基础版本，因此在下载插件时我们推荐下载 ComfyUI-AnimateDiff-Evolved 插件，相比基础版本，ComfyUI-AnimateDiff-Evolved 插件在基础版本上进行了优化，增加了更多节点，方便搭配组织工作流，并且增加了更多的动画效果和过渡类型，视频的变化更加自然、流畅和多样化。使用 ComfyUI-AnimateDiff-Evolved 插件创建工作流的方法如下。

1. 下载插件和模型

使用 ComfyUI-AnimateDiff-Evolved 插件，在 ComfyUI 控制台区域单击 Manager，选择 Install Custom Nodes，搜索 ComfyUI-AnimateDiff-Evolved（项目地址为 https://github.com/Kosinkadink/ComfyUI-AnimateDiff-Evolved）和 ComfyUI-VideoHelperSuite（项目地址为 https://github.com/Kosinkadink/ComfyUI-VideoHelperSuite）视频处理助手，安装后重启 ComfyUI 即可使用。同时，需要下载一些适配的模型，具体的模型及其地址目录如表 11-1 所示。

表 11-1　AnimateDiff 模型与模型地址目录

分　类	地 址 目 录	模　型
1.5 基础运动模型	ComfyUI/custom_nodes/ComfyUI-AnimateDiff-Evolved/models 或者 ComfyUI/models/animatediff_models	mm_sd_v14.ckpt mm_sd_v15.ckpt mm_sd_v15_v2.ckpt v3_sd15_mm.ckpt
SDXL 运动模型	ComfyUI/custom_nodes/ComfyUI-AnimateDiff-Evolved/models 或者 ComfyUI/models/animatediff_models	mm_sdxl_v10_beta.ckpt
AnimateDiff-Lightning 模型	ComfyUI/custom_nodes/ComfyUI-AnimateDiff-Evolved/models/ 或者 ComfyUI/models/animatediff_models	animatediff_lightning_Nstep_comfyui.safetensors
微调模型	ComfyUI/custom_nodes/ComfyUI-AnimateDiff-Evolved/models 或者 ComfyUI/models/animatediff_models	mm_sd_v14 的稳定模型有 mm-Stabilized_mid 和 mm-Stabilized_high； mm_sd_v15_v2 的微调模型有 mm-p_0.5.pth 和 mm-p_0.75.pth； 高分辨率微调模型有 temporaldiff-v1-animatediff
适配器	ComfyUI/models/loras	v3_sd15_adapter.ckpt
编码器	ComfyUI/models/controlnet	v3_sd15_sparsectrl_rgb.ckpt v3_sd15_sparsectrl_scribble.ckpt

续表

分　类	地 址 目 录	模　型
Lora 模型	ComfyUI/custom_nodes/ComfyUI-AnimateDiff-Evolved/motion_lora 或者 ComfyUI/models/animatediff_motion_lora	v2_lora_PanLeft.ckpt v2_lora_PanRight.ckpt v2_lora_RollingAnticlockwise.ckpt v2_lora_RollingClockwise.ckpt v2_lora_TiltDown.ckpt v2_lora_TiltUp.ckpt v2_lora_ZoomIn.ckpt v2_lora_ZoomOut.ckpt

注意：AnimateDiff-Lightning 是字节跳动在 AnimateDiff 模型基础上进行深度优化和加速的结果。相比原版 AnimateDiff，AnimateDiff-Lightning 在生成效率上实现了质的飞跃，能够倍速（十几倍）地生成高质量的视频内容。模型下载地址为 https://huggingface.co/ByteDance/AnimateDiff-Lightning。

2. 创建工作流节点

使用 AnimateDiff 文生视频工作流，需要创建如下节点。

- 创建效率加载器节点：在 ComfyUI 界面任意位置右击，在弹出的快捷菜单中依次选择 Add Node | Efficiency Nodes | Loaders | Efficient Loader。
- 创建 K 采样器（效率）节点：在 ComfyUI 界面任意位置右击，在弹出的快捷菜单中依次选择 Add Node | Efficiency Nodes | Sampling | Ksampler（Efficient）。
- 创建动态扩散加载器（上下文）节点：在 ComfyUI 界面任意位置右击，在弹出的快捷菜单中依次选择 Add Node | Animate Diff | Gen1 nodes | AnimateDiff Loader[Legacy]。
- 创建动态上下文设置节点：在 ComfyUI 界面任意位置右击，在弹出的快捷菜单中依次选择 Add Node | Animate Diff | context opts | Context Options Looped Uniform。
- 创建合并为视频节点：在 ComfyUI 界面任意位置右击，在弹出的快捷菜单中依次选择 Add Node | Video Helper Suite | Video Combine。

3. 输入提示词

在 CLIP_POSITIVE 框内输入 A rocket, launching into the sky, high-quality, 4k, 作为正向提示词；在 CLIP_NEGATIVE 框内输入 EasyNegative,nsfw, 作为反向提示词。

其他参数设置参照图 11-2 所示。

4. 生成视频

单击控制台上的 Queue Prompt 按钮生成视频，具体工作流如图 11-2 所示。

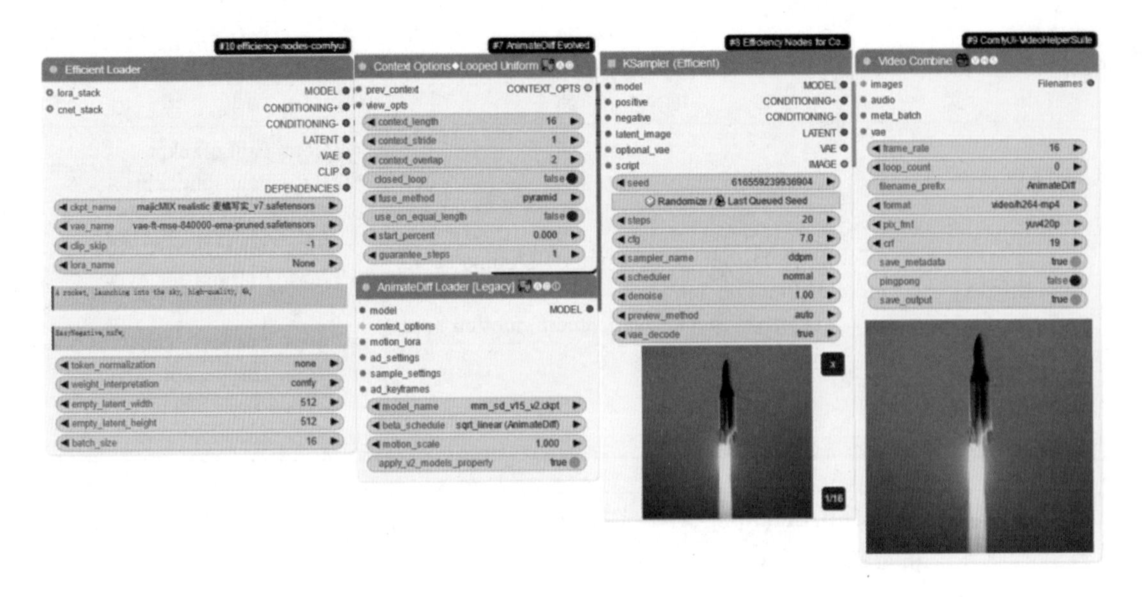

图 11-2　AnimateDiff 文生视频工作流

注意：如果图片崩坏或者出现大幅的色块，可以将帧数（context_length）与批次数（batch_size）设置一致，推荐设置为 16 或者将模型改为 v2 模型。

5. 重要节点介绍

在 AnimateDiff 文生视频工作流中有几个重要的节点，接下来详细介绍。

（1）AnimateDiff Loader[Legacy]（动态扩散加载器（上下文））节点的功能为加载动态扩散所需的模型和参数，这些模型和参数用于将静态图像或文本描述转换为动画。其有 3 个重要的输入端，详细介绍如下。

- model：指定使用的文生图模型，即 Checkpoint 模型。
- context_options：采样时使用的可选上下文窗口，用于控制动画的生成方式和长度。如果传入 context_options，则动画总长度没有限制。
- motion_lora：可选的 motion lora 模型，用于影响运动模型，从而改变动画的特定效果（如放大、缩小、平移及旋转等）。

AnimateDiff Loader[Legacy] 节点包含 3 个至关重要的参数，唯有深入理解并合理设置这些参数，才能制作出高质量的视频。以下是对这三项参数的详细介绍。

- model_name：用于加载运动模型。
- beta_schedule：用于控制动画中每一帧的生成质量或平滑度。
- motion_scale：用于控制动画中运动的强度或幅度。在动态扩散的上下文中，运动通常是通过在关键帧之间插值来模拟的，而 motion_scale 则允许用户调整这种插值的程度，从而影响动画中物体或特征移动的速度和距离。通过增加 motion_scale 的值，用户可以生成更加剧烈和动态的动画效果；相反，降低该值则会使动画看起来更加平缓和缓慢。

（2）Context Options Looped Uniform（动态上下文设置）节点的功能为通过逐部分生成动画的方式，确保动画在达到末尾时能够平滑地回到起始点，从而形成循环。在上下文设置中，Standard 表示静态设置，Looped 表示动态设置。与 Standard Static 或 Standard Uniform 等选项不同，Looped Uniform 更注重在动画生成过程中保持采样的均匀性，以确保动画的流畅性和一致性。以下是对该节点的一些重要参数的详细介绍。

- context_length：一次扩散的潜空间变量（latents）数量，即一次生成的帧数。通常设置为 8 的倍数，如果设置为 8，则表示一次生成 8 张图片。
- context_stride：相邻潜在变量之间的最大距离，即步幅。通常设置为 1，表示一帧一张图片。
- context_overlap：相邻窗口之间重叠的潜空间变量数量，即前后文叠加帧数。通常设置为 2。重叠部分有助于在动画的不同部分之间创建平滑的过渡。
- closed_loop：当设置为 True 时，表示生成循环动画。在 Looped Uniform 中，这个参数通常是默认启用的，以确保动画能够无缝循环。

（3）Video Combine（合并为视频）节点的功能为将生成的图片合并为视频。以下是对该节点的一些重要参数的详细介绍。

- frame_rate：帧率，设置一秒钟多少帧。通常设置为 8。
- loop_count：循环次数，一般保持默认值为 0。
- filename_prefix：文件名前缀。
- format：生成视频的格式。
- pix_fmt：编码器。
- crf：码率。
- save_metadata：控制是否储存原数据。
- pingpong：控制生成的视频是否要从头放到尾，再从尾放到头。
- save_output：是否要保存到 output 文件夹中。

6. 进阶用法

若要利用文生视频工作流创作出高质量的视频，掌握一些高级技巧是必不可少的。例如，为提示词添加关键帧处理，以此实现视频中多种效果的变换，或者执行视频补帧处理，使视频画面更加流畅、自然。下面详细介绍这些进阶用法。

1）使用 ComfyUI_FizzNodes 通过提示词为视频添加关键帧

首先，在使用 FizzNodes 为提示词添加关键帧时，需要先下载 FizzNodes 插件。可以在 ComfyUI 控制台区域单击 Manager，选择 Install Custom Nodes，搜索 FizzNodes（项目地址为 https://github.com/FizzleDorf/ComfyUI_FizzNodes），安装后重启 ComfyUI 即可使用。

其次，在 AnimateDiff 文生视频的工作流基础上创建提示词调度（批次）节点。在 ComfyUI 界面任意位置右击，在弹出的快捷菜单中依次选择 Add Node | FizzNodes | Batch-ScheduleNodes | Batch Prompt Schedule。

提示词调度（批次）节点的提示词书写也有一定的规则，接下来以摩托车变赛车为例设置关键帧。

"0" :"A (motorcycle:1.2) is speeding on the road",

"6" :"A (motorcycle:1.2) is speeding on the road",

"9" :"A (racing car:1.2) is speeding on the road"

注意：提示词关键帧的写法为在引号中写关键帧数字与提示词，关键帧数字与提示词之间用冒号隔开，最后一个关键帧不带“,”，逗号起连接作用。

最后，单击控制台上的 Queue Prompt 按钮生成视频，具体工作流如图 11-3 所示。

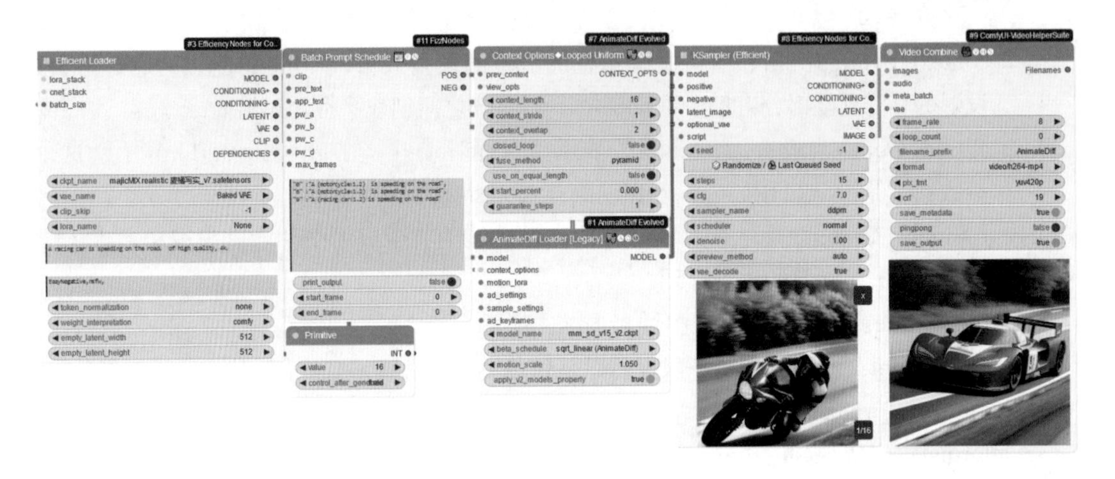

图 11-3　摩托车变赛车工作流

2）ComfyUI-Frame-Interpolation 补帧处理

首先，在使用 Frame-Interpolation 进行补帧处理时，需要先下载 Frame-Interpolation 插件。可以在 ComfyUI 控制台区域单击 Manager，选择 Install Custom Nodes，搜索 Frame-Interpolation（项目地址为 https://github.com/Fannovel16/ComfyUI-Frame-Interpolation），安装后重启 ComfyUI 即可使用。

其次，创建 RIFE VFI 节点。在 ComfyUI 界面任意位置右击，在弹出的快捷菜单中依次选择 Add Node | ComfyUI-Frame-Interpolation | VFI | RIFE VFI（recommend rife47 and rife49）。RIFE VFI（recommend rife47 and rife49）节点中也有一些重要的参数，以下是对这些重要参数的介绍。

- ckpt_name：指定使用的补帧模型名称。建议选择 rife47 或 rife49 模型。
- clear_cache_after_n_frames：补帧缓存，用于控制在处理一定数量的帧之后是否清除缓存。清除缓存可以提升内存的使用率，避免在处理大量数据时耗尽系统资源。默认值为 10，一般建议保持默认即可。
- multiplier：乘数，用于控制输出帧数增加的倍数。例如，如果原始视频帧率为 30fps，设置乘数为 2，则输出视频的帧率将增加到 60fps。这个参数会直接影响补帧的密度和最终视频的流畅度。
- fast_mode：高速模式，启用此模式可以加快补帧处理的速度。

- ensemble：集成模型，用于指定是否使用多个模型的集成结果来进行补帧。集成模型通常能够提供更稳定、更准确的补帧效果，但也会增加计算复杂度和处理时间。
- scale_factor：缩放因子，用于控制输出视频的分辨率或尺寸。这个参数允许用户根据需要调整输出视频的尺寸，以适应不同的显示设备或需求。需要注意的是，缩放操作可能会影响视频的清晰度和质量。

注意：在使用 RIFE VFI（recommend rife47 and rife49）节点时，如果因网络问题报错，显示无法下载 rife 模型，则可以在 GitHub（https://github.com/styler00dollar/VSGAN-tensorrt-docker/releases/tag/models）上下载对应的模型并放在 ComfyUI/custom_nodes/ComfyUI-Frame-Interpolation/vfi_models/rife 目录下。

最后，单击控制台上的 Queue Prompt 按钮生成视频，视频补帧工作流如图 11-4 所示。

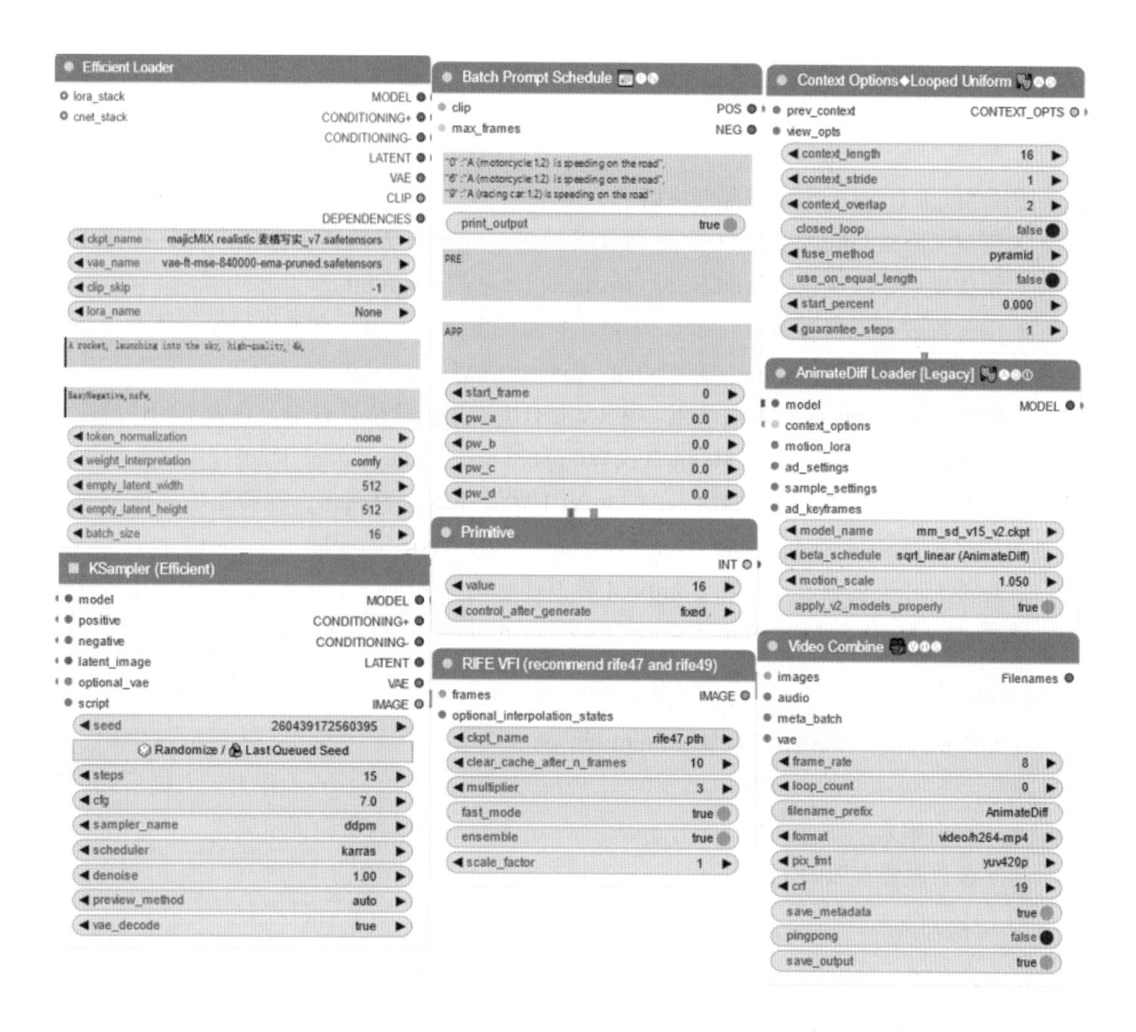

图 11-4　视频补帧工作流

11.1.3 MagicTime 文生视频

MagicTime 是一款由北大团队开发的创新框架，专注于生成可变时间延时视频（Metamorphic Videos）。这款工具能够根据用户提供的文本描述，生成展示物体或场景变化过程的延时摄影视频。MagicTime 专注于制作变形时光延续视频，如花朵开放、冰块融化等，并能够学习和应用现实世界的物理规律。通过先进的计算机图形技术和机器学习算法，MagicTime 能够精准捕捉并模拟物体在不同时间状态下的细微变化，从而让视频中的每一个瞬间都显得那么自然流畅。下面详细介绍使用 MagicTime 的具体操作流程。

1. 下载插件和模型

在 ComfyUI 控制台区域单击 Manager，选择 Install Custom Nodes，搜索 ComfyUI-MagicTimeWrapper（项目地址为 https://github.com/kijai/ComfyUI-MagicTimeWrapper?tab=readme-ov-file），安装后重启 ComfyUI 即可使用。同时，需要下载适配的模型，MagicTime 的模型会在配置网络的情况下自动下载。

2. 创建工作流节点

使用 MagicTime 工作流需要创建以下节点。

- 创建 Checkpoint 加载器（简易）节点：在 ComfyUI 界面任意位置右击，在弹出的快捷菜单中依次选择 Add Node | loaders | Load Checkpoint。
- 创建加载动态模型节点：在 ComfyUI 界面任意位置右击，在弹出的快捷菜单中依次选择 Add Node | Animate Diff | Gen2 nodes | Load AnimateDiff Model。
- 创建 magictime 模型加载节点：在 ComfyUI 界面任意位置右击，在弹出的快捷菜单中依次选择 Add Node | MagicTimeWrapper | magictime_model_loader。
- 创建 MagicTime 采样节点：在 ComfyUI 界面任意位置右击，在弹出的快捷菜单中依次选择 Add Node | MagicTimeWrapper | MagicTime Sampler。
- 创建合并为视频节点：在 ComfyUI 界面任意位置右击，在弹出的快捷菜单中依次选择 Add Node | Video Helper Suite | Video Combine。

3. 输入提示词

在 MagicTime Sampler 节点的 prompt 框内输入 The dough starts to smooth, expand, and turn yellow in the oven, and finally turns into fully swollen toasted bread, 作为正向提示词；在 n_prompt 框内输入 bad quality, worse quality, blurry, nsfw，作为负向提示词。

其他参数设置参照图 11-5 所示。

4. 生成视频

单击控制台上的 Queue Prompt 按钮生成视频，具体工作流如图 11-5 所示。

用户也可在 Hugging Face（网址为 https://huggingface.co/spaces/BestWishYsh/MagicTime）

上在线使用 MagicTime 生成视频。

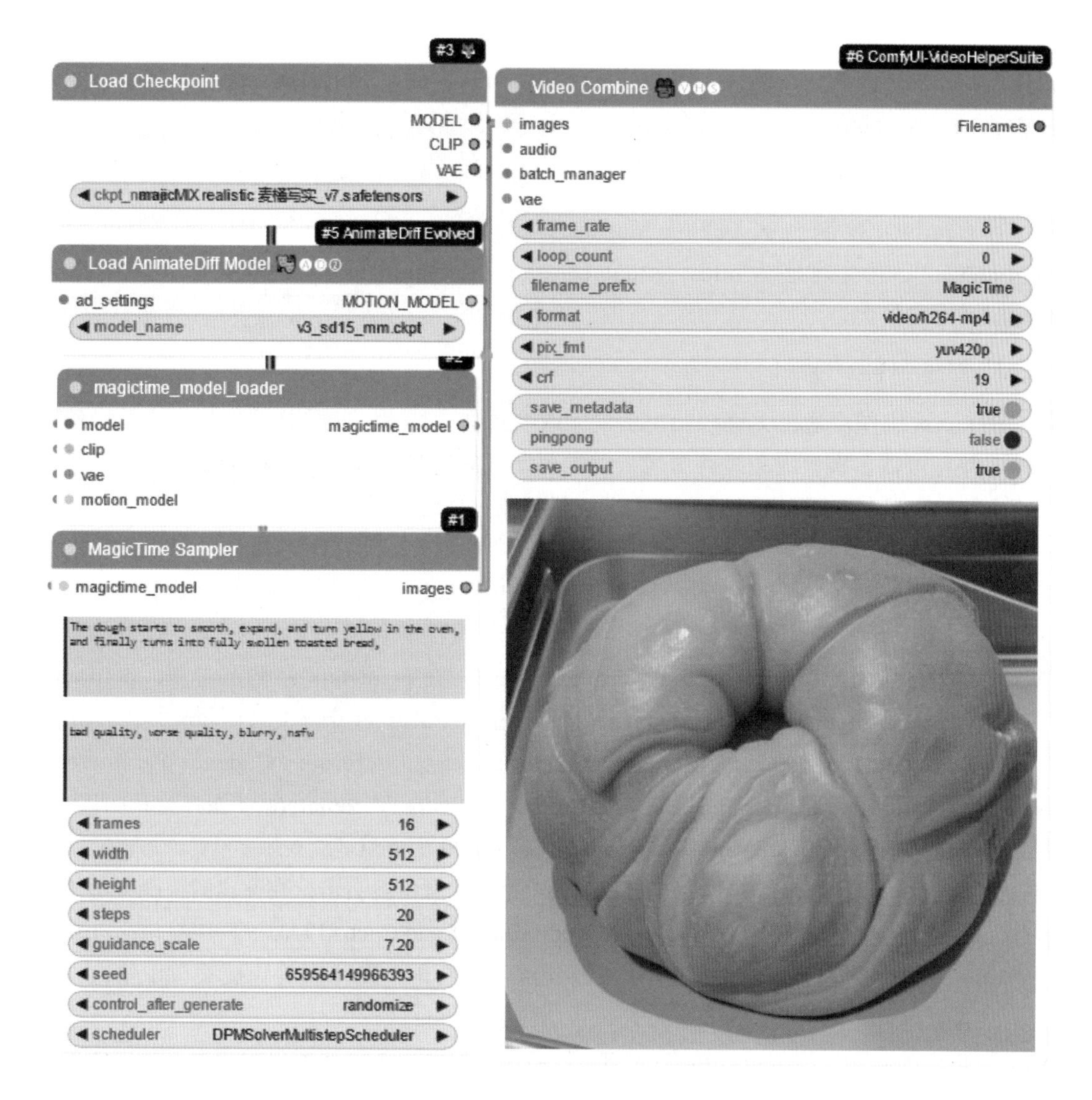

图 11-5　MagicTime 文生视频工作流

5．关键节点介绍

MagicTime 文生视频工作流的重要节点包括 magictime_model_loader 和 MagicTime Sampler。

（1）magictime_model_loader 节点的功能为加载 MagicTime 模型，用于生成延时视频。

（2）MagicTime Sampler（MagicTime 采样器）节点的功能为根据 MagicTime 模型的输出或给定的条件（如文本描述、时间参数等）来采样生成延时视频的中间帧或关键帧。

11.1.4　Deforum 文生视频

Deforum 作为 ComfyUI 的一个插件，专注于生成动画效果。它利用 SD 模型的强大能力，根据用户提供的关键词或图像生成连续变化的动画帧，从而制作出流畅的动画视频。下面详细介绍使用 Deforum 的具体操作流程。

1. 下载插件和模型

在 ComfyUI 控制台区域单击 Manager，选择 Install Custom Nodes，搜索 deforum-comfy-nodes（项目地址为 https://github.com/XmYx/deforum-comfy-nodes），安装后重启 ComfyUI 即可使用。

2. 创建工作流节点

Deforum 工作流通过关键帧的提示词来改变图像内容，运用采样迭代生成高质量的图像帧，并且可以多次生成和缓存图像，以实现动画的连续播放，最终将生成的图像帧拼接成视频并导出保存。下面对需要创建的节点进行逐一介绍。

- 创建提示词节点：在 ComfyUI 界面任意位置右击，在弹出的快捷菜单中依次选择 Add Node | deforum | prompt |（deforum）Prompt。
- 创建一系列参数调整节点：在 ComfyUI 界面任意位置右击，在弹出的快捷菜单中依次选择 Add Node | deforum | prameters，在 prameters 分类下选择（deforum）Animation Parameters、（deforum）Depth Parameters、（deforum）Translate Parameters、（deforum）ColorMatch Parameters、（deforum）Cadence Parameters、（deforum）Base Parameters、（deforum）Diffusion Parameters、（deforum）Hybrid Schedule 以及（deforum）Noise Parameters 这 9 个节点。
- 创建加载缓存潜空间节点：在 ComfyUI 界面任意位置右击，在弹出的快捷菜单中依次选择 Add Node | deforum| cache|（deforum）Load Cached Latent。
- 创建迭代器节点：在 ComfyUI 界面任意位置右击，在弹出的快捷菜单中依次选择 Add Node| deforum| logic|（deforum）Iterator Node。
- 创建加载大模型节点：在 ComfyUI 界面任意位置右击，在弹出的快捷菜单中依次选择 Add Node| loaders| Load Checkpoint。
- 创建混合条件节点：在 ComfyUI 界面任意位置右击，在弹出的快捷菜单中依次选择 Add Node| deforum| conditioning|（deforum）Blend Conditionings。
- 创建保存视频节点：在 ComfyUI 界面任意位置右击，在弹出的快捷菜单中依次选择 Add Node| deforum| video|（deforum）Save Video。
- 创建 VAE 编码节点：在 ComfyUI 界面任意位置右击，在弹出的快捷菜单中依次选择 Add Node| latent| VAE Decode。
- 创建 K 采样器节点：在 ComfyUI 界面任意位置右击，在弹出的快捷菜单中依次选择 Add Node| deforum| sampling|（deforum）KSampler。
- 创建帧数变形节点：在 ComfyUI 界面任意位置右击，在弹出的快捷菜单中依次选择 Add Node| deforum| image|（deforum）Frame Warp。

- 创建添加噪声节点：在 ComfyUI 界面任意位置右击，在弹出的快捷菜单中依次选择 Add Node| deforum| noise|（deforum）Add Noise。
- 创建 VAE 编码节点：在 ComfyUI 界面任意位置右击，在弹出的快捷菜单中依次选择 Add Node| latent| VAE Encode。
- 创建缓存潜空间节点：在 ComfyUI 界面任意位置右击，在弹出的快捷菜单中依次选择 Add Node| deforum| cache|（deforum）Cached Latent。

3. 生成视频

创建完工作流之后，单击控制台上的 Queue Prompt 按钮即可生成视频，具体工作流如图 11-6 所示。

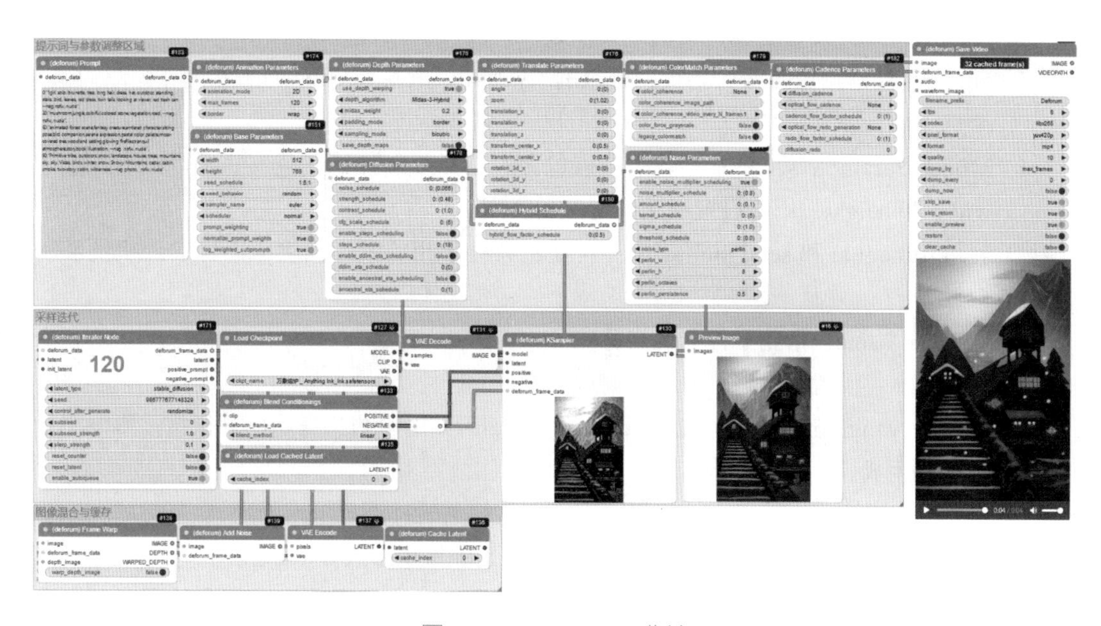

图 11-6 Deforum 工作流

注意：*在视频生成完毕之后，如果想要再次生成新的视频，那么必须要将（deforum）Save Video 节点中的 clear_cache 参数设置为 True 以清除缓存，否则再次生成的视频将续接在上一次视频之后。*

---

4. 重要节点介绍

在 Deforum 工作流中有一些重要的节点对于理解整个工作流具有重要意义。接下来对这些关键节点进行详细介绍。

（1）Prompt（提示词）节点的功能为引导生成视频的内容。提示词的写法也具有一定的规则，具体写法如下：

```
0:" tiny cute swamp bunny, highly detailed, intricate, ultra hd, sharp photo, crepuscular rays, in focus, 4k, landscape --neg nsfw, nude",
```

30:" anthropomorphic clean cat, surrounded by mandelbulb fractals, epic angle and pose, symmetrical, 3d, depth of field --neg nsfw, nude"

在上述提示词中，数字 0、30 代表视频中的帧数，用冒号将帧数与提示词隔开，在引号中填入正向和反向提示词，反向提示词的写法为英文的两个短横线加上 neg 加空格和反向提示词，关键帧提示词之间用逗号连接，最后一个关键帧结尾不加逗号。

（2）Animation Parameters（动画参数）节点包含 3 个重要的参数，详细介绍如下。

- animation_mode：决定动画的生成模式，包括无动画（none）、2D 动画、3D 动画、基于视频输入的动画（Video Input）以及插值动画（Interpolation）。
- max_frames：设置生成视频的最大帧数，直接控制视频的时长。
- border：处理图像边缘的方式，有包围（wrap）、重复（replicate）和清零（zeros）3 个选项。

（3）Base Parameters（基本参数）节点包含的重要参数如下。

- width 和 height：用于设置视频的宽度和高度。
- seed_schedule 和 seed_behavior：与随机数种子相关，影响生成图像的随机性和一致性。
- sampler_name：指定采样器的名称。
- scheduler：设置调度器。
- prompt_weighting 和 normalize_prompt_weights：用于调整提示词的权重，影响图像内容的生成。
- log_weighted_subprompts：与提示词子权重相关的日志记录或处理。

（4）Cadence Parameters（节奏参数）节点包含的重要参数如下。

- diffusion_cadence：控制扩散过程的节奏，从而影响视频的流畅度和处理时间。数值越大，视频越跳跃，处理时间越快；数值越小，视频流畅度越高，处理时间越慢。建议值为 2 ~ 4。
- Optical_flow_cadence：光流节奏参数，用于精确估算图像间像素或特征的移动轨迹，对视频的连贯性起决定性作用。合理调整该参数，可以显著提升视频的视觉流畅度和观赏性。
- Cadence_flow_factor_schedule：节奏流系数表，该参数允许用户根据具体需求，为视频的不同部分设定不同的节奏流系数，从而更精细地进行节奏控制。
- Optical_flow_redo_generation：光流重做生成功能，当用户对光流效果不满意时，可通过该功能重新生成光流，以获得更理想的视觉效果。
- Redo_flow_factor_schedule：重做流量系数表，与 Cadence_flow_factor_schedule 参数类似，但专注于光流重做过程中的系数设定，为用户提供更灵活的重做控制选项。
- Diffusion_redo：扩散重做功能，允许用户在必要时重新执行扩散过程，以保证视频的质量。

（5）ColorMatch Parameters（配色参数）节点有一些重要的参数，以下是对这些参数的详细介绍。

- color_coherence：颜色连贯性参数，用于控制图像配色的连贯性和一致性，可以指定参考图像或视频。
- Color_coherence_imag_path：色彩连贯成像路径参数，用于指定参考图像的具体位置，以便 Color_coherence 参数能够准确读取并应用其色彩信息。
- Color_coherence_video_every_N_frames：每 N 帧彩色相干视频参数，允许用户设定在视频生成过程中每隔多少帧执行一次色彩连贯性处理，以实现更细腻的色彩过渡效果。
- Color_force_grayscale：强制灰度图参数，设置为 True，表示强制将图像转换为灰度图。
- Legacy_colormatch：传统配色选项，设置为 True，表示选择运用传统配色。

（6）Depth Parameters（深度参数）节点有一些重要的参数，以下是对这些参数的详细介绍。

- use_depth_wraping：使用深度包装，与图像深度信息的使用和处理相关，可能用于生成具有深度感的 3D 效果。
- depth_algorithm：深度算法。
- midas_weight：Midas 权重。
- padding_mode：填充模式。
- sampling_mode：采样模式。
- save_depth_maps：保存深度图。

（7）Diffusion Parameters（扩散参数）节点包含的重要如下。

- noise_schedule：控制生成过程中的噪音强度，影响图像的清晰度。如果数值太小则会导致画面变得模糊，如果数值太大则会导致画面噪声过多，建议设置为 0.02 ~ 0.06。
- strength_schedule：控制参考图像的强度，即当前帧与前一帧的相似度。数值越大，当前帧图像的画面会与前一帧越相像，但数值过大也可能导致画面变得模糊；数值越小，图像与前一帧图像的关联越小，画面的跳跃感越明显，建议设置为 0.55 ~ 0.7。
- contrast_schedule：调整图像的对比度。数值越高画面越鲜艳，默认值为 1。如果需要调整，建议调整幅度为 0.01。
- cfg_scale_schedule：cfg 规模表。
- enable_steps_scheduling：启用步骤调度。
- steps_schedule：步骤调度。
- enable_ddim_eta_scheduling：启用 ddim-eta 调度。
- ddim_eta_schedule：ddim-eta 调度。
- enable_ancestral_eta_scheduling：启用 ancestral-eta 调度。
- ancestral_eta_schedule：ancestral-eta 调度。

（8）Hybrid Parameters（混合参数）节点包含的重要参数如下。

- hybrid_use_first_frame_as_init_image：当设置为 True 时，表示使用第一帧作为初始图像。
- hybrid_motion：混合动力运动，与图像间运动估计和混合相关，用于生成更自然的动画效果。
- hybrid_motion_use_prev_img：混合运动使用前置图像。
- hybrid_flow_consistency：混合流一致性。
- hybrid_consistency_blur：混合一致性模糊。
- hybrid_flow_method：混合流法。
- hybrid_composite：混杂复合。

（9）Noise Parameters（噪声参数）节点包含的重要参数如下。

- enable_noise_multiplier_scheduling：启用噪声倍增器调度，用于控制生成过程中噪声的添加，可以影响图像的纹理和细节。
- noise_multiplier_schedule：噪声倍增器调度参数，通过设定不同的倍增系数，用户可以在图像的不同区域或时间段内实现噪声强度的差异化控制，从而营造出更丰富的视觉效果。
- amount_schedule：噪声量调度参数，即噪声的密度或强度调度参数。调整该参数可以精确控制图像中噪声的分布密度与强度，达到理想的视觉效果。
- kernel_schedule：内核调度参数，该参数涉及噪声生成的算法内核选择及其调度方式。不同的内核将产生不同特性的噪声纹理，为图像创作提供更多的可能性。
- threshold_schedule：阈值调度参数，通过设定噪声生成的阈值范围，可以控制哪些像素点被视为噪声并予以添加，进而实现对噪声分布范围的精细调控。
- noise_type：指定使用的噪声类型，包括均匀噪声（uniform）以及 Perlin 噪声（perlin）。不同类型的噪声具有不同的统计特性和视觉效果。
- perlin_w 和 perlin_h：噪声网格宽度和高度参数。
- perlin_octaves、perlin_persistence：这两个参数特定于 Perlin 噪声，能够生成自然且连续的噪声纹理。

（10）（deforum）Translate Parameters（转换参数）节点包含的重要参数如下。

- angle：控制图像或视频主体的旋转角度。正值表示顺时针旋转，负值表示逆时针旋转。括号中的数值定义了旋转的速率或增量。例如，“0:(0)”表示不旋转，“0:(1)”代表从第一帧图像开始之后的每一帧图像主体都顺时针旋转一个角度。
- zoom：控制镜头的变焦效果。括号中的数字为 1 表示镜头没有变化；大于 1 则代表镜头推进，视频主体会变大；括号中的数字在 0 ~ 1 之间则代表镜头拉远，视频主体会变小。例如：“0:(1.02)”表示每帧图像放大 2%，从第一帧开始之后每一帧图像主体都逐渐变大，到第 100 帧图像，主体放大 2 倍（0.02100）。而复杂的表达式如“0:(1.0025+0.002sin(1.253.14t/30))”则可以实现更复杂的变焦效果，如周期性的放大缩小。
- translation_x：控制图像在水平方向上平移。“0:(10),60:(0)”代表从第一帧图像开始之后的每一帧图像主体都向右平移 10 个像素，从第 60 帧开始到最后一帧图像主体保持不变。当括号中的数字为 0 时表示不平移；为正数时表示向右平移；为负数时表示向左平移。

- translation_y：控制图像在垂直方向上平移。“0:(10),60:(0)”代表从第一帧图像开始之后的每一帧图像主体都向上平移 10 个像素，从第 60 帧开始到最后一帧图像主体保持不变。括号中的数字为 0 时表示不平移；为正数时表示向上平移；为负数时表示向下平移。
- translation_z：控制图像在三维空间中前后方向上的平移。
- translation_center_x：图像中心点 X 的值。
- translation_center_y：图像中心点 Y 的值。
- translation_center_x 和 translation_center_y 定义了图像旋转、缩放和平移的中心点。这对于确保变换效果符合预期非常重要。其具体值代表的位置如图 11-7 所示。
- rotation_3d_x、rotation_3d_y、rotation_3d_z：用于控制图像在三维空间中的旋转。这在创建具有深度感和复杂动态变化的视频时特别有用。

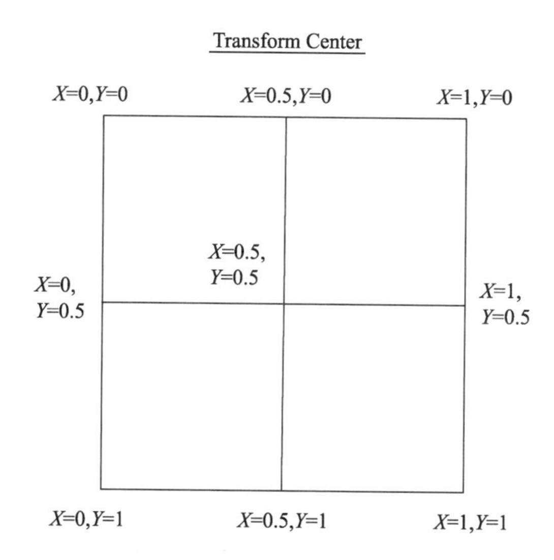

图 11-7　Translation_center_x 和 Translation_center_y 的数值位置表示

（11）（deforum）Iterator Node（迭代器）节点包含的重要参数如下。

- latent_type：控制潜空间的类型。
- seed：随机数种子，用于确保每次生成的视频具有可重复性。不同的种子将产生不同的输出。
- control_after_generate：控制是否允许对生成结果进行进一步的调整，包括固定、增加、减少以及随机 4 种。
- subseed：生成过程中某个特定阶段的随机数种子。
- subseed_strength：控制随机性对最终结果的影响程度。这有助于在保持整体一致性的同时增加生成结果的多样性。

- reset_counter：重置计数器。当设置为 True 时，会重置与迭代次数相关的计数器。
- reset_latent：重置潜空间。当设置为 True 时，会重置潜空间的状态。通常在完成一次视频或图像序列的生成后使用该参数，以便能够生成一个新的不同的序列。reset_counter 与 reset_latent 两个参数通常一起使用，以确保从干净的状态开始新的生成过程。
- enable_autoqueue：控制是否自动排队进行下一轮迭代或处理。如果设置为 True，则可以自动化工作流程，减少手动操作的需要。

11.2 图生视频工作流

ComfyUI 提供了多种图像到视频（Image-to-Video）的生成模型，如 SVD 模型。用户只需要上传一张或多张图片，选择相应的模型和参数，即可生成以这些图片为基础的视频内容。这种工作流特别适用于将静态图片转化为动态视频，如将风景图片转化为风景视频，或者将人物图片转化为人物动作视频等。与此相同的还有 DiffSynth Studio、DynamiCrafter、ToonCrafter 和 MuseV 等。

11.2.1　SVD 图生视频

在 ComfyUI 中使用 SVD 图生视频的操作与 11.1.1 节 SVD 文生视频的操作类似，只是在 SVD 文生视频工作流的基础上删去了生成图片这个模块，并将这个模块改为加载图像节点，下面介绍 SVD 图生视频的具体使用方法。

1. 创建工作流节点

使用 SVD 图生视频工作流，需要创建相应的节点，下面对需要创建的节点进行逐一介绍。

- 创建仅图片加载节点：在 ComfyUI 界面任意位置右击，在弹出的快捷菜单中依次选择 Add Node | loaders | video_models | Image Only Checkpoint Loader（img2vid model）。
- 创建加载图像节点：在 ComfyUI 界面任意位置右击，在弹出的快捷菜单中依次选择 Add Node | image | Load image。
- 创建 SVD 图像到视频 _ 条件节点：在 ComfyUI 界面任意位置右击，在弹出的快捷菜单中依次选择 Add Node | conditioning | video_models | SVD_img2vid_Conditioning。
- 创建线性 CFG 引导节点：在 ComfyUI 界面任意位置右击，在弹出的快捷菜单中依次选择 Add Node | sampling | video_models | VideoLinerCFGGuidance。
- 创建 K 采样器（效率）节点：在 ComfyUI 界面任意位置右击，在弹出的快捷菜单中依次选择 Add Node | Efficiency Nodes | Sampling | Ksampler（Efficient）。
- 创建合并为视频节点：在 ComfyUI 界面任意位置右击，在弹出的快捷菜单中依次选择 Add Node | Video Helper Suite | Video Combine。

2. 参数调整

完成工作流的创建后，可以通过调节 VideoLinerCFGGuidance、SVD_img2vid_Conditioning 以及 Ksampler（Efficient）节点的参数使视频更加流畅、自然，具体参数详见 11.1.1 节。

3. 生成视频

调整完节点参数之后，单击控制台上的 Queue Prompt 按钮即可生成视频，具体工作流如图 11-8 所示，SVD 图生视频效果如图 11-9 所示。

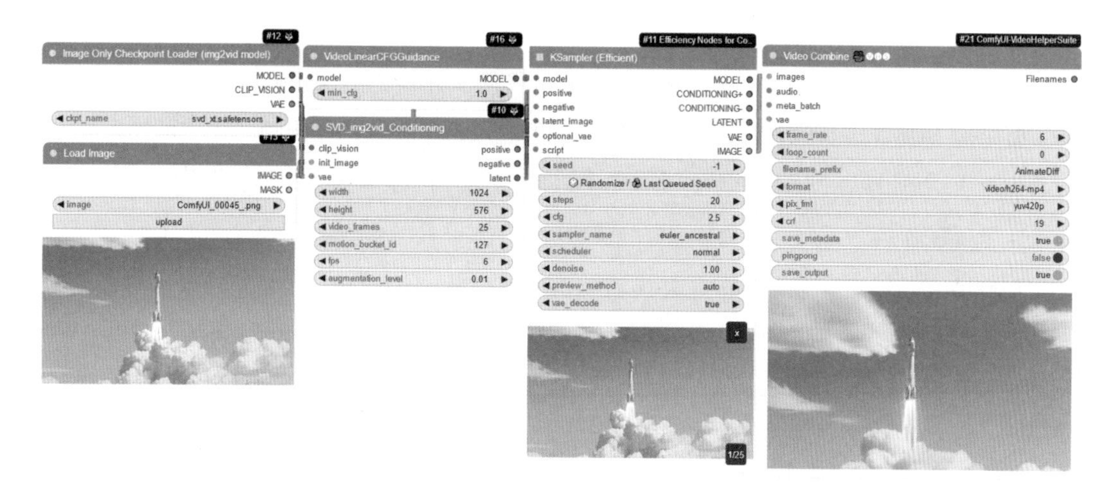

图 11-8　SVD 图生视频工作流

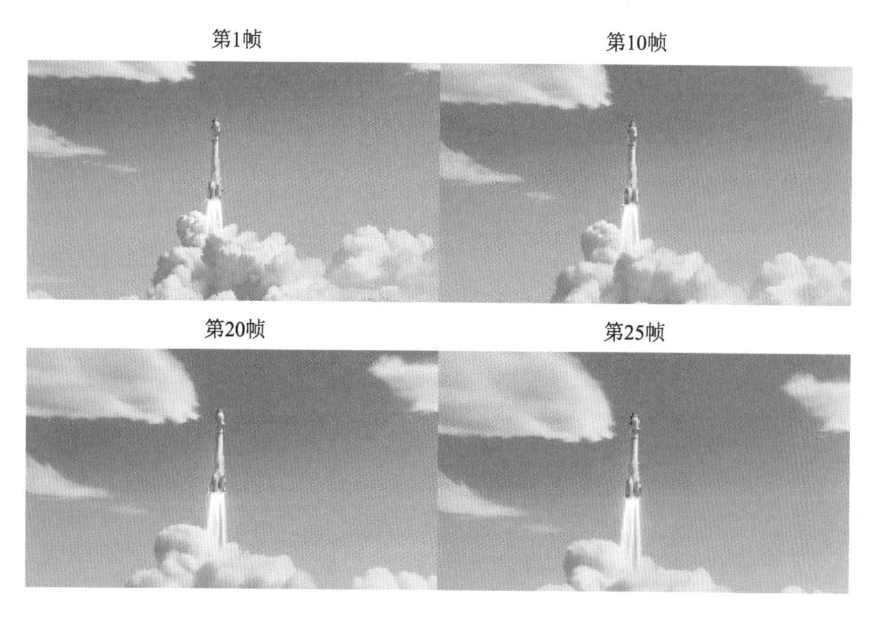

图 11-9　SVD 图生视频效果展示

11.2.2　DiffSynth Studio 图生视频

DiffSynth Studio 是一款创新的开源项目，它集成了先进的机器学习技术和多种模型架构，为用户提供了强大的图像和视频生成能力。其基于深度学习的扩散引擎，通过高效的算法和丰富的模型支持，实现生成高质量的图像和视频。下面对其功能进行详细介绍。

- 图像合成。DiffSynth Studio 能够生成高分辨率的图像，分辨率高达 4096 × 4096，突破了传统扩散模型的限制。
- 视频创作。通过 ExVideo 技术，可以生成长达 128 帧的稳定视频，拓展短视频的创作边界。
- 动画制作。提供 Diffutoon 解决方案，将现实视频转化为卡通风格，为动画制作提供新视角。
- 视频风格化。无须视频模型即可实现视频的风格转换，创作出独一无二的作品。

了解了 DiffSynth Studio 的功能之后，接下来详细介绍图生视频的具体使用方法。

1. 安装插件

用户在使用 DiffSynth Studio 时，需要先下载 ComfyUI-DiffSynth-Studio 插件，可在 ComfyUI 控制台区域单击 Manager，选择 Install Custom Nodes，搜索 ComfyUI-DiffSynth-Studio（项目地址为 https://github.com/AIFSH/ComfyUI-DiffSynth-Studio），安装后重启 ComfyUI 即可使用。

2. 创建工作流节点

安装完插件之后，需要创建工作流节点，下面对需要创建的节点进行逐一介绍。

- 创建加载图像节点：在 ComfyUI 界面任意位置右击，在弹出的快捷菜单中依次选择 Add Node | image | Load Image。
- 创建 SD 路径加载器节点：在 ComfyUI 界面任意位置右击，在弹出的快捷菜单中依次选择 Add Node | AIFSH_DiffSynth-Studio | SDPathLoader。
- 创建 EX 视频节点：在 ComfyUI 界面任意位置右击，在弹出的快捷菜单中依次选择 Add Node | AIFSH_DiffSynth-Studio | ExVideoNode。
- 创建预览视频节点：在 ComfyUI 界面任意位置右击，在弹出的快捷菜单中依次选择 Add Node | V-Express | PreViewVideo。

3. 生成视频

创建完工作流之后，单击控制台上的 Queue Prompt 按钮即可生成视频，具体工作流如图 11-10 所示。

4. 重要节点介绍

ExVideonode（EX 视频）节点的功能为通过结合输入的图像、SVD 基础模型和 ExVideo 模型来生成或修改视频内容。它允许用户通过调整不同的参数来控制视频的生成过程，包括视频的帧率、推理步骤数、是否放大视频等。以下是对该节点输入端和输出端的详细介绍。

- image：用于连接需要转视频的图像，该图像将作为视频中一帧或多帧的基础。
- svd_base_model：用于连接 SVD 基础模型。
- exvideo_model：用于连接 ExVideo 模型。
- VIDEO：ExVideoNode 的最终输出，是一个包含处理或生成视频内容的文件。这个视频可以根据输入的图像、模型和参数的不同而具有不同的内容、长度和质量。

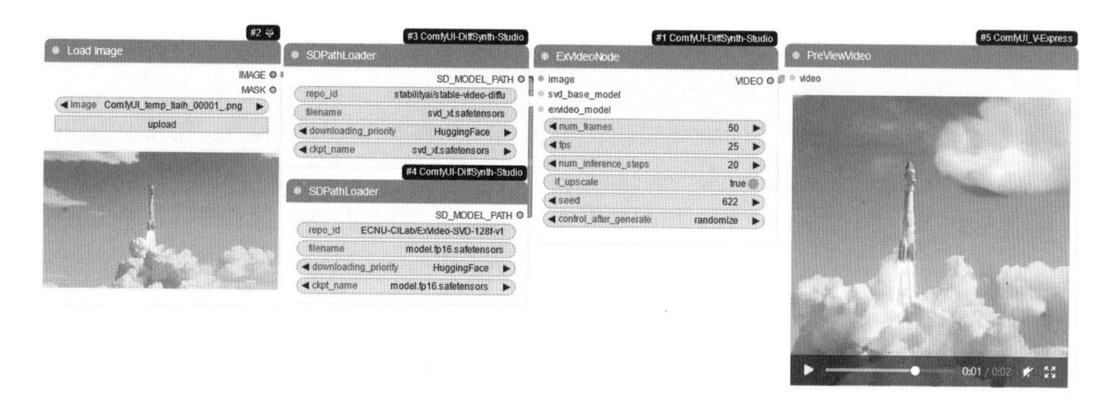

图 11-10 DiffSynth Studio 图生视频工作流

ExVideoNode 节点有几个重要的参数，唯有深入理解并合理设置这些参数，才能制作出高质量的视频。以下是对这些参数的详细介绍。

- num_frames：指定生成的视频的帧数，其决定了视频的长度。
- fps：帧率，即每秒播放的帧数。默认值为 6，但可以根据需要调整。较高的帧率会使视频看起来更流畅，但也会增加文件大小和处理时间。建议设置为 6 或 8。
- num_inference_steps：推理步骤数。
- if_upscale：用于指示是否在生成视频后对其进行放大处理。放大可以提高视频的分辨率，但也可能导致模糊或失真。当设置为 True 时，表示放大。
- seed：随机数种子，用于确保结果的可重复性。相同的种子和参数将产生相同的输出。
- control_after_generate：控制生成是否允许对生成结果进行进一步的调整，包括固定、增加、减少以及随机四种。

11.2.3 其他图生视频类工作流

其他图生视频类工作流还包括 DynamiCrafter、ToonCrafter、MuseV，以下是对这些工作流的详细介绍。

1. DynamiCrafter 工作流

DynamiCrafter 是由香港中文大学、腾讯 AI LAB 等团队联合研发的一个先进的 AI 视频生成模型。该模型具有极高的灵活性，能够结合静态图像和文本提示，瞬间生成逼真的动态视频，适用于多种场景和风格的动态内容创作。以下是对 DynamiCrafter 的详细介绍。

1）下载插件和模型

在ComfyUI控制台区域单击Manager，选择Install Custom Nodes，搜索ComfyUI-DynamiCrafterWrapper（项目地址为https://github.com/kijai/ComfyUI-DynamiCrafterWrapper/），安装后重启ComfyUI即可使用DynamiCrafter。（如果有网络设置，则可自动下载模型）。

2）创建工作流节点

使用DynamiCrafter图生视频工作流需要创建如下节点。

- ❑ 创建加载图像节点：在ComfyUI界面任意位置右击，在弹出的快捷菜单中依次选择Add Node | image | Load image。
- ❑ 创建DynamiCrafter模型加载节点：在ComfyUI界面任意位置右击，在弹出的快捷菜单中依次选择Add Node | DynamiCrafterWrapper | DynamiCrafterModelLoader。
- ❑ 创建下载并加载CLIP视觉模型节点：在ComfyUI界面任意位置右击，在弹出的快捷菜单中依次选择Add Node | DynamiCrafterWrapper | DownloadAndLoadCLIPVisionModel。
- ❑ 创建下载并加载CLIP模型节点：在ComfyUI界面任意位置右击，在弹出的快捷菜单中依次选择Add Node | DynamiCrafterWrapper | DownloadAndLoadCLIPModel。
- ❑ 创建DynamiCrafter图像到视频节点：在ComfyUI界面任意位置右击，在弹出的快捷菜单中依次选择Add Node | DynamiCrafterWrapper | DynamiCrafterI2V。
- ❑ 创建合并为视频节点：在ComfyUI界面任意位置右击，在弹出的快捷菜单中依次选择Add Node | Video Helper Suite | Video Combine。

3）输入提示词

在CLIP Text Encode（Prompt）框内输入A rocket,launching into the sky, high-quality,4k,作为正向提示词；在另一个CLIP Text Encode（Prompt）框内输入EasyNegative,nsfw,作为反向提示词。

其他参数设置参照图11-11所示。

4）生成视频

单击控制台上的Queue Prompt按钮生成视频，具体工作流如图11-11所示。由于笔者的计算机显存资源限制，无法直接展示生动的工作流效果，因此这里只展示工作流，官方效果展示如图11-12所示。读者也可以在Hugging Face（网址为https://huggingface.co/spaces/Doubiiu/DynamiCrafter）上在线使用DynamiCrafter。

5）重要节点介绍

DynamiCrafterI2V（DynamiCrafter图像到视频）节点允许用户将一张或多张静态图像转换为动态视频。通过结合大模型、CLIP视觉模型、提示词以及可能的蒙版和初始噪声，它可以生成一系列连续变化的图像帧，进而合成为视频。以下是对该节点输入端和输出端的详细介绍。

- ❑ model：连接用于图像和视频生成的大模型。
- ❑ clip_vision：用于连接CLIP视觉模型。
- ❑ positive：用于连接正向提示词，这些提示词将指导模型朝着特定的风格或内容去生成。

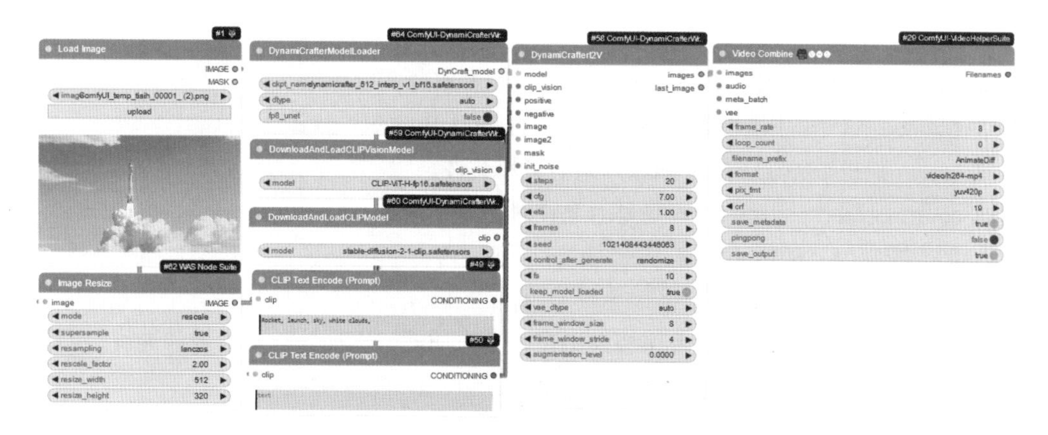

图 11-11　DynamiCrafter 图生视频工作流

图 11-12　DynamiCrafter 官方效果展示

- negative：用于连接反向提示词，避免生成不希望出现的内容。
- image：用于连接需要转视频的图像，作为生成视频的初始帧。
- image2（可选）：用于连接需要转视频的图像，作为生成视频的最后一帧。
- mask（可选）：蒙版，用于指定图像中哪些区域应该发生变化或保持不变。
- init_noise（可选）：初始噪声，可以影响生成过程的随机性。
- images：输出图像。如果 DynamiCrafterI2V 配置为生成单帧图像，则此输出结果为最终的图像。如果配置为生成视频，则需要将此输出与视频节点相连，以便将多个图像帧合并为视频。
- last_image：生成的最后一帧图像。

DynamiCrafterI2V 节点包含的重要参数如下。

- steps：生成过程中迭代的步数。

- cfg：提示词引导系数。
- eta：与生成过程相关的超参数，可能影响生成速度或质量。
- frames：希望生成的视频中的帧数，也表示生成的图片数量。
- seed：随机数种子，用于确保结果的可重复性。
- control_after_generate：控制是否允许对生成结果进行进一步的调整，包括固定、增加、减少以及随机 4 种。
- fs：帧率。
- keep_model_loaded：是否保持模型在内存中加载，以加快连续生成的速度。当设置为 True 时，表示保持模型在内存中加载。
- vae_dtype：VAE（变分自编码器）的数据类型。
- frame_window_size：当生成视频时考虑的帧窗口大小。
- frame_window_stride：帧窗口的跨步，影响帧之间的重叠程度。
- augmentation_level：增强水平，用于增加生成图像的多样性。

2. ToonCrafter 工作流

ToonCrafter 模型 DynamiCrafter 有着紧密的联系。可以认为，ToonCrafter 是在 DynamiCrafter 模型基础上针对卡通动画领域进行优化的产物。它专注于在两帧卡通图像之间生成流畅的过渡动画，从而提升卡通作品的质量和连贯性。以下是对使用 ToonCrafter 的详细介绍。

1）下载插件和模型

ToonCrafter 模型与 DynamiCrafter 模型均依托于 ComfyUI-DynamiCrafterWrapper 插件（项目地址为 https://github.com/kijai/ComfyUI-DynamiCrafterWrapper/），该插件的下载流程及相应模型的安装前面已经介绍过，这里不再重复介绍。

2）创建工作流节点

使用 ToonCrafter 图生视频工作流，需要创建如下节点。

- 创建加载图像节点：在 ComfyUI 界面任意位置右击，在弹出的快捷菜单中依次选择 Add Node | image | Load image。
- 创建 DynamiCrafter 模型加载节点：在 ComfyUI 界面任意位置右击，在弹出的快捷菜单中依次选择 Add Node | DynamiCrafterWrapper | DynamiCrafterModelLoader。
- 创建下载并加载 CLIP 视觉模型节点：在 ComfyUI 界面任意位置右击，在弹出的快捷菜单中依次选择 Add Node | DynamiCrafterWrapper | DownloadAndLoadCLIPVisionModel。
- 创建下载并加载 CLIP 模型节点：在 ComfyUI 界面任意位置右击，在弹出的快捷菜单中依次选择 Add Node | DynamiCrafterWrapper | DownloadAndLoadCLIPModel。
- 创建 ToonCrafter 插值节点：在 ComfyUI 界面任意位置右击，在弹出的快捷菜单中依次选择 Add Node | DynamiCrafterWrapper | ToonCrafterInterpolation。
- 创建 ToonCrafter 解码节点：在 ComfyUI 界面任意位置右击，在弹出的快捷菜单中依次选择 Add Node | DynamiCrafterWrapper | ToonCrafterDecode。

- 创建合并为视频节点：在 ComfyUI 界面任意位置右击，在弹出的快捷菜单中依次选择 Add Node | Video Helper Suite | Video Combine。

3）输入提示词

在 CLIP Text Encode（Prompt）框内输入 A rocket, launching into the sky, high-quality, 4k, 作为正向提示词反向提示词也可以不输入。

其他参数设置参照图 11-13 所示。

4）生成视频

单击控制台上的 Queue Prompt 按钮生成视频。由于笔者的计算机显存资源限制，无法直接展示生动的工作流效果，因此这里只展示工作流，ToonCrafter 工作流如图 11-13 所示，官方效果展示如图 11-14 所示。

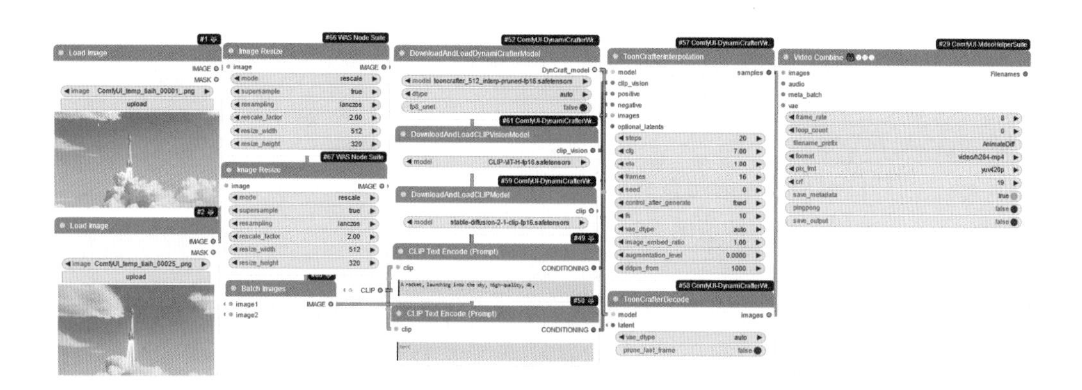

图 11-13 ToonCrafter 图生视频工作流

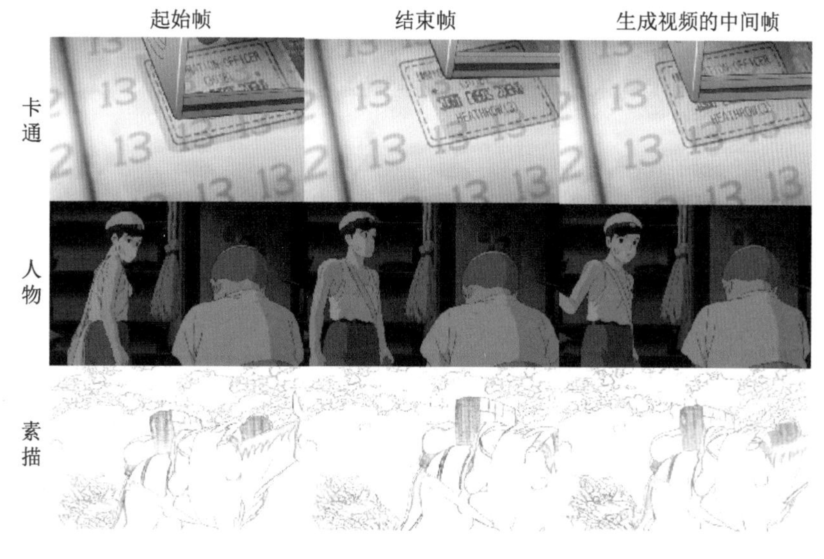

图 11-14 ToonCrafter 官方效果展示

5）关键节点介绍

ToonCrafterInterpolation（ToonCrafter 插值）节点的功能为允许用户在两个或多个

图像之间进行插值，生成一系列过渡图像，通常用于创建动画或平滑的视觉效果，同时，其还可以结合文本提示词和模型来指导插值过程。以下是对该节点输入端和输出端的详细介绍。

- model：连接用于插值的大模型。
- clip_vision：用于连接 CLIP 视觉模型。
- positive：连接正向提示词，影响插值过程中的视觉风格或内容。
- negative：连接反向提示词，避免插值过程中出现不希望看到的内容。
- images：连接需要进行插值的源图像列表。
- optional_latents（可选）：提供可选的潜空间，用于控制插值细节。
- samples：输出一系列插值生成的图像，这些图像展示了从源图像到目标图像（或多个目标图像）的平滑过渡。

ToonCrafterInterpolation 节点包含的重要参数如下。

- Steps：插值过程中的迭代步数。
- cfg：配置参数。
- eta：与插值过程相关的超参数。
- frames：希望生成的插值图像帧数。
- seed：随机数种子。
- control_after_generate：控制是否允许对生成结果进行进一步的调整，包括固定、增加、减少以及随机 4 种。
- fs：帧率。
- vae_dtype：VAE 的数据类型。
- image_embed_ratio：图像嵌入的比例，可能会影响插值结果的风格或插值内容。
- augmentation_level：增强水平，用于增加插值图像的多样性。
- ddpm_from：与 DDPM（去噪扩散概率模型）相关的参数。

3. MuseV 工作流

MuseV（项目地址为 https://github.com/chaojie/ComfyUI-MuseV）是一个由腾讯开源的虚拟人视频生成框架，它基于扩散模型采用了新颖的视觉条件并行去噪方案，专为生成高质量的虚拟人视频和口型同步而设计，以下是对其技术特点的详细介绍。

- 无限长度视频生成。MuseV 突破了传统 AI 视频生成技术的短视频限制，通过并行去噪方案，理论上可以生成无限时长的视频，使用户的创意得到无限延伸。
- 高保真和一致性。利用先进的算法，MuseV 能够制作出具有高度一致性和自然表情的长视频内容，使虚拟人物看起来更自然和真实。
- 多功能性。支持 Image2Video（图像到视频）、Text2Image2Video（文本到图像再到视频）和 Video2Video（视频到视频）等多种功能模式，满足不同的创作需求。
- 多参考图像技术。支持 IPAdapter、ReferenceOnly、ReferenceNet、IPAdapterFaceID 等多参考图像技术，进一步提升了视频质量。
- 自定义动作和风格。支持通过 OpenPose 技术生成自定义动作，提供更大的创作自由度。无论是写实风格还是二次元风格，MuseV 都能生成效果稳定的视频。

11.3 视频转绘工作流

视频转绘工作流允许用户将现有视频的风格进行转换或重绘形成新的风格视频。例如，可以将真实视频重绘为动漫风格，或者使用新的人物形象重放视频中的人物动作。ComfyUI 提供了多种视频转绘工具和方法，如使用 AnimateDiff 工具结合闪电模型进行视频风格转换，可以大幅提升视频的生成速度和稳定性。这种工作流为视频创作者提供了更多的创意空间，使得视频内容更加丰富多彩。本节将介绍如何使用 AnimateDiff 和 DiffSynth Studio 工作流进行视频转绘。

11.3.1 AnimateDiff 视频转绘

在 ComfyUI 中使用 AnimateDiff 视频转绘的操作与 11.1.2 节 AnimateDiff 文生视频的操作类似，只是在 AnimateDiff 文生视频工作流的基础上删去了生成图片这个模块，并将这个模块改为加载视频节点，以下是对使用 AnimateDiff 进行视频转绘的详细介绍。

1. 创建工作流节点

使用 AnimateDiff 进行视频转绘需要在 AnimateDiff 文生视频的工作流上加载视频节点与 ControlNet 节点，以下是对需要添加的节点的详细介绍。

- 创建加载视频节点：在 ComfyUI 界面任意位置右击，在弹出的快捷菜单中依次选择 Add Node | Video Helper Suite | Load Video（Upload）。
- 创建加载 ControlNet 模型节点：在 ComfyUI 界面任意位置右击，在弹出的快捷菜单中依次选择 Add Node | loaders | Load ControlNet Model。
- 创建 Aux 集成预处理器节点：在 ComfyUI 界面任意位置右击，在弹出的快捷菜单中依次选择 Add Node | ControlNet Preprocessors | AIO Aux Preprocessor。
- 创建 ControlNet 应用节点：在 ComfyUI 界面任意位置右击，在弹出的快捷菜单中依次选择 Add Node | conditioning | Apply ControlNet。

注意：根据不同的视频类型，选择不同的 ControlNet 模型与预处理器。例如，转绘女孩跳舞的视频，可以选择 OpenPose、Depth、Canny 模型和预处理器，可以单独使用，也可以叠加使用。

---

2. 输入提示词

在 CLIP_POSITIVE 框内输入 1 girl, anime style, beautiful,High quality, detail, high resolution, 4k 作为正向提示词；在 CLIP_NEGATIVE 框内输入 embedding:easynegative, bad hands, hat, bracelet, (worst quality, low quality: 1.3), zombie, horror, distorted, photo 作为反向提示词。

其他参数设置参照图 11-15 所示。

3. 生成视频

单击控制台上的 Queue Prompt 按钮即可生成视频，具体工作流如图 11-15 所示，AnimateDiff 视频转绘效果如图 11-16 所示。

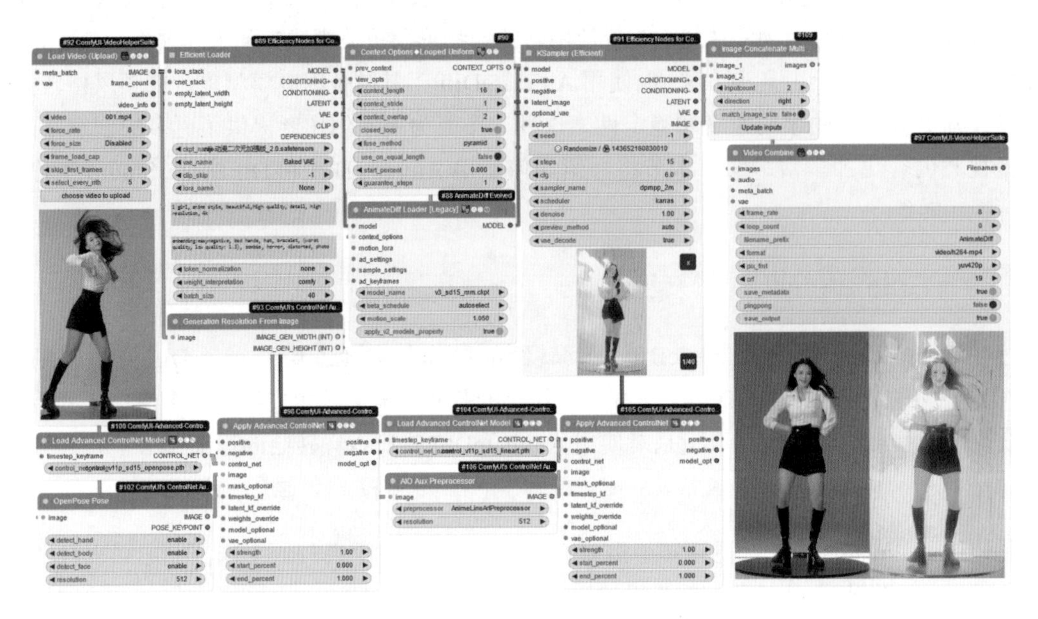

图 11-15　AnimateDiff 视频转绘工作流

图 11-16　AnimateDiff 视频转绘效果展示

11.3.2　DiffSynth Studio 视频转绘

使用 DiffSynth Studio 工作流可进行视频转绘，其工作流节点与模型的安装详见 11.2.2 节，下面介绍视频转绘的具体方法。

1. 创建工作流节点

使用 DiffSynth Studio 视频转绘工作流，需要创建如下节点。

- 创建加载视频节点：在 ComfyUI 界面任意位置右击，在弹出的快捷菜单中依次选择 Add Node | AIFSH_DiffSynth-Studio | LoadVideo。
- 创建 SD 路径加载器节点：在 ComfyUI 界面任意位置右击，在弹出的快捷菜单中依次选择 Add Node | AIFSH_DiffSynth-Studio | SDPathLoader。
- 创建差异文本节点：在 ComfyUI 界面任意位置右击，在弹出的快捷菜单中依次选择 Add Node | AIFSH_DiffSynth-Studio | DiffTextNode。
- 创建 Difftoon 节点：在 ComfyUI 界面任意位置右击，在弹出的快捷菜单中依次选择 Add Node | AIFSH_DiffSynth-Studio | DifftoonNode。
- 创建 ControlNet 路径加载器节点：在 ComfyUI 界面任意位置右击，在弹出的快捷菜单中依次选择 Add Node | AIFSH_DiffSynth-Studio | ControlNetPathLoader。
- 创建预览视频节点：在 ComfyUI 界面任意位置右击，在弹出的快捷菜单中依次选择 Add Node | AIFSH_DiffSynth-Studio | PreViewVideo。

2. 输入提示词

在 DiffTextNode 框内输入 High quality,anime style, 作为正向提示词；在另一个 DiffTextNode 框内输入 Low quality, blurry, uncoordinated, 作为反向提示词。

其他参数设置参照图 11-17 所示。

3. 生成视频

单击控制台上的 Queue Prompt 按钮即可生成视频，由于笔者的计算机显存资源限制，无法直接展示生动的工作流效果，此处只展示工作流，具体工作流如图 11-17 所示。

4. 重要节点介绍

DiffutoonNode（Diffutoon 节点）节点的功能为利用深度学习技术，特别是基于扩散模型的图像生成算法，结合用户提供的输入（如视频片段、模型、提示信息等）和控制网络，生成或修改具有特定风格和内容的视频或图像序列。以下是对该节点输入端和输出端的详细介绍。

- source_video_path：源视频片段，作为生成或修改视频内容的起点。可以是一个完整的视频文件或视频中的一部分。
- sd_model_path：加载大模型，用于图像生成。这个模型是 DiffutoonNode 工作的核心，决定了生成图像的风格和质量。
- positive_prompt：用于连接正向提示词，这些提示词将指导模型朝着特定的视觉风格或内容去生成。

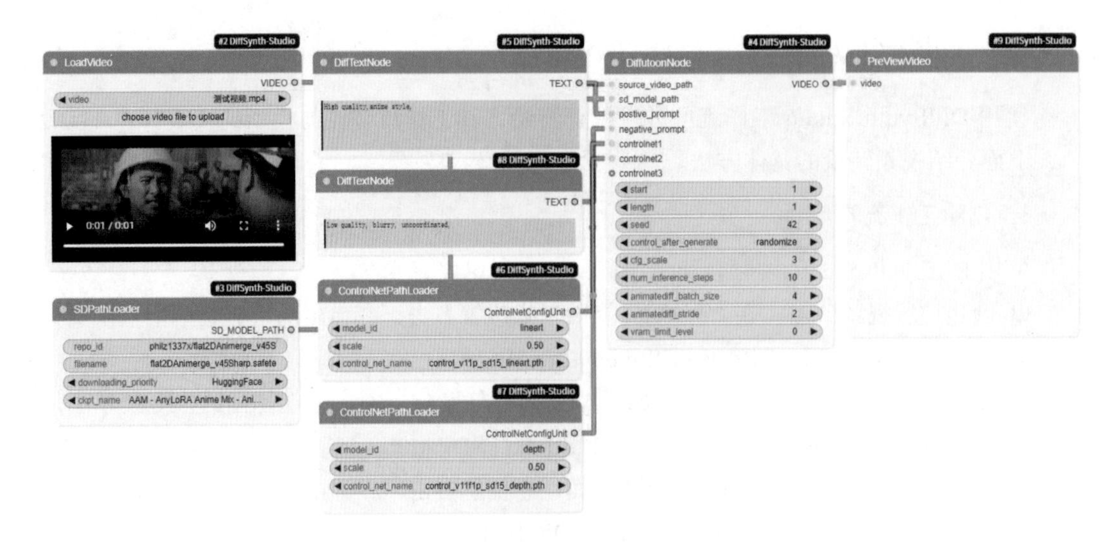

图 11-17　DiffSynth Studio 视频转绘工作流

- ❑ negative_prompt：用于连接反向提示词，避免生成不希望出现的内容。
- ❑ controlnet1、controlnet2、controlnet3：控制网络输入，每个控制网络都可以为生成过程提供额外的指导或约束。这些网络可以基于不同的图像特征（如边缘、深度、颜色等）来优化生成结果。
- ❑ VIDEO：DiffutoonNode 的最终输出是一个包含生成视频的文件。这个视频根据输入的图像、模型和参数不同生成的内容、长度和质量也不同。

DiffutoonNode 节点的重要参数如下。

- ❑ start：指定处理或生成视频内容的起始点（如从视频的第几秒开始）。
- ❑ length：指定要处理或生成的视频内容的长度（如以秒为单位）。
- ❑ seed：随机数种子，用于确保结果的可重复性。相同的种子和参数将产生相同的输出内容。
- ❑ control_after_generate：控制是否允许对生成结果进行进一步的调整，包括固定、增加、减少以及随机 4 种。
- ❑ cfg_scale：设置提示词引导系数大小，用于调整在生成过程中提示词的影响程度，进而影响生成图像的细节和风格。
- ❑ num_inference_steps：推理次数，即模型在生成每个图像或视频帧时的迭代次数，将会影响生成质量和生成时间。
- ❑ animatediff_batch_size：动画差异（或视频生成）的批量大小，用于控制能够同时处理的视频帧数量，将会影响处理速度和内存使用。
- ❑ animatediff_stride：动画差异（或视频生成）的步长，用于决定相邻帧之间的间隔，将会影响生成视频的流畅度和计算量。
- ❑ vram_limit_level：虚拟内存限制级别，用于控制生成过程中占用的 GPU 内存量，帮助用户根据硬件资源调整生成设置。

11.4 图片跳舞工作流

在数字化娱乐与创意表达日益盛行的今天，让静态图片中的人物“活”起来甚至跳起舞蹈，已成为许多人追求的新奇体验。在 ComfyUI 中就包括一系列让图片人物跳舞的插件，如 MimicMotion、AnimateAnyone、Champ、MusePose 和 MagicAnimate 等，本节将具体介绍这些插件的使用方法。

使用这些插件再利用深度学习算法，能够分析图片中人物的身体结构、姿态与面部表情，并基于预设的舞蹈动作模板或用户自定义的舞蹈序列，为图片人物添加流畅的舞蹈动作。用户只需要上传一张人物照片，选择喜欢的舞蹈风格（如街舞、爵士或芭蕾等），并调整舞蹈动作的细节与节奏，ComfyUI 便能迅速生成一段令人惊叹的舞蹈视频。

11.4.1 使用 MimicMotion 实现图片跳舞

MimicMotion 是腾讯和上海交通大学共同推出的一个动作视频生成模型，能够根据单张图像和简单的姿势指导，生成高质量的人体运动视频。ComfyUI-MimicMotion 将 MimicMotion 技术集成到 ComfyUI 的图形用户界面中，使得用户可以通过直观的界面操作，轻松生成高质量的人体运动视频。用户可以根据自己的需求，通过调整节点参数和选择不同的节点组合来实现对视频内容的精确控制，包括动作、姿势和视频风格等，下面介绍其具体使用方法。

1. 下载插件和模型

用户在使用 ComfyUI-MimicMotion 插件时，可以在 ComfyUI 控制台区域单击 Manager，选择 Install Custom Nodes，搜索 ComfyUI-MimicMotionWrapper（项目地址为 https://github.com/kijai/ComfyUI-MimicMotionWrapper），安装后重启 ComfyUI 即可使用。

同时，需要在 Hugging Face（网址为 https://huggingface.co/Kijai/MimicMotion_pruned/tree/main）上下载 MimicMotion 模型，并将其放置在 ComfyUI\models\mimicmotion 目录下。在 Hugging Face（网址为 https://huggingface.co/stabilityai/stable-video-diffusion-img2vid-xt-1-1/tree/main）上下载 img2vid-xt-1-1 模型并放在 ComfyUI/models/diffusers 目录下。

2. 创建工作流节点

使用 MimicMotion 工作流，需要创建如下节点。

- 创建加载图片节点：在 ComfyUI 界面任意位置右击，在弹出的快捷菜单中依次选择 Add Node | loaders | Load Image。
- 创建加载视频节点：在 ComfyUI 界面任意位置右击，在弹出的快捷菜单中依次选择 Add Node | Video Helper Suite | Load Video（Upload）。
- 创建（下载）加载 MimicMotion 模型节点：在 ComfyUI 界面任意位置右击，在弹出的快捷菜单中依次选择 Add Node | MimicMotionWrapper |（Down）Load MimicMotionModel。
- 创建 MimicMotion 采样节点：在 ComfyUI 界面任意位置右击，在弹出的快捷菜单中依次选择 Add Node | MimicMotionWrapper | MimicMotion Sampler。

- ❑ 创建 MimicMotion 获取姿势节点：在 ComfyUI 界面任意位置右击，在弹出的快捷菜单中依次选择 Add Node | MimicMotionWrapper | MimicMotion GetPoses。
- ❑ 创建 MimicMotion 解码节点：在 ComfyUI 界面任意位置右击，在弹出的快捷菜单中依次选择 Add Node | MimicMotionWrapper | MimicMotion Decode。
- ❑ 创建合并为视频节点：在 ComfyUI 界面任意位置右击，在弹出的快捷菜单中依次选择 Add Node | Video Helper Suite | Video Combine。

注意：加载的图片尺寸必须与加载的视频尺寸相同，否则运行时会报错。

---

3. 生成视频

单击控制台上的 Queue Prompt 按钮即可生成视频，具体工作流如图 11-18 所示。

图 11-18　MimicMotion 工作流

4. 重要节点介绍

MimicMotion Sampler（MimicMotion 采样器）节点的功能为利用输入的图像和姿势信息，通过采样和插值技术生成或修改视频中的运动数据，包括面部动画、人体姿态变化等，以创建自然流畅的运动序列。以下是对该节点输入端和输出端的详细介绍。

- ❑ mimic_pipeline：用于加载 MimicMotion 模型。
- ❑ ref_image：参考图像，用于生成运动数据时的基准或参考点。
- ❑ pose_images：包含姿势信息的图像序列，这些图像定义了目标运动的关键姿势。

- optional_scheduler（可选）：可选调度器，用于控制采样过程中的步骤或阶段，以实现特定的动画效果。
- samples：输出的是采样器对象或结果，这些对象包含生成的运动数据，可以直接用于渲染视频或进一步的处理，与 MimicMotion Decode 节点相连。

MimicMotion Sampler 节点有几个重要的参数，以下是对这些参数的详细介绍。

- steps：指定采样步数，即生成过程中将要采取的步骤数量，将会影响生成动画的细腻程度。
- cfg_min 和 cfg_max：cfg（配置）的最小值和最大值，用于调整生成过程中模型配置的影响程度，从而影响生成结果的风格和质量。
- seed：随机数种子，确保结果的可重复性。
- control_after_generate：控制是否允许对生成结果进行进一步的调整，包括固定、增加、减少以及随机 4 种。
- fps：帧率，表示视频每秒播放的帧数，这会影响视频的流畅度和观感。默认值为 6，建议设置为 6 或 8。
- noise_aug_strength：特定于面部动画的参数，用于控制鼻子运动的增强程度，以模拟更自然的表情。
- context_size：生成运动数据时考虑的上下文大小，即同时考虑多少个帧或时间步的数据。这样有助于生成更连贯和自然的运动序列。
- context_overlap：相邻窗口之间重叠的潜空间变量数量，即前后文叠加帧数，通常设置为 2。重叠部分有助于在动画的不同部分之间创建平滑的过渡。
- keep_model_loaded：控制是否在生成过程中保持模型加载状态。
- pose_strength：控制姿势变化的幅度。
- pose_start_percent：指定在序列的哪一部分开始这些姿势变化。
- pose_end_percent：指定在序列的哪一部分结束这些姿势变化。
- image_embed_strength：控制图像特征在生成运动数据时的嵌入强度，以生成与图像内容更匹配的运动。

11.4.2　使用 AnimateAnyone 实现图片跳舞

AnimateAnyone 是一个具有创新性和实用性的开源项目，它打破了动画创作的技术壁垒，开启了个性化数字内容生产的崭新大门。无论是专业人士还是科技爱好者，都可以借助这个项目研究动态视觉叙事的无限可能。下面将介绍其具体使用方法。

1. 下载插件和模型

在 ComfyUI 控制台区域单击 Manager，选择 Install Custom Nodes，搜索 ComfyUI-AnimateAnyone-Evolved（项目地址为 https://github.com/MrForExample/ComfyUI-AnimateAnyone-Evolved），安装后重启 ComfyUI 即可使用。同时需要下载一些适配的模型，具体的模型及其地址目录如表 11-2 所示。

表 11-2　AnimateAnyone 模型与模型地址目录

分　类	地 址 目 录	模　型
稳定扩散模型	ComfyUI/custom_nodes/ComfyUI-AnimateAnyone-Evolved/pretrained_weights/stable-diffusion-v1-5/unet	diffusion_pytorch_model.bin
Moore-AnimateAnyone 预训练模型	ComfyUI/custom_nodes/ComfyUI-AnimateAnyone-Evolved/pretrained_weights	denoising_unet.pth motion_module.pth pose_guider.pth reference_unet.pth
clip_vision	ComfyUI/models/clip_vision	pytorch_model.bin
vae	ComfyUI/models/vae	diffusion_pytorch_model.bin

2. 创建工作流节点

使用 AnimateAnyone 工作流需要创建如下节点。

- 创建加载图片节点：在 ComfyUI 界面任意位置右击，在弹出的快捷菜单中依次选择 Add Node | loaders | Load Image。
- 创建加载视频节点：在 ComfyUI 界面任意位置右击，在弹出的快捷菜单中依次选择 Add NodevVideo Helper Suite | Load Video（Upload）。
- 创建加载 UNet2D 条件模型节点：在 ComfyUI 界面任意位置右击，在弹出的快捷菜单中依次选择 Add Node | AnimateAnyone-Evolved | Loaders | Load UNet2D ConditionModel。
- 创建加载 UNet3D 条件模型节点：在 ComfyUI 界面任意位置右击，在弹出的快捷菜单中依次选择 Add Node | AnimateAnyone-Evolved | Loaders | Load UNet3D ConditionModel。
- 创建加载姿态引导节点：在 ComfyUI 界面任意位置右击，在弹出的快捷菜单中依次选择 Add Node | AnimateAnyone-Evolved | Loaders | Load Pose Guider。
- 创建姿态引导编码节点：在 ComfyUI 界面任意位置右击，在弹出的快捷菜单中依次选择 Add Node | AnimateAnyone-Evolved | processor | Pose Guider Encode。
- 创建加载 VAE 节点：在 ComfyUI 界面任意位置右击，在弹出的快捷菜单中依次选择 Add Node | loaders | Load VAE。
- 创建 CLIP 视觉加载器节点：在 ComfyUI 界面任意位置右击，在弹出的快捷菜单中依次选择 Add Node | loaders | Load CLIP Vision。
- 创建 AnimateAnyone 采样器节点：在 ComfyUI 界面任意位置右击，在弹出的快捷菜单中依次选择 Add Node | AnimateAnyone-Evolved | Animate Anyone Sampler。
- 创建合并为视频节点：在 ComfyUI 界面任意位置右击，在弹出的快捷菜单中依次选择 Add Node | Video Helper Suite | Video Combine。

注意： 加载的图片尺寸必须与加载的视频尺寸相同，否则运行时会报错。

3. 生成视频

单击控制台上的 Queue Prompt 按钮即可生成视频，具体工作流如图 11-19 所示。

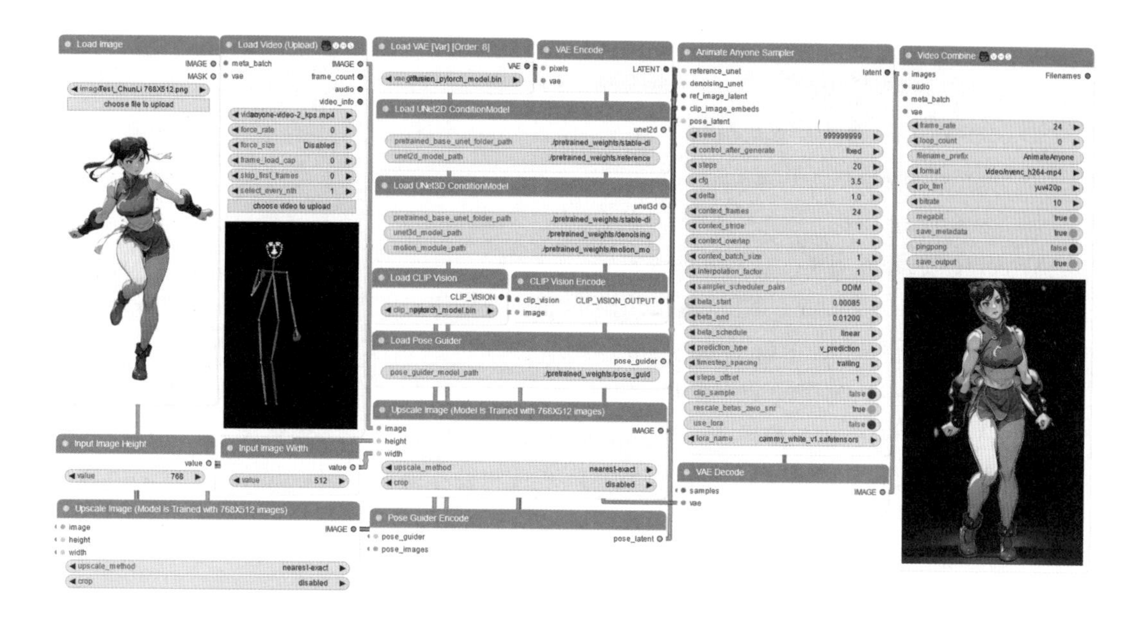

图 11-19　AnimateAnyone 工作流展示

4. 重要节点介绍

Animate Anyone Sampler（AnimateAnyone 采样器）节点有一些关键的输入端和输出端，以下是对该节点输入端和输出端的详细介绍。

- reference_unet：参考 UNet 模型，可用于生成或调整图像的某些特征。UNet 是一种常用于图像分割和图像生成的神经网络结构。
- denoising_unet：降噪 UNet 模型，用于减少图像中的噪声，提高图像质量。这对于生成清晰、自然的动态图像非常重要。
- ref_image_latent：参考图像的潜空间，这是图像在某种潜空间中的编码，通常用于生成模型中，以控制图像的生成。
- clip_image_embeds：参考图像的 CLIP 嵌入，CLIP（Contrastive Language-Image Pre-training）是一种能够学习图像和文本之间关联的技术，其嵌入可以用于指导图像的生成。
- pose_latent：姿态的潜在表示，描述了目标人像的姿态信息，用于指导动态图像的生成。
- latent：潜空间，这是生成图像在潜空间中的编码，可以用于进一步的处理或生成最终的图像。

Animate Anyone Sampler 节点有几个重要的参数，以下是对这些参数的详细介绍。

- seed：随机数种子，用于确保结果的可重复性。

- control_after_generate：控制是否允许对生成结果进行进一步的调整，包括固定、增加、减少及随机 4 种。
- steps：生成过程中的步数，控制生成过程的迭代次数。
- cfg：配置参数，用于定义生成过程的。
- delta：增量值，可用于调整某些参数或特征的变化量。
- context_frames：上下文帧数。
- context_stride：上下文步长。
- context_overlap：上下文重叠。
- context_batch_size：上下文批次大小。
- interpolation_factor：插值系数，用于调整生成图像之间的平滑度。
- sampler_scheduler_pairs、beta_start、beta_end 与 beta_schedule：这些参数与采样过程的调度和 beta 值的变化有关，beta 值通常用于控制生成过程中的噪声水平。
- prediction_type：预测类型，指生成过程中使用的特定预测方法或模型。
- timestep_spacing、steps_offset：与时间步长和偏移量相关的参数，用于控制生成过程的时序。
- clip_sample：CLIP 采样。
- rescale_betas_zero_snr：与信噪比（SNR）和 beta 值重缩放相关的参数。
- use_lora 和 lora_name：LoRA 名称指示是否使用 LoRA（Low-Rank Adaptation）以及 LoRA 模型的名称。LoRA 是一种轻量级的模型微调技术，可以在不改变原始模型大部分参数的情况下，通过添加少量参数来实现对模型的调整。

11.4.3　其他图片跳舞工作流

除了前面介绍的几种方法外，还有多种让图片“舞动”的创新方法，如 Champ、MusePose、MagicAnimate 等技术。限于篇幅，下面仅简单介绍一下这些技术。

1. Champ 简介

Champ（项目地址为 https://github.com/kijai/ComfyUI-champWrapper?tab=readme-ov-file）是由阿里巴巴集团、南京大学和复旦大学研究团队共同提出的创新人体动画生成技术。该技术能够在仅有一段原始视频和一张静态图片的情况下激活图片中的人物，使其按照视频中的动作进行动态表现，极大地促进了虚拟主播和其他虚拟角色生成技术的发展，其使用效果如图 11-20 所示。

2. MusePose 简介

MusePose（项目地址为 https://github.com/TMElyralab/Comfyui-MusePose）是一个基于姿态控制的虚拟人图像转视频生成框架，它能够通过给定的姿势序列生成参考图中人物的舞蹈视频。MusePose 作为 Muse 开源系列的最后一个模块，与 MuseV 和 MuseTalk 共同致力于构建一个能够进行全身运动和交互的虚拟人端到端生成系统，其使用效果如图 11-21 所示。

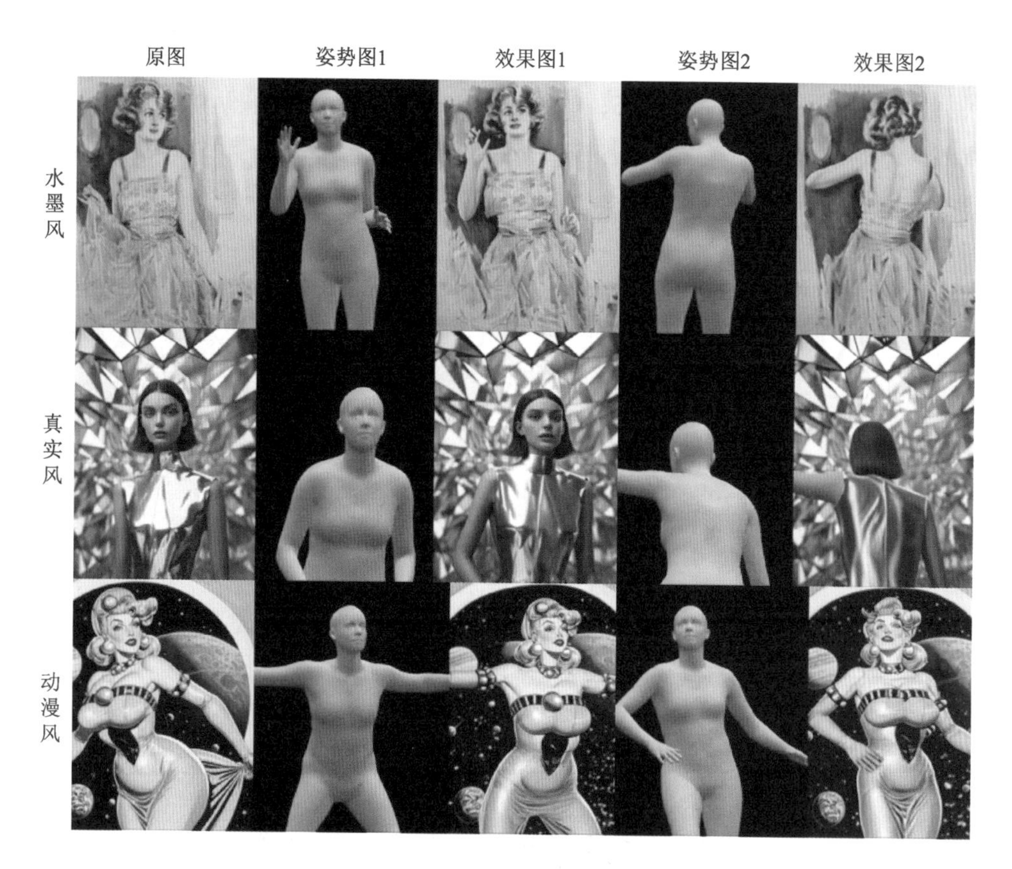

图 11-20　Champ 官方效果展示

图 11-21　MusePose 官方效果展示

3. MagicAnimate 简介

MagicAnimate（项目地址为 https://github.com/thecooltechguy/ComfyUI-MagicAnimate?tab=readme-ov-file#node-types）是由新加坡国立大学的 Show Lab 和字节跳动共同打造的一项开创性的开源项目。该项目旨在通过先进的人工智能技术简化动画创作过程，提供高效、便捷的动画制作解决方案。以下是对其技术特点的详细介绍。

- 高保真度。MagicAnimate 能够忠实地保留参考图像的细节，确保动画中的人物或对象与原图保持一致。
- 时间一致性。动画在时间上的连贯性得到保证，动作看起来自然流畅，没有突兀的变化。
- 灵活性。MagicAnimate 支持多种输入方式，包括静态图像、视频、语音和文字，可以生成与原始人像图像风格、姿态、表情一致的动态人像视频。
- 跨领域应用。MagicAnimate 不仅能够处理真实的人物图像，还能处理油画和电影角色等。

也可以在 Hugging Face（网址为 https://huggingface.co/spaces/zcxu-eric/magicanimate）上在线使用 MagicAnimate，其使用效果如图 11-22 所示。

图 11-22　Magic Animate 官方效果展示

11.5 其他创意视频工作流

用户可以使用 ComfyUI 创建多种创意应用类型的视频工作流，包括视频换脸、视频修复、对口型和拖曳控制等。这些工作流不仅展现了人工智能在多媒体内容创作中的潜力，也为用户带来了前所未有的体验。本节将详细介绍这些高级创意应用工作流。

11.5.1　使用 ReActor 实现视频换脸

视频换脸是 ComfyUI 中的一项高级功能，它允许用户将视频中的人物面部替换为另一个人的面部。ComfyUI 提供了多种视频换脸模型和工具，如使用 ReActor 等开源技术进行视频换脸操作。用户只需要上传原始视频和目标面部图像，然后选择相应的模型和参数，即可实现视频换脸效果。下面介绍使用 ReActor 进行视频换脸的具体使用方法。

1. 下载插件和模型

在 ComfyUI 控制台区域单击 Manager，选择 Install Custom Nodes，搜索 comfyui-reactor-node（项目地址为 https://github.com/Gourieff/comfyui-reactor-node），安装后重启 ComfyUI 即可使用。

下载完插件之后，需要下载一些适配的模型，具体的模型及其地址目录如表 11-3 所示。

表 11-3　ReActor 模型与模型地址目录

分　类	地 址 目 录	模　型
人脸修复模型	ComfyUI/models/facerestore_models	GFPGANv1.3.onnx GFPGANv1.3.pth GFPGANv1.4.onnx GFPGANv1.4.pth GPEN-BFR-1024.onnx GPEN-BFR-2048.onnx GPEN-BFR-512.onnx RestoreFormer_PP.onnx codeformer-v0.1.0.pth
面部检测模型	ComfyUI/models/facedetection	detection_Resnet50_Final.pth parsing_parsenet.pth
inswapper_128 模型	ComfyUI/models/insightface	inswapper_128.onnx inswapper_128_fp16.onnx
buffalo_l 模型	ComfyUI/models/insightface/models/buffalo_l	1k3d68.onnx 2d106det.onnx det_10g.onnx genderage.onnx w600k_r50.onnx
bbox 模型	ComfyUI/models/ultralytics/bbox	face_yolov8m.pt
Segm 模型	ComfyUI/models/ultralytics/segm	face_yolov8m-seg_60.pt hair_yolov8n-seg_60.pt person_yolov8m-seg.pt skin_yolov8m-seg_400.pt
sams 模型	ComfyUI/models/sams	sam_vit_b_01ec64.pth sam_vit_l_0b3195.pth

2. 创建工作流节点

使用 ReActor 工作流换脸，需要创建以下工作流节点。

- ❑ 创建加载图片节点：在 ComfyUI 界面任意位置右击，在弹出的快捷菜单中依次选择 Add Node | loaders | Load Image。
- ❑ 创建加载视频节点：在 ComfyUI 界面任意位置右击，在弹出的快捷菜单中依次选择 Add Node | Video Helper Suite | Load Video（Upload）。
- ❑ 创建 ReActor 换脸节点：在 ComfyUI 界面任意位置右击，在弹出的快捷菜单中依次选择 Add Node | ReActor | ReActor Fast Face Swap。
- ❑ 创建合并为视频节点：在 ComfyUI 界面任意位置右击，在弹出的快捷菜单中依次选择 Add Node | Video Helper Suite | Video Combine。

3. 生成视频

单击控制台上的 Queue Prompt 按钮生成视频，具体工作流如图 11-23 所示。

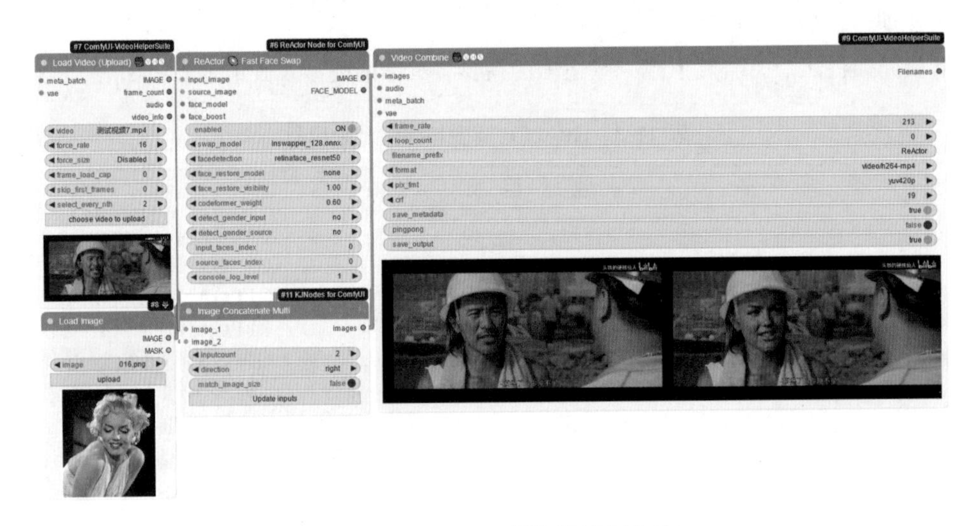

图 11-23　ReActor 视频换脸工作流

4. 重要节点介绍

ReActor Fast Face Swap（ReActor 快速换脸）节点有一些关键的输入端和输出端，以下是对该节点输入端和输出端的详细介绍。

- ❑ input_image：输入需要进行换脸处理的视频或图像帧。它是换脸技术的主体部分，即用户希望在其中嵌入新面部的原始图像或视频帧。输入类型为图像或视频帧。
- ❑ source_image：输入一张包含人物脸部的图像，其面部将被提取并替换到 input_image 中的相应位置。输入类型为图像。
- ❑ face_model：输入脸部模型，用于识别、定位和分析图像中的人脸。它帮助系统准确识别 input_image 和 source_image 中的人脸，以便进行后续的换脸操作。
- ❑ face_boost（可选）：面部提升是在人脸检测和识别过程中应用的增强技术，以提高准确性或处理速度。
- ❑ IMAGE：用于输出换脸处理后的结果图像。它展示了将 source_image 中的面部成功嵌入 input_image 中的效果。

- face_model（可选）：在换脸过程中，如果系统需要或用户请求，可以输出正在构建的源人脸模型，用于进一步的分析、调试或优化。

ReActor Fast Face Swap 节点有几个重要的参数，以下是对这些参数的详细介绍。

- enabled：启用 ReActor Fast Face Swap 节点进行换脸。
- swap_model：加载 SWAP 模型。
- facedetection：加载人脸检测的模型。
- face_restore_model：用于恢复或优化换脸后人脸细节的模型。
- face_restore_visibility：调整换脸后人脸部分可见性或透明度的参数。
- codeformer_weight：如果使用了基于 Transformer 的模型进行面部编码或解码，这里指定其权重。
- detect_gender_input：是否检测 input_image 中人脸的性别，可用于特定性别的换脸优化。
- detect_gender_source：是否检测 source_image 中人脸的性别，同样可以用于优化。
- input_faces_index：指定 input_image 中特定人脸的索引，用于多人脸处理。
- source_faces_index：指定 source_image 中特定人脸的索引，用于多人脸处理。
- console_log_level：控制日志输出的详细程度，有助于调试和性能监控。

11.5.2　使用 ProPainter 实现视频修复

ProPainter 是一个专门针对视频修复的项目，提供视频擦除和补全功能，可以通过关键字擦除视频中的对象，以及对视频元素进行画面补全。下面介绍使用 ProPainter 进行视频修复的具体使用方法。

1. 下载插件

在 ComfyUI 控制台区域单击 Manager，选择 Install Custom Nodes，搜索 ComfyUI_ProPainter_Nodes（项目地址为 https://github.com/daniabib/ComfyUI_ProPainter_Nodes），安装后重启 ComfyUI 即可使用。

2. 创建工作流节点

运用 ProPainter 视频擦除的工作流包括两个部分：蒙版分割与视频擦除。在工作流中，首先要上传视频；其次为要擦除的部分创建蒙版；然后需要使用 ProPainter inpainting 节点进行视频擦除；最后是合成视频。下面对需要创建的节点逐一进行介绍。

- 创建加载视频节点：在 ComfyUI 界面任意位置右击，在弹出的快捷菜单中依次选择 Add Node | Video Helper Suite | Load Video（Upload）。
- 创建图像缩放（KJ）节点：在 ComfyUI 界面任意位置右击，在弹出的快捷菜单中依次选择 Add Node | KJNodes | image | Resize Image。
- 创建 SAM 模型加载器节点：在 ComfyUI 界面任意位置右击，在弹出的快捷菜单中依次选择 Add Node | segment_anything | SAMLoader（segment_anything）。
- 创建 G-Dino 模型加载器节点：在 ComfyUI 界面任意位置右击，在弹出的快捷菜单中依次选择 Add Node | segment_anything | GroundingDinoModelLoder（segment_anything）。

- ❑ 创建 G-DinoSAM 语义分割节点：在 ComfyUI 界面任意位置右击，在弹出的快捷菜单中依次选择 Add Node | segment_anything | GroundingDinoSAMSegment（segment_anything）。
- ❑ 创建图像到遮罩节点：在 ComfyUI 界面任意位置右击，在弹出的快捷菜单中依次选择 Add Node | image | Convert Image to Mask。
- ❑ 创建缩放遮罩节点：在 ComfyUI 界面任意位置右击，在弹出的快捷菜单中依次选择 Add Node | KJNodes | msking | Resize Mask。
- ❑ 创建 ProPainter 修复节点：在 ComfyUI 界面任意位置右击，在弹出的快捷菜单中依次选择 Add Node | ProPainter | ProPainter Inpainting。
- ❑ 创建图像连接节点：在 ComfyUI 界面任意位置右击，在弹出的快捷菜单中依次选择 Add Node | KJNodes | image | Image Concatenate。
- ❑ 创建合并为视频节点：在 ComfyUI 界面任意位置右击，在弹出的快捷菜单中依次选择 Add Node | Video Helper Suite | Video Combine。

3. 输入提示词

在 GroundingDinoSAMSegment（segment anything）节点的 prompt 框内输入：rocket 使其分割并创建火箭的蒙版图像。

其他参数设置参照图 11-24 所示。

4. 生成视频

单击控制台上的 Queue Prompt 按钮生成视频，具体工作流如图 11-24 所示，ProPainter 对比效果如图 11-25 所示。

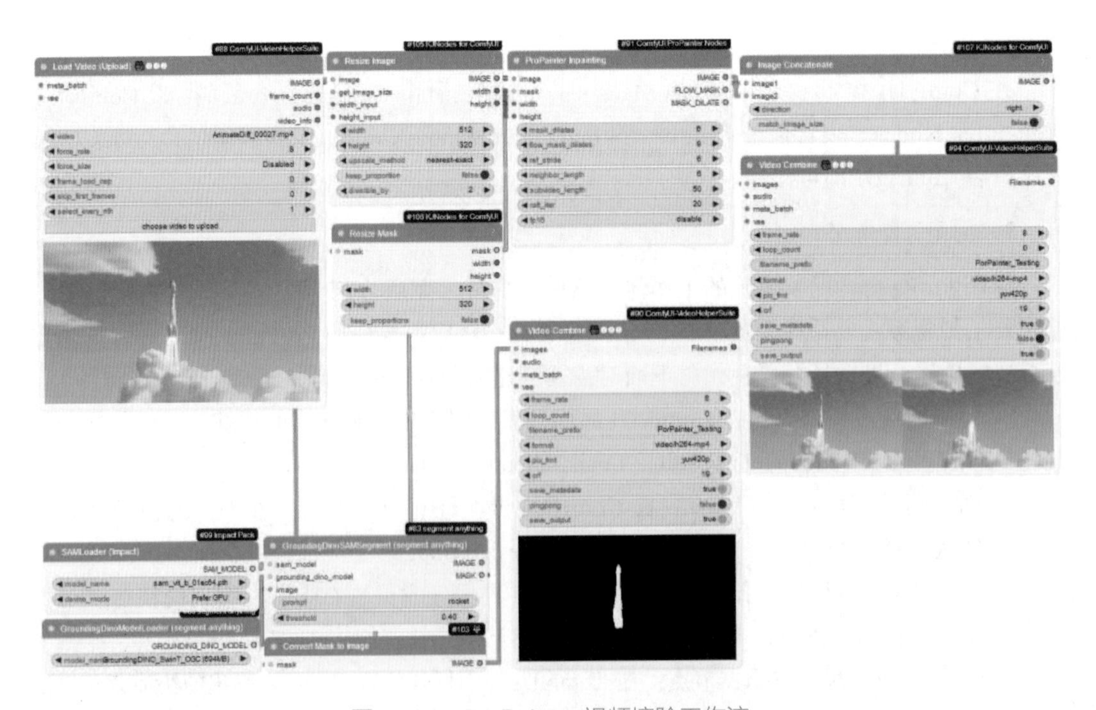

图 11-24　ProPainter 视频擦除工作流

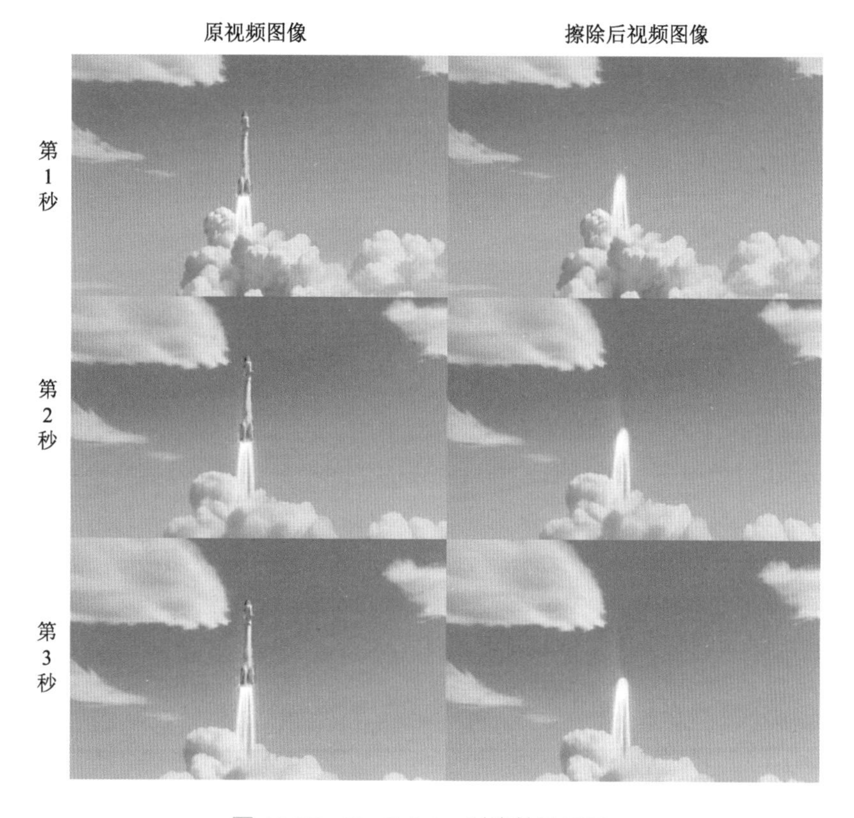

图 11-25 ProPainter 对比效果展示

5. 重要节点介绍

ProPainter Inpainting（ProPainter 修复）节点有一些关键的输入端和输出端，以下是对该节点输入端和输出端的详细介绍。

- image：要修复的视频帧图像。
- mask：需要修复区域的蒙版。蒙版大小必须与视频帧图像大小一致。
- width：输出图像的宽度（默认值为 640）。
- height：输出图像的高度（默认值为 360）。
- IMAGE：修复后的视频帧图像。
- FLOW_MASK：修复时使用的流动蒙版。
- MASK_DILATE：修复时使用的扩张蒙版。

ProPainter Inpainting 节点有几个重要的参数，以下是对这些参数的详细介绍。

- mask_dilates：面罩的扩张尺寸（默认为 5）。
- flow_mask_dilates：流动蒙版的扩张大小，数值必须大于 mask_dilates 的数值（默认值为 8）。
- ref_stride：参考系的步幅（默认为 10）。如果视频变化幅度较大，可以将该将数值调小。如果 GPU 内存不足，可以通过增加该数值来减少全局引用的数量。
- neighbor_length：用于修复的邻域长度（默认值为 10）。如果 GPU 内存不足，可以适当降低该数值，减少本地邻居的数量。

- subvideo_length：用于处理的子视频长度（默认为 80）。如果 GPU 内存不足，可以适当降低数值，减少子视频的帧数。
- raft_iter：RAFT 模型的迭代次数（默认值为 20）。
- fp16：启用或禁用 fp16 精度（默认启用）。

11.5.3　使用 LivePortrait 实现对口型

ComfyUI-LivePortrait 是一个基于 AI 技术的开源项目，旨在通过视频驱动静态照片或视频中的表情和口型实现逼真的动态人像效果。该项目由快手和复旦大学等单位合作推出并且已经在 GitHub 上开源，供开发者和爱好者使用。

LivePortrait 主要提供了对眼睛和嘴唇动作的精准控制。用户只需要上传一张静态照片和一段具有表情变化的参考视频，系统即可同步视频中人物的表情，使照片动起来，并实现相当真实且细腻的表情变化。此外，经过微调的模型还可以驱动动物的表情，进一步拓展其应用场景。下面介绍使用 LivePortrait 进行对口型的具体方法。

1. 下载插件

在 ComfyUI 控制台区域单击 Manager，选择 Install Custom Nodes，搜索 ComfyUI-LivePortraitKJ（项目地址为 https://github.com/kijai/ComfyUI-LivePortraitKJ），安装后重启 ComfyUI 即可使用。

2. 创建节点工作流

使用 LivePortrait 工作流，需要创建如下节点。

- 创建加载图像节点：在 ComfyUI 界面任意位置右击，在弹出的快捷菜单中依次选择 Add Node | image | Load Image。
- 创建加载视频节点：在 ComfyUI 界面任意位置右击，在弹出的快捷菜单中依次选择 Add Node | Video Helper Suite | Load Video（Upload）。
- 创建图像缩放（KJ）节点：在 ComfyUI 界面任意位置右击，在弹出的快捷菜单中依次选择 Add Node | KJNode | image | Resize Image。
- 创建（下载）加载实时人像模型节点：在 ComfyUI 界面任意位置右击，在弹出的快捷菜单中依次选择 Add Node | LivePortrait |（Down）Load LivePortraitModels。
- 创建实时人像处理节点：在 ComfyUI 界面任意位置右击，在弹出的快捷菜单中依次选择 Add Node | LivePortrait | LivePortraitProcess。
- 创建多图像拼接节点：在 ComfyUI 界面任意位置右击，在弹出的快捷菜单中依次选择 Add Node | KJNode | image | Image Concatenate Multi。
- 创建合并为视频节点：在 ComfyUI 界面任意位置右击，在弹出的快捷菜单中依次选择 Add Node | Video Helper Suite | Video Combine。

3. 生成视频

单击控制台上的 Queue Prompt 按钮生成视频，具体工作流如图 11-26 所示，LivePortrait

效果如图 11-27 所示。

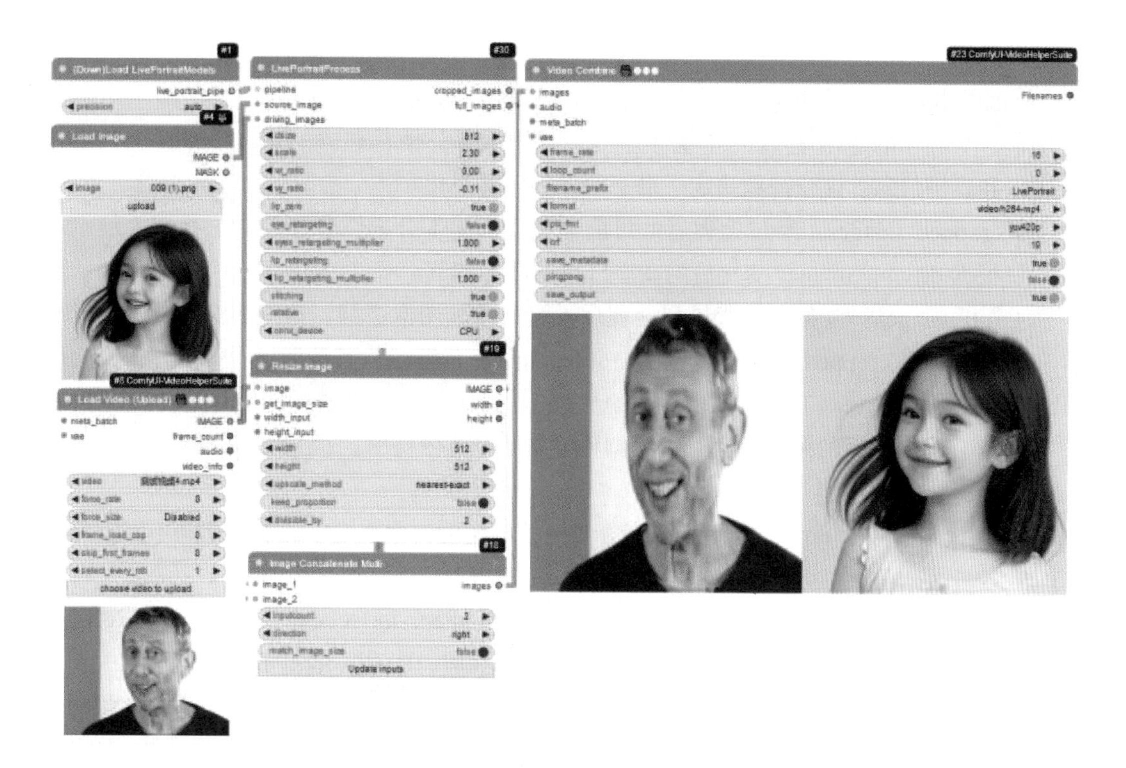

图 11-26　LivePortrait 工作流

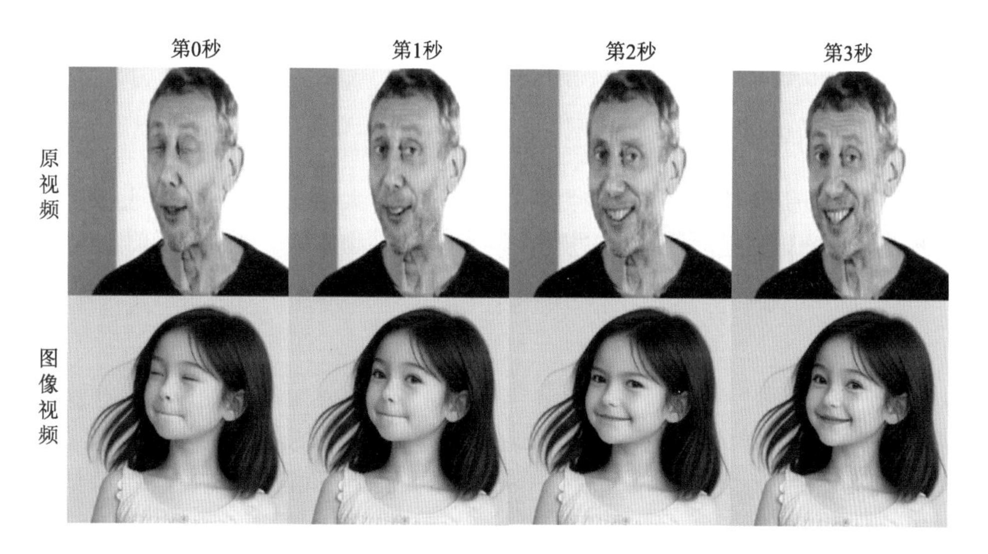

图 11-27　LivePortrait 效果展示

4. 重要节点介绍

LivePortraitProcess（实时人像处理）节点有一些关键的输入端和输出端，以下是对该节点输入端和输出端的详细介绍。

- pipeline：连接（Down）Load LivePortraitModels 节点，用于加载实时人像模型。
- source_image：输入一张静态图像，作为生成动态肖像的基础。这张图像通常包含目标人物的脸部特征，而处理过程将保持这些特征不变，同时让图像“活”起来，即根据驱动视频变化动作和表情。
- driving_images：输入一个视频序列，其中的每一帧都包含 source_image 上的动作和表情信息。这个视频决定了静态图像如何动态化。
- cropped_images：经过处理后的可能只包含人脸部分的图像序列。这些图像展示了根据 driving_images 变化后的动态肖像的面部细节。
- full_images：包含完整背景和处理后人脸的完整图像序列。这些图像可能是通过某种方式将 cropped_images 与原始 source_image 的背景或其他背景图像合并得到的。

LivePortraitProcess 节点有几个重要的参数，以下是对这些参数的详细介绍。

- dsize：处理后的图像大小，可以调整输出图像的分辨率。
- scale：缩放比例，用于调整 source_image 的尺寸。
- vx_ratio 和 vy_ratio：水平和垂直方向的缩放比例，用于精细调整图像在不同方向上的缩放比例。
- lip_zero、eye_retargeting、eyes_retargetng_multiplier、lip_retargeting 和 lip_retargeting_multiplier：这些参数与特定的人脸特征（如嘴唇、眼睛）的重定向和变形有关。用户可以通过这些特征控制人脸在动态化过程中的表现，如增强或减弱嘴唇或眼睛的运动频率。
- stitching：表示处理过程中如何将不同部分（如人脸和背景）无缝拼接在一起。
- relative：用于指示某些处理步骤是相对于图像中的哪个部分（如人脸中心）进行的。
- onnx_device：指定执行 ONNX 模型的设备，如 CPU、GPU 等。

11.5.4　使用 DragAnything 实现拖曳控制

DragAnything 是由快手联合浙江大学、新加坡国立大学发布的一个项目，它利用实体表现实现对任意物体的运动控制。该技术可以精确控制物体的运动，包括前景、背景和相机等不同元素，从而生成高质量的视频。下面介绍使用 DragAnything 进行拖曳控制的具体方法。

1. 下载插件

在 ComfyUI 控制台区域单击 Manager，选择 Install Custom Nodes，搜索 ComfyUI-DragAnything（https://github.com/chaojie/ComfyUI-DragAnything），安装后重启 ComfyUI 即可使用。

2. 创建节点工作流

使用 DragAnything 工作流，需要创建如下节点。

- 创建加载目标图像路径节点：在 ComfyUI 界面任意位置右击，在弹出的快捷菜单中依次选择 Add Node | image | Load Image。

- 创建加载 DragAnything 路径节点：在 ComfyUI 界面任意位置右击，在弹出的快捷菜单中依次选择 Add Node | DragAnything | DragAnythingRun。
- 创建多图像拼接路径节点：在 ComfyUI 界面任意位置右击，在弹出的快捷菜单中依次选择 Add Node | image | Batch Images，同时创建两个加载目标图像路径节点 Load Image，以便上传蒙版图像。
- 创建合并为视频节点：在 ComfyUI 界面任意位置右击，在弹出的快捷菜单中依次选择 Add Node | Video Helper Suite | Video Combine。

3. 生成视频

单击控制台上的 Queue Prompt 按钮生成视频，具体工作流如图 11-28 所示。

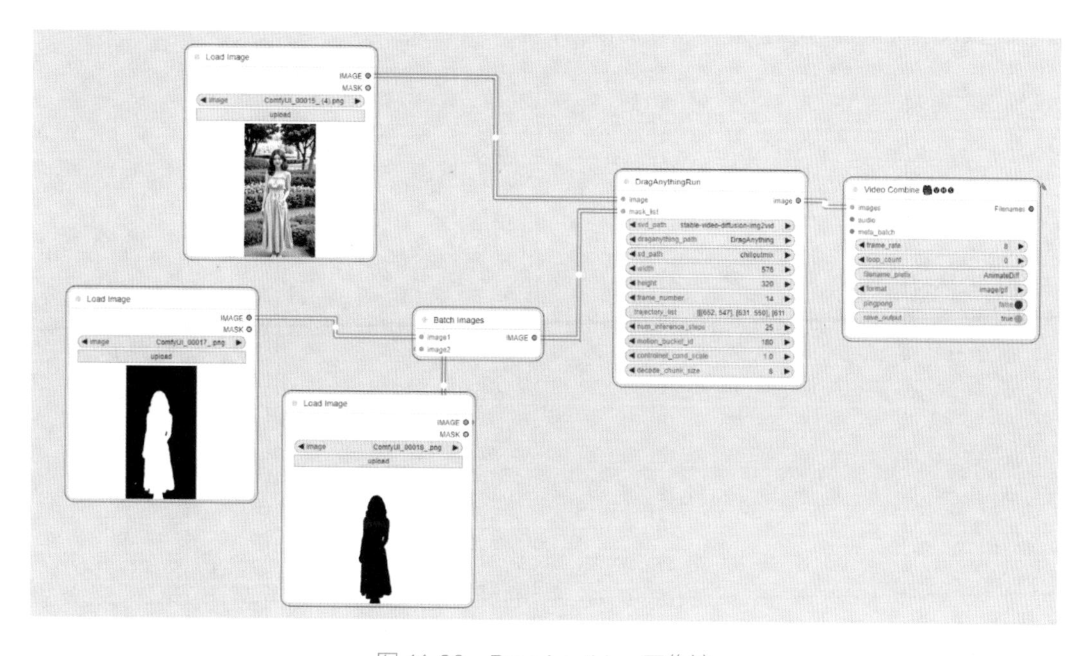

图 11-28 DragAnything 工作流

4. 重要节点介绍

DragAnythingRun（DragAnything 运行）节点有一些关键的输入端和输出端，以下是对该节点输入端和输出端的详细介绍。

- image：接收待处理的视频帧图像，即需要赋予动态效果的静态画面。
- mask_list：接收用于标识运动区域的蒙版图像。蒙版图像的尺寸必须与视频帧图像保持一致并且通常与 Batch Image 节点相连接，以实现批量处理。
- image：输出所有经过动态化处理后的视频帧图像，这些图像随后可与 Video Combine 节点相连，以合成完整的动态视频。

DragAnythingRun 节点有几个重要的参数，以下是对这些参数的详细介绍。

- svd_path：使用 SVD 项目文件的路径，默认选择 stable-video-diffusion-img2vid 即可。

- draganything_path：使用 DragAnything 项目文件的路径，默认选择 DragAnything 即可。
- sd_path：使用 chilloutmix 项目文件的路径，默认选择 chilloutmix 即可。
- width：输出图像的宽度（默认值为 576）。
- height：输出图像的高度（默认值为 320）。
- frame_number：1 秒内输出视频的帧数，默认为 14，数值越大，占用的显存越多。
- trajectory_list：运动轨迹位置设定，通过坐标位置来设定，一般默认即可。
- num_inference_steps：输出视频的总帧数，默认值为 25。
- motion_bucket_id：指物体运动的幅度，数值越大，运动幅度就越大，默认值为 180。
- controlnet_cond_scale：Controlnet 控制程度，默认值为 1。
- decode_chunk_size：解码区域的范围，默认值为 8。

第 4 篇

复杂工作流的开发

☞ 第 12 章　虚拟换装复杂工作流实战案例

☞ 第 13 章　自定义节点与 Web 应用开发

☞ 第 14 章　NodeComfy 开发平台

第12章 虚拟换装复杂工作流实战案例

虚拟换装功能在电商市场中应用广泛，它不仅能够提升用户的购物体验，还能有效促进商品的销售。考虑到虚拟换装的复杂性，包括生成模特、实现换装效果、展示模特图片、视频展示及添加背景音乐等，这一系列功能需要在一个统一且高效的工作流中实现。因此，本章以虚拟换装为例，开发一款复杂工作流，旨在整合并实现上述所有功能，为用户提供流畅且富有吸引力的购物体验。

12.1 需求分析

在开发虚拟换装这个复杂的工作流之前，需要从用户的角度出发，考虑并满足其多元化需求。以虚拟换装为例，单纯的换装工作流也能实现换装的功能，但用户仅仅需要换装这个简单的功能吗？很显然,用户的期望远不止于此。因此,不妨从用户的角度出发，首先，在换装之前用户需要一个服装模特，这个模特最好能自定义肤色、发型、身材等，以打造专属的形象。其次，用户在换装之后还需要一个多样化的背景选择功能，让用户能够根据自己的喜好或服装风格选择最合适的背景来衬托换装后的效果。最后，为了增强用户的体验感和沉浸感，加入一个动作引导的视频生成功能，并允许用户添加背景音乐，将换装过程以更加生动、有趣的方式呈现出来，这无疑将极大地提升用户的满意度与参与度。

除了上面效果展示方面的需求，还需要考虑到用户体验及服务性能等方面的需求，以下对整体需求进行全面而细致的梳理。

1. 用户体验需求

- 流畅性。换装过程需要快速响应，无卡顿现象，确保用户操作的流畅性。
- 直观性。界面设计应直观易懂，用户能够轻松理解并操作换装功能。
- 互动性。提供多种互动方式（如拖曳、单击等），增强用户的参与感和乐趣。
- 个性化。允许用户根据个人喜好选择模特、背景图像、模特动作、背景音乐等，实现高度个性化的换装效果。

2. 功能需求

- ❑ 模特管理。支持选择和自定义多种模特形象，包括性别、体型、肤色等。
- ❑ 服装管理。能够上传各类服装资源，包括上衣、裤子、裙子、鞋子等。

3. 性能需求

- ❑ 加载速度。确保所有资源（包括模特、服装、背景图像等）的快速加载，减少用户等待时间。
- ❑ 资源优化。对图片、视频等多媒体资源进行优化处理，减少网络传输时间和存储空间的占用。

4. 换装效果需求

- ❑ 实时换装。用户选择服装后，能立即在模特身上看到换装效果。
- ❑ 精准贴合。确保服装与模特身体部位精准贴合，无错位或变形现象。
- ❑ 材质表现。尽可能还原服装的真实材质感，如光泽、纹理等。

5. 图片展示需求

- ❑ 高清输出。支持生成并展示高清的换装图片，便于用户保存和分享。
- ❑ 多背景展示。提供不同背景的效果展示，更多元地展示换装的效果。

6. 视频展示需求

- ❑ 动态换装。支持生成换装过程的短视频，展示服装在不同动作下的效果。
- ❑ 背景音乐。为视频添加背景音乐或音效，提升观看体验。

12.2 功能框架

为了实现虚拟换装这个复杂工作流，我们需要根据用户需求构建工作流，工作流节点具体包括生成提示词节点、换装节点、模特图展示节点、视频及 BGM 展示节点，下面对这些节点逐一进行介绍。

12.2.1 生成提示词节点

生成提示词节点主要作用是输入简单的提示词，通过大语言模型丰富用户输入的提示词来生成模特图。可用的生成提示词节点比较多样，下面介绍几个效果较好的生成提示词节点。

1. Portrait Master 节点

使用 Portrait Master（项目地址为 https://github.com/ZHO-ZHO-ZHO/comfyui-portrait-master-zh-cn）插件可以实现人物肖像提示词生成功能，其提供了丰富的参数选择，包括镜头类型、性别、国籍、体型、姿势、眼睛颜色、面部表情、脸型、发型、头发颜色、胡子、灯光类型和灯光方向等。7.4.3 节已详细介绍了 Portrait 的安装步骤、使用方法及其功能，这里不再重复赘述。

2. Omost 节点

使用 ComfyUI_omost（项目地址为 https://github.com/huchenlei/ComfyUI_omost）插件，可以达到丰富和优化提示词的效果。6.2.2 节及 9.2 节已详细介绍了 Omost 的安装步骤、使用方法及其功能，这里不再重复赘述。

3. Ollama 节点

Ollama 是一个开源的、轻量级且可扩展的框架，专为在本地机器上构建和运行大型语言模型（LLM）而设计。使用 comfyui-ollama（项目地址为 https://github.com/stavsap/comfyui-ollama）插件可以达到丰富和优化提示词的效果。

在 ComfyUI 中可以使用 Ollama 来丰富提示词，其特点主要体现在以下几个方面。

- 提示词生成与优化。Ollama 作为一个大型语言模型服务工具，能够在 ComfyUI 中作为提示词生成器来使用。通过输入简单的指令或描述，Ollama 能够生成丰富、具体的提示词，帮助用户更精确地表达他们的创作意图。生成的提示词可以根据用户的需要进行调整和优化，包括增加细节、修改风格等，从而提高生成内容的质量和相关性。
- 多语言支持。Ollama 支持多种语言输入，包括中文和英文等。这使得用户不需要担心语言障碍，可以直接使用自己的母语或熟悉的语言与模型进行交互。对于需要翻译的场景，Ollama 还可以提供翻译功能，帮助用户将输入的内容翻译成其他语言，以便更好地与不同语言的模型进行交互。
- 动态随机词库。Ollama 支持自定义随机词库功能，用户可以根据自己的需求快速选择并生成一系列相关的提示词。这对于那些想要快速构建特定人物设定或场景的用户来说非常有用。通过设置动态随机词库，用户可以生成多样化的提示词组合，从而增加创作过程中的灵活性和多样性。
- 提示词权重调整。在 ComfyUI 中使用 Ollama 时，还可以根据需要对生成的提示词进行权重调整。通过增加或减少提示词的权重，可以控制这些提示词在生成内容中的影响力。这项功能使得用户能够更精确地控制生成内容的细节和风格，满足个性化的创作需求。

12.2.2 换装节点

换装节点的核心功能在于接收输入的服装元素，并将其精准地应用到通过算法生成的模特形象上，实现服装与模特的完美结合。可用的换装节点比较多样，下面介绍几个效果较好的生成提示词节点。

1. OOTDiffusion 节点

OOTDiffusion 是一个高度可控的虚拟服装试穿开源工具，它基于先进的潜在扩散模型即 Latent Diffusion Models 实现了高质量的服装图像生成和融合效果。通过使用 ComfyUI-OOTDiffusion（项目地址为 https://github.com/AuroBit/ComfyUI-OOTDiffusion）插件，可以达到换装的效果。

OOTDiffusion 利用潜在扩散模型的先进技术，通过逐步添加噪声并学习如何从含噪声的图像中恢复原始图像的过程，实现高效地生成图像。该技术不仅提高了图像生成的质量，还显著减少了计算资源的需求。

在 ComfyUI 中使用 OOTDiffusion 来换装的优点主要体现在以下几个方面。

- 高效性。通过优化扩散过程和去噪网络，OOTDiffusion 在生成高质量图像的同时，速度远超传统方法，适用于实时虚拟试穿场景。
- 逼真性。生成的虚拟试穿图像在细节和逼真度上表现出色，服装的质地、褶皱和颜色还原度高，试穿效果非常逼真。OOTDiffusion 能够根据不同性别和体型自动调整服装的试穿效果，确保服装与模特模型完美贴合。无论是半身模型还是全身模型，OOTDiffusion 都支持多种服装类型的试穿，包括 T 恤、衬衫、裤子、裙子等。
- 可控性。提供丰富的调节选项，用户可以轻松调整服装的颜色、材质、款式等参数，实现个性化的虚拟试穿体验。
- 灵活性。支持半身模型和全身模型两种模式，用户可以根据需要选择适合自己的模式进行虚拟服装试穿。

另外，也可以在 Hugging Face（网址为 https://huggingface.co/spaces/levihsu/OOTDiffusion）上在线使用 OOTDiffusion。OOTDiffusion 在线使用换装分为半身换装和全身换装两种，选择需要的模特图像及想要替换的服装后，单击 Run 按钮即可生成图像，半身换装效果如图 12-1 所示。

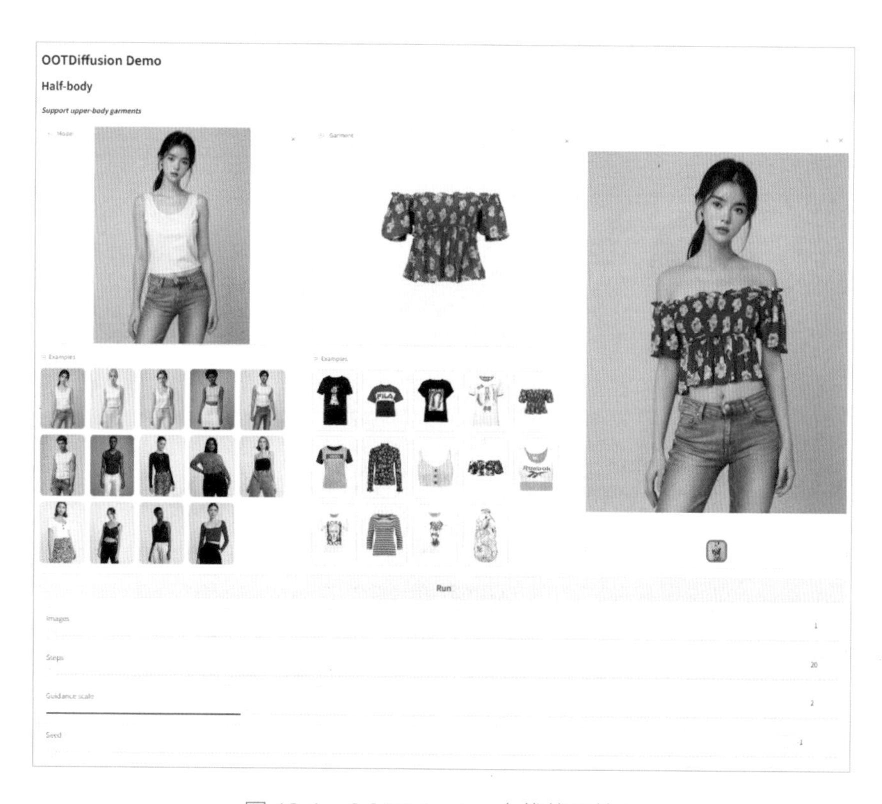

图 12-1 OOTDiffusion 在线使用效果

2. CatVTON 节点

CatVTON 是一款由中山大学、美图和鹏城实验室共同完成的开源项目，旨在提供一种简单、高效的虚拟服装试穿解决方案。通过使用 ComfyUI_CatVTON_Wrapper（项目地址为 https://github.com/chflame163/ComfyUI_CatVTON_Wrapper）插件可以达到换装的效果。

在 ComfyUI 中使用 CatVTON 换装的优点主要体现在以下几个方面。

- 轻量级网络。CatVTON 具有较小的参数量（总参数量为 899.06M），降低了对硬件资源的需求。
- 高效的参数训练。可训练参数为 49.57M，使得模型训练更加高效。注意，这里的 M 是 Million 的缩写。
- 简化推理。在 1024 × 768 分辨率下，CatVTON 的推理过程只需要不到 8GB 的显存，相比其他同类模型具有显著的优势。

用户也可在线使用 CatVTON（网址为 http://120.76.142.206:8888/），在线使用界面如图 12-2 所示。

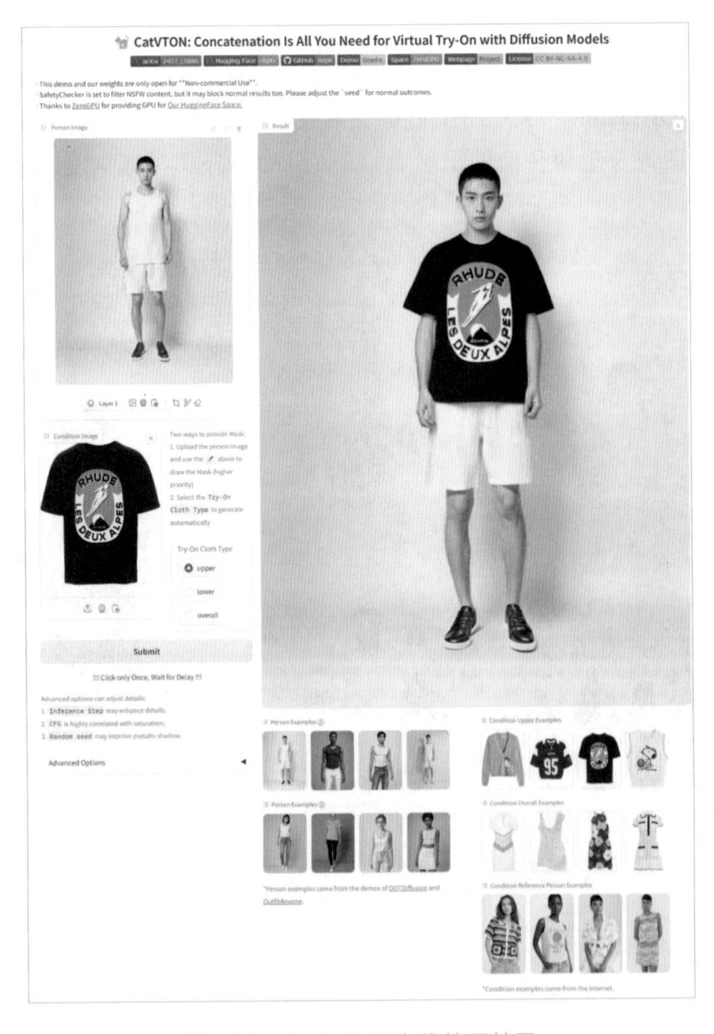

图 12-2　CatVTON 在线使用效果

3. IDM-VTON 节点

IDM-VTON（全称为 Improved Diffusion Models for Virtual Try-ON）是一个具有突破性的虚拟试衣模型，它结合先进的视觉编码器和 UNet 模型，可以生成高质量的虚拟试穿图像。通过使用 ComfyUI-IDM-VTON（项目地址为 https://github.com/TemryL/ComfyUI-IDM-VTON）插件，可以达到虚拟换装的效果。也可以在 Hugging Face（网址为 https://huggingface.co/spaces/yisol/IDM-VTON）上在线使用 IDM-VTON。

在 ComfyUI 中使用 IDM-VTON 进行换装的优点主要体现在以下几个方面。

- 生成高质量的图像生成。IDM-VTON 能够生成高度逼真的虚拟试穿图像，保留服装的图案、纹理、形状和颜色等细节。
- 适应性强。IDM-VTON 不仅在控制环境下表现优异，还能在复杂背景和多样姿态下生成高质量的图像。
- 定制化功能。通过微调模型，IDM-VTON 可以适应不同的人物和服装，提高模型对新样本的适应性。

4. IMAGDressing 节点

由华为腾讯联合推出的 IMAGDressing 是一种互动式模块化服装生成系统，旨在为用户提供逼真的虚拟试衣体验。它不仅可以生成高质量的服装图像，还能让用户自由编辑场景和服装细节。通过使用 IMAGDressing-ComfyUI（项目地址为 https://github.com/AIFSH/IMAGDressing-ComfyUI）插件，可以达到虚拟换装的效果。

在 ComfyUI 中使用 IMAGDressing 换装的优点主要体现在以下几个方面。

- 高度逼真的虚拟试衣效果。利用先进的 AI 技术和深度学习算法，IMAGDressing 能够生成高度逼真的虚拟试衣图像。它能够捕捉服装的纹理、图案、颜色等细节，并将其精准地应用到用户上传的照片或预设的模特形象上，实现近乎真实的试穿效果。
- 个性化定制。IMAGDressing 支持用户根据个人喜好和需求进行个性化定制。用户可以选择不同的服装款式、颜色和图案等，甚至可以对服装的特定部位（如袖子、领口等）进行微调，以满足个性化的时尚需求。
- 多样化的应用场景。无论是消费者端还是商家端，IMAGDressing 都能提供丰富的应用场景。消费者可以在购买前预览服装效果，避免盲目购买；商家则可以利用 IMAGDressing 进行服装展示和推广，吸引更多用户的关注。
- 高效便捷的操作流程。IMAGDressing 的操作流程简单、高效，用户只需要上传照片或选择模特形象，然后上传想要试穿的服装图像，系统即可自动生成虚拟试衣效果。这种便捷的操作方式大大降低了用户的使用门槛。
- 强大的兼容性。IMAGDressing 支持与多种扩展插件结合使用，如 ControlNet、IPAdapter 等，以增强系统的多样性和可控性。这使得 IMAGDressing 能够适应更多复杂和多样化的应用场景。

12.2.3 模特图展示节点

在时尚界，展示服装的效果不仅依赖于服装本身的设计与剪裁，更依赖于如何通过视觉艺术的手法将其完美地呈现给观众。背景图像作为模特图不可或缺的一部分，其重要性不言而喻。一个精心挑选且设计巧妙的背景图像，能够极大地增强服装的视觉效果，提升整体画面的美感和格调，从而更加吸引目标受众的注意力。图像背景的更换可以通过抠图来实现，抠图的插件有 Segment Anything 及 BRIA，这些插件的安装及使用方法具体参考 6.3 节。

光线在模特图的创作中无疑占据着举足轻重的地位。它不仅是照亮场景的工具，更是塑造图像氛围、展现服装质感、强调模特魅力的关键要素。本书提供的打光插件为 IC-Light，其安装及使用方法参考 8.1 节。

12.2.4 视频和 BGM 展示节点

换装后的模特图像可以通过视频这个动态媒介进行更为生动、全面的展示。

视频展示能够强化服装的动态美感与表现力。在视频中，模特可以根据音乐的节奏和氛围，通过行走、转身、摆姿势等来展示服装的动态效果。这种动态的展示方式能够更好地展现服装的剪裁、面料质感以及穿着的舒适度，使服装在运动中展现出更加生动、立体的美感。同时，模特的表情、眼神等细节也能够通过视频得到更好的传达，从而增强服装的情感表达力和感染力。模特图的视频展示可以通过"让图片跳舞"这样的动作引导视频插件来实现，类似的插件有 MimicMotion、AnimateAnyone、Champ、MusePose 和 MagicAnimate 等，这些插件的安装及使用方法可以参考 11.4 节。为模特视频展示添加背景音乐可以通过音乐生成插件来实现，类似的插件有 Stable Audio Open 和 sound-lab，这些插件的安装及使用方法可以参考 10.4 节。

12.3 功能实现

构建好虚拟换装功能的框架之后，接下来的关键步骤是精心挑选适宜的功能插件，以便高效地搭建并优化工作流。

在创建虚拟换装工作流时，我们选取并使用的插件如下：

- 生成提示词 Portrait Master（项目地址为 https://github.com/ZHO-ZHO-ZHO/comfyui-portrait-master-zh-cn）；
- 换装 CatVTON（项目地址为 https://github.com/chflame163/ComfyUI_CatVTON_Wrapper）；
- 更换背景 Segment Anything（项目地址为 https://github.com/storyicon/comfyui_segment_anything）；
- 打光 IC-Light（项目地址为 https://github.com/kijai/ComfyUI-IC-Light）；

- 动作引导 MimicMotion（项目地址为 https://github.com/kijai/ComfyUI-MimicMotionWrapper）;
- 音乐生成 sound-lab（项目地址为 https://github.com/shadowcz007/comfyui-sound-lab）;
- 视频助手 VideoHelperSuite（项目地址为 https://github.com/Kosinkadink/ComfyUI-VideoHelperSuite）;
- FLUX 插件（项目地址为 https://github.com/city96/ComfyUI-GGUF）;
- Essentials 插件（项目地址为 https://github.com/cubiq/ComfyUI_essentials）;
- KJNodes 插件（项目地址为 https://github.com/kijai/ComfyUI-KJNodes）。

在 ComfyUI 中成功安装这些插件并下载好对应模型后即可开始创建虚拟换装功能的复杂工作流。相应功能插件的用法及基础工作流前面都有讲解，将各功能工作流相连接，即可创建虚拟换装的复杂工作流。

按 12.2 节功能框架的先后顺序将各功能节点相连，形成完整的工作流。由于工作流内容较多，不能完整展示，因此截取部分工作流。截取部分的虚拟换装工作流及换装效果如图 12-3 和图 12-4 所示。具体工作流及视频展示效果请在“可学 AI”微信公众号上获取并观看。

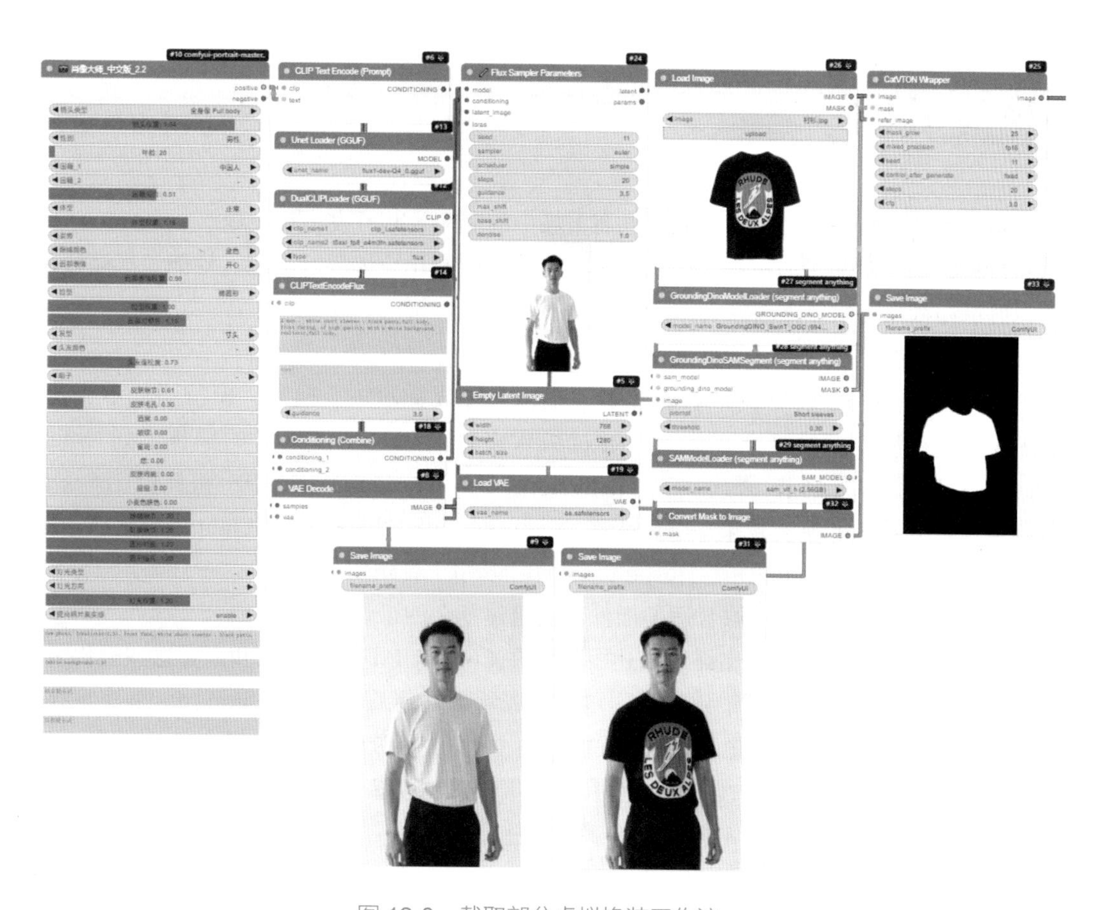

图 12-3 截取部分虚拟换装工作流

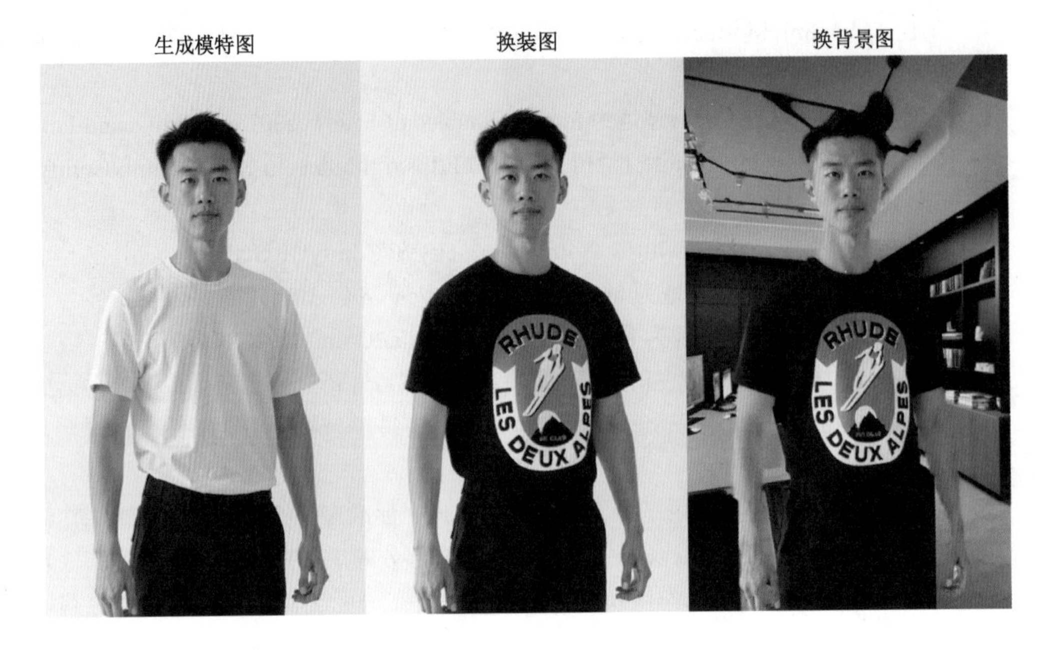

图 12-4 虚拟换装效果

12.4 小结

本章主要介绍虚拟换装工作流在电商市场中的应用及其开发实现过程。

首先，通过对需求的梳理，明确了虚拟换装功能在用户体验、功能、性能、换装效果、图片展示和视频展示等方面的具体需求。

其次，根据需求进行功能框架搭建。

在功能框架构建部分，本章设计了一个包含生成提示词、换装、模特图展示、视频及 BGM 展示等节点的复杂工作流。通过引入多种高效且功能强大的插件，如 Omost、Ollama 来生成丰富的提示词，OOTDiffusion、CatVTON、IDM-VTON 和 IMAGDressing 等用于实现高质量的换装效果，Segment Anything 用于背景更换，IC-Light 用于光线调整，MimicMotion 等插件用于视频动作引导，sound-lab 用于音乐生成。

最后，根据功能框架选取合适的插件节点组建复杂的工作流。

在具体实现过程中，本文详细描述了如何在 ComfyUI 平台中安装和配置这些插件并创建相应的工作流节点。通过细致的操作步骤，展示了如何从生成提示词开始，到实现换装效果，再到模特图展示和视频及 BGM 添加的整个流程，高效又富有创意。

在开发复杂工作流的过程中，虽然具体案例如虚拟换装工作流等具有其独特性，但是整体开发流程同样遵循一套系统化的步骤，这些步骤包括需求梳理、功能框架设计以及功能实现三个核心阶段。

- 需求梳理阶段。此阶段致力于深入探索并明确工作流的具体需求。需要全面收集需求信息，随后进行需求的分析、整理与优先级排序。

- 功能框架架构设计阶段。在明确需求的基础上，此阶段专注于构建工作流的整体架构和详细设计。需要查找复杂工作流中的功能节点所需要的全部插件。
- 功能实现阶段。此阶段是将功能框架架构转化为实际工作流的关键过程。需要选取合适的功能插件并按一定的要求或顺序组建完整的工作流。

无论是虚拟换装工作流还是其他功能复杂的工作流，其开发流程均应遵循需求梳理、功能框架设计以及功能实现这个顺序。

第 13 章 自定义节点与 Web 应用开发

本章将介绍自定义节点开发和 Web 应用开发的流程。在自定义节点开发部分，将详细介绍如何编写节点代码、定义输入 / 输出及节点运行函数。在 Web 应用开发部分，则聚焦于如何通过 ComfyUI API 调用工作流，并使用 Gradio 构建 Web 界面。

13.1 自定义节点开发

本节内容分为两大板块：节点代码详解与节点实例。本节将深入介绍如何编写功能强大的自定义节点，并通过实例进行演示，从而将理论知识转化为实践技能，提升读者数据处理与应用创新的能力。

13.1.1 节点代码详解

在 ComfyUI 中制作一个节点是相对简单且基础的操作，可以通过将位于 ComfyUI 插件文件夹内的示例文件 example_node.py.example 作为起点来进行制作。示例文件如图 13-1 所示。

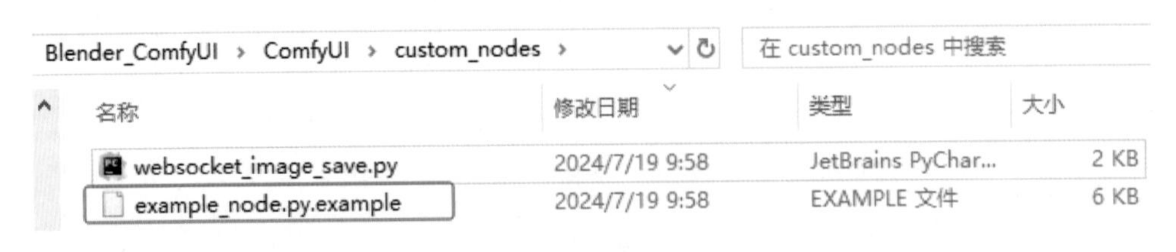

图 13-1　示例文件

需要将该示例文件重命名，去掉末尾的“.example”扩展名，从而得到一个标准的 Python 文件，为了方便直观展示，后续代码内容已去除注释，并进行分段讲解。在举例的代码中，每当定义一个节点时，需要按照例子的格式复写一个类函数 class，下面对类函数进行具体介绍。

（1）定义一个 test1 的类函数。

```
1 class test1:
2     def __init__(self):
3         pass
```

（2）编写输入函数。在 test1 函数内部编写一个输入函数，用以定义节点的输入选项，它通过字典键值对的方式定义。

```
1  @classmethod
2  def INPUT_TYPES(s):
3    return {
4      "required": {
5          "image": ("IMAGE",)
}
6      "hidden": {
7        "int_field": ("INT", {"default": 0, "min":0,"max": 4096,"step":
                       64,"display":0
                       "number" }),
8          "float_field": ("FLOAT", {"default": 1.0,"min": 0.0,"max":
                            10.0,"step": 0.01,
                            "round": 0.001})
}
9      "optional":{
10       "print_to_screen": (["enable", "disable"],),
11       "string_field": ("STRING", {"multiline": False,"default":
                          "Hello World!"}),}
           }
```

输入函数的返回字典包含两级。

第一级有 3 个键，分别是 required、hidden 与 optional。它们各自关联的值定义了节点不同类型输入端与参数的属性。输入端与参数如图 13-2 所示。

- required 键：在代码第 4 行中，此键值表示必须被提供或连接的输入端或参数。在节点连接过程中这些输入端或参数是不可或缺的，它们的存在是工作流能够正常运作的前提。换言之，如果一个输入端或参数被标记为 required，则必须确保该输入端有有效的连接或该参数有有效的值，否则可能会导致错误或操作失败。
- hidden 键：在代码第 6 行中，此键值代表那些隐藏的输入端或参数。这些输入端或参数在用户界面上可能不会直接显示，或者被设计为仅通过特定的内部逻辑或高级功能访问。
- optional 键：与 required 键相对，在代码第 9 行中此键值代表非必要的输入口或参数。这意味着这些输入口即使没有连接任何节点，或者这些参数即使没有被明确赋值，也不会影响工作流的基本运作。它们提供了额外的灵活性，允许用户根据需求选择性地提供数据或进行连接。

第二级的键值对分别为第一级 required、hidden 与 optional 键的值，如代码第 5、7、8、10、11 行。第一级的值仍然以键值对的方式显示，在 Python 里就是类似字典的嵌套。所有第二级键值对的键为输入端的名称，同时其值为输入的属性设置。

代码第 5 行键值对括号里的第一个值是 IMAGE，表示这个叫 image 的输入端类型为 IMAGE 即图片。输入端如图 13-2 标注①所示。

代码第 7 行键值对括号里的第一个值是 INT，表示这是一个可调节的整数型参数，所以当括号内的第一个值为 FLOAT 时表示参数是一个可调节的浮点型参数，当为 STRING 时表示参数是一个可输入的字符串框。括号里的第二个值是针对 INT、STRING 或 FLOAT 类型的配置，其中，default 表示该参数的初始值，可以是任何数字或字符串；min 表示该参数的最小值；max 表示该参数的最大值；step 表示单击按钮调节时，每单击一次增加多少值；display 表示该参数的值以数字还是滑块的形式显示；round 表示默认情况下，四舍五入时精度的值将设置为步长值，可以设置为 False 以禁用四舍五入；multiline 表示如果用户希望字段看起来像 CLIP Text Encode（Prompt）节点上的字段，如图 13-3 所示，则为 True，只对 STRING 类型的参数有用。

代码第 10 行键值对括号里第一个值是一个列表，表示参数是一个可选的值。

总结：当第二级键值对的括号里的第一个值为 MODEL、VAE、CLIP、CONDITIONING、LATENT、IMAGE 时，通常情况下表示该参数是一个输入端，如图 13-2 标注①所示；当括号里的第一个值为 INT、STRING、FLOAT 或 Python 列表时，表示该参数是一个节点可调节的参数，如图 13-2 标注②所示。

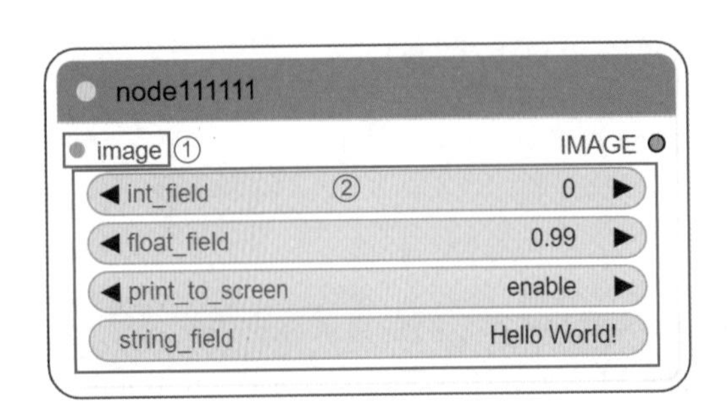

图 13-2　节点示例

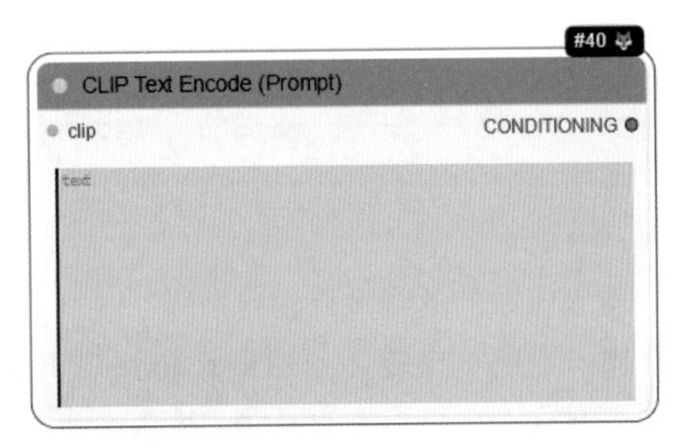

图 13-3　CLIP Text Encode（Prompt）节点

（3）设置输出的类型与名称。

```
1  RETURN_TYPES = ("IMAGE",)
2  RETURN_NAMES = ("image_output_name",)
```

在编写完输入函数之后需要继续设置节点输出的类型与名称，如代码第 1、2 行。RETURN_TYPES 用于设置输出的类型，有几个输出就在括号里设置几个类型，类型参考输入类型的总结，以逗号隔开，注意，输出类型必须与节点内部运行函数返回的值匹配；RETURN_NAMES 用于设置节点上输出口的显示名称，注意，RETURN_TYPES 与 RETURN_NAMES 的值必须一一对应。

（4）编写节点运行函数。

```
1  FUNCTION = "test"
```

```
2     def test(self, image, string_field, int_field, float_field, print_
            to_screen):
3         if print_to_screen == "enable":
4             print(f"""" Your input contains:
5                 string_field aka input text: {string_field}
6                 int_field: {int_field}
7                 float_field: {float_field}
8             """)
9         image = 1.0 - image
10        return (image,)
```

节点的输出类型与名称设置完成之后，需要继续编写节点运行函数，见代码第 1 ~ 10 行。节点内部的运行函数表示节点对输入的数据进行操作并返回数据给输出口。在代码第 1 行中，我们首先给 FUNCTION 设置一个名称，如 test，这个名称是即将创建的函数名称，如代码第 2 行。我们将节点内部对输入数据的处理写在该函数内，最后返回输出的数据即输出口的数据，注意其返回值与 RETURN_NAMES 的值即输出端一一对应。

（5）其他设置。

```
1 OUTPUT_NODE = False
2 CATEGORY = "自定义 name"
3 @classmethod
4   def IS_CHANGED(s, image, string_field, int_field, float_field, print_
            to_screen):
5       return ""
```

编写完节点运行函数之后，需要继续编写其他设置。代码第 1 行表示当 OUTPUT_NODE 的值等于 True 时，可以让节点的输出口在不连接其他节点的输入口的情况下单独运行。代码第 2 行表示设置该引号内的名称，可以将代码下设置的节点放入 ComfyUI 界面右键的一级菜单“新建节点”的“自定义 name”中，如图 13-4 所示。

图 13-4　ComfyUI 节点菜单

代码第 3 ~ 5 行是一个判断函数，如果任何输入发生变化，该节点将始终重新执行，同时使用此方法即使输入未改变，也可以强制节点再次执行。你可以使该节点返回一个数字或字符串，这个值将与节点上次执行时返回的值进行比较，如果不同，则节点将再次执行。在核心存储库中，此方法用于 LoadImage 节点，其中将图像哈希作为字符串返回，如果在执行期间图像哈希发生变化，则 LoadImage 节点将再次执行。注意：在示例代码中该处代码会被注释。

（6）设置自定义节点名称。

在编写完节点的类函数后，开发自定义节点的工作我们已经完成了 99%，最后我们只需要将做好的节点信息放入主文件的代码里即可。

```
1  WEB_DIRECTORY = "./somejs"

2  from aiohttp import web
3  from server import PromptServer

4  @PromptServer.instance.routes.get("/hello")
5  async def get_hello(request):
6      return web.json_response("hello")

7  NODE_CLASS_MAPPINGS = {
8      "test 节点": test1
}

9  NODE_DISPLAY_NAME_MAPPINGS = {
10     "test 节点": "node111111"
}
```

代码第 1 行为示例代码的节点类函数部分，它用于设置网络目录，该目录下的任何 .js 文件都将被前端作为前端扩展来加载。

代码第 7、8 行的键值对用于设置节点类函数与节点名对应，同时引号内的 test 节点表示节点在 UI 界面中使用左键双击搜索时可找到的名称，冒号右边的 test1 需要与节点的类函数名对应。代码第 9、10 行的键值对用于设置显示节点的名称，左边引号内的名称需要与代码第 8 行引号内的名称相同，表示给该节点取一个在 UI 界面显示的名称，该节点在 UI 界面被搜索时的显示如图 13-5 所示。然后我们设置该节点的显示名称为 node111111，其显示名称如图 13-5 左上角所示。

（7）创建主文件。

我们需要在插件目录下新建一个“__int__.py”文件，如图 13-6 所示。将定义节点名称这一步的第 2 ~ 10 行的代码剪切掉，然后引入节点的代码文件，如代码第 3 行，并添加第 13 行的代码，具体代码如下：

```
1  from aiohttp import web
2  from server import PromptServer
3  from .example_node import test1,test2
```

```
4 @PromptServer.instance.routes.get("/hello")
5 async def get_hello(request):
6     return web.json_response("hello")

7 NODE_CLASS_MAPPINGS = {
8     "test 节点": test1,
9     "test2 节点": test2,
}

10 NODE_DISPLAY_NAME_MAPPINGS = {
11     "test 节点": "node111111",
12     "test2 节点": "13.1.2 试例节点"
}

13 __all__ = ['NODE_CLASS_MAPPINGS', 'NODE_DISPLAY_NAME_MAPPINGS']
```

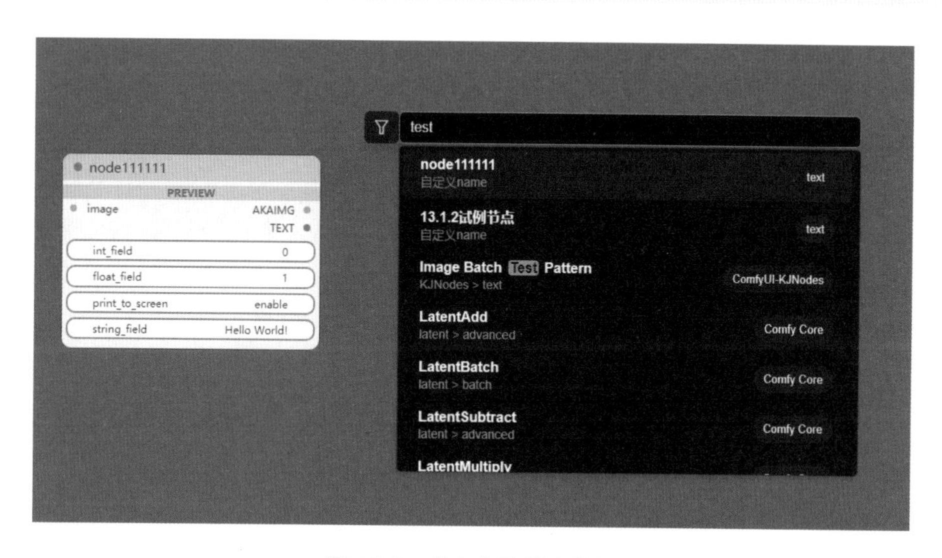

图 13-5 节点名称搜索显示

图 13-6 新建“__int__.py”文件

13.1.2 节点示例

掌握了自定义节点的代码编写后，我们可以自己制作一个简单的节点。

在 ComfyUI 里一共有 10 种参数类型，为了方便演示常用的参数设置，我们将做一个可以加载图片及输入各种参数的节点。

（1）定义节点类函数。

我们首先定义一个类函数叫 test2，从上往下依次对照 ComfyUI 的示例代码编写函数。

```
class test2:
def __init__(self):
pass
```

（2）编写输入函数。

当我们想要制作一个加载图片并显示的节点时，需要在定义输入参数的函数里添加第 3-4 行代码，并将 ComfyUI 主文件夹下的 folder_paths.py 文件复制到自定义节点的文件夹下，如图 13-7 所示。接着导入 import folder_paths 文件并定义各种输入参数的名称与值类型。

```
1 @classmethod
2 def INPUT_TYPES(s):
3  input_dir = folder_paths.get_input_directory()
4  files = [f for f in os.listdir(input_dir) if os.path.isfile(os.path.
          join(input_dir, f))]
5  return {"required":
6          {"image": (sorted(files),{"image_upload":True}),
7           "seed": ("INT", {"default": 0, "min": 0, "max":
                 0xffffffffffffffff}),
8           "tile_width": ("INT", {"default": 512, "min": 256,
                       "max": 756, "step": 64}),
9           "tile_height": ("INT", {"default": 512, "min": 256,
                       "max": 756, "step": 64}),
10          "tiling_strategy": (["random", "random strict", "padded",
                          'simple'],),
11          "steps": ("INT", {"default": 20, "min": 1, "max": 10000}),
12          "cfg": ("FLOAT", {"default": 8.0, "min": 0.0,
                        "max": 100.0}),
13          "positive": ("CONDITIONING",),
14          "negative": ("CONDITIONING",),
15          "latent_image": ("LATENT",),
16          "denoise": ("FLOAT", {"default": 1.0, "min": 0.0,
                    "max": 1.0, "step": 0.01}),
          }}
```

（3）设置输出的类型与名称。

```
RETURN_TYPES = ("IMAGE", "STRING")
RETURN_NAMES = ("IMAGE", "TEXT")
```

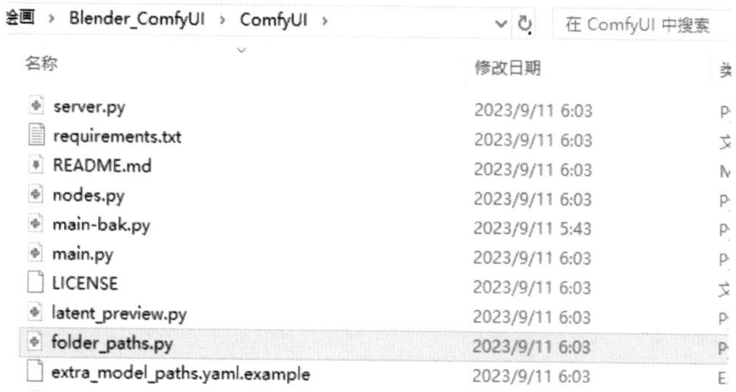

图 13-7　ComfyUI 主文件夹

（4）编写节点运行函数。

```
FUNCTION = "send_img"

def send_img(self, image, string_field, int_field, float_field, print_to_
screen):
        if print_to_screen == "enable":
            print(f"""Your input contains:
                string_field aka input text: {string_field}
                int_field: {int_field}
                float_field: {float_field}
            """)
        text = "hello world"
        image = 1.0 - image
        return (image, text)
```

（5）其他设置。

定义节点没有输出不能运行，并将节点放入右键一级菜单的“自定义 name”中。

```
OUTPUT_NODE = False
CATEGORY = " 自定义 name"
```

（6）设置自定义节点名称。

最后将写好的节点代码信息放入“__int__.py”文件中。

```
from aiohttp import web
from server import PromptServer
from .example_node import test1,test2

@PromptServer.instance.routes.get("/hello")
async def get_hello(request):
    return web.json_response("hello")
```

```
NODE_CLASS_MAPPINGS = {
    "test2 节点 ": test2,
}

NODE_DISPLAY_NAME_MAPPINGS = {
    "test2 节点 ": "13.1.2 示例节点 "
}

__all__ = ['NODE_CLASS_MAPPINGS', 'NODE_DISPLAY_NAME_MAPPINGS']
```

自定义节点的全部 1 代码如图 13-8 所示。

```
class test2:

    def __init__(self):
        pass

    @classmethod
    def INPUT_TYPES(s):
        input_dir = folder_paths.get_input_directory()
        files = [f for f in os.listdir(input_dir) if os.path.isfile(os.path.join(input_dir, f))]
        return {"required":
                    {"image": (sorted(files),{"image_upload":True}),
                     "seed": ("INT", {"default": 0, "min": 0, "max": 0xffffffffffffffff}),
                     "tile_width": ("INT", {"default": 512, "min": 256, "max": 756, "step": 64}),
                     "tile_height": ("INT", {"default": 512, "min": 256, "max": 756, "step": 64}),
                     "tiling_strategy": (["random", "random strict", "padded", 'simple'],),
                     "steps": ("INT", {"default": 20, "min": 1, "max": 10000}),
                     "cfg": ("FLOAT", {"default": 8.0, "min": 0.0, "max": 100.0}),
                     "positive": ("CONDITIONING",),
                     "negative": ("CONDITIONING",),
                     "latent_image": ("LATENT",),
                     "denoise": ("FLOAT", {"default": 1.0, "min": 0.0, "max": 1.0, "step": 0.01}),
                     }}

    CATEGORY = "image"
    RETURN_TYPES = ("IMAGE", "STRING")

    RETURN_NAMES = ("IMAGE", "TEXT")

    FUNCTION = "send_img"

    def send_img(self, image, string_field, int_field, float_field, print_to_screen):
        if print_to_screen == "enable":
            print(f"""Your input contains:
                string_field aka input text: {string_field}
                int_field: {int_field}
                float_field: {float_field}
            """)
        text = "hello world"
        image = 1.0 - image
        return (image, text)

    OUTPUT_NODE = False

    CATEGORY = "自定义name"
```

图 13-8　自定义节点的全部代码

13.2 Web 应用开发

本节将踏入 Web 应用开发的征程，在本节中我们将会完成两大核心步骤：ComfyUI 的调用与对应工作流 UI 界面的制作。鉴于 UI 界面的构建相对直观，关键在于如何高效地调用 ComfyUI，因此，让我们应该深入探索 ComfyUI 的 API，为后续的开发工作奠定坚实的基础。

13.2.1　ComfyUI API 简介

ComfyUI 提供了便捷的 API，让用户可以在任何界面便捷地调用工作流，本节将简单介绍 API 如何调用。

首先需要启用开发模式，具体操作步骤如下。

（1）打开本地 ComfyUI 应用。

（2）在 ComfyUI 的主界面中找到设置菜单，单击其中的齿轮按钮，弹出“设置”面板。

（3）在“设置”面板中打开“启用开发者选项”的开关，如图 13-9 所示。

（4）单击 close 按钮，在“设置”面板中将会出现“保存（API 格式）”的按钮，如图 13-9 所示。

接下来，以默认的文生图工作流为例，介绍 API 文件的格式。首先打开默认的文生图工作流，单击“保存（API 格式）”。

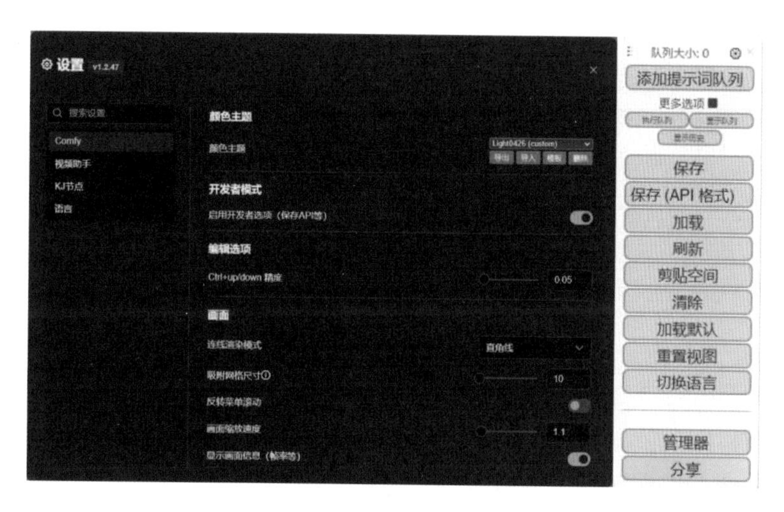

图 13-9　“设置”面板

保存好默认的文生图工作流之后，打开该工作流文件，内容如下（只截取一部分）：

```
"5": {
  "inputs": {
    "width": 768,
    "height": 768,
    "batch_size": 1
  },
  "class_type": "EmptyLatentImage"
},
"6": {
  "inputs": {
```

```
      "text": "ultra-realistic photo of a beautiful Asian woman, shot
on a Sony a7III, on the street in Paris, emotive expressions, detailed,
lifelike ",
      "clip": [
        "16",
        1
      ]
    },
    "class_type": "CLIPTextEncode"
  },
```

我们可以对其进行优化，使其看起来层次更分明。

```
{
1  '3': {'inputs': {'seed': 793651893172149, 'steps': 30, 'cfg': 8,
   'sampler_name': 'dp        mpp_sde', 'scheduler': 'normal', 'denoise':
   1, 'model': ['16', 0],            'pos         itive':    ['6', 0],
   'negative': ['7', 0], 'latent_image': ['5            ', 0]}, 'class_ty
   pe': 'KSampl    er'},
2  '5': {'inputs': {'width': 768, 'height': 768, 'batch_size': 1},
   'class_type': 'Empty          LatentImage'},
3  '6': {'inputs': {'text': 'ultra-realistic photo of a beautiful Asian
   woman, shot on        a Sony a7III, on the street in Paris, emotive
   expressions, detaile
   d, lifelike ',       'clip': ['16', 1]}, 'class_type': 'CLIPTextEncode'},
4  '7': {'inputs': {'text': 'bad hands, text, watermark\n', 'clip':
   ['16', 1]}, 'class_   type': 'CLIPTextEncode'},
5  '8': {'inputs': {'samples': ['3', 0], 'vae': ['16', 2]}, 'class_
   type': 'VAEDecode'},
6  '9': {'inputs': {'filename_prefix': 'ComfyUI', 'images': ['8', 0]},
   'class_type': 'S      aveImage'}, 6
7  '16': {'inputs': {'ckpt_name': '写实\\majicmixRealistic_betterV2V25.
   safetensors'}, '      class_type': 'CheckpointLoaderSimple'}
}
```

在以上 API 文件中，数字开头的键（如代码第 1 行的'3'）为节点的标号。节点标号如图 13-10 所示的“K 采样器”标号。节点的标号取决于所有节点放置在 ComfyUI 界面的先后顺序，而非连接与排列顺序。

在上面的代码里，我们可以看出该文件只包含节点的输入信息。其中除了节点本身自带的参数输入外，其余的都为从其他节点的输入。例如，代码第 1 行标号为 3 的节点有 4 个参数接收从其他节点的输入，分别是 model、positive、negative、latent_image 参数。在 model 的值里，"16" 表示从节点 16 输入；0 表示节点 16 的第一个输出变量，此处排序从 0 开始，自上而下递增。再例如，代码第 4 行标号为 7 的节点的 clip 参数，它接收从 16 号节点的输入，且该输入的变量为 16 号节点的第二个变量。

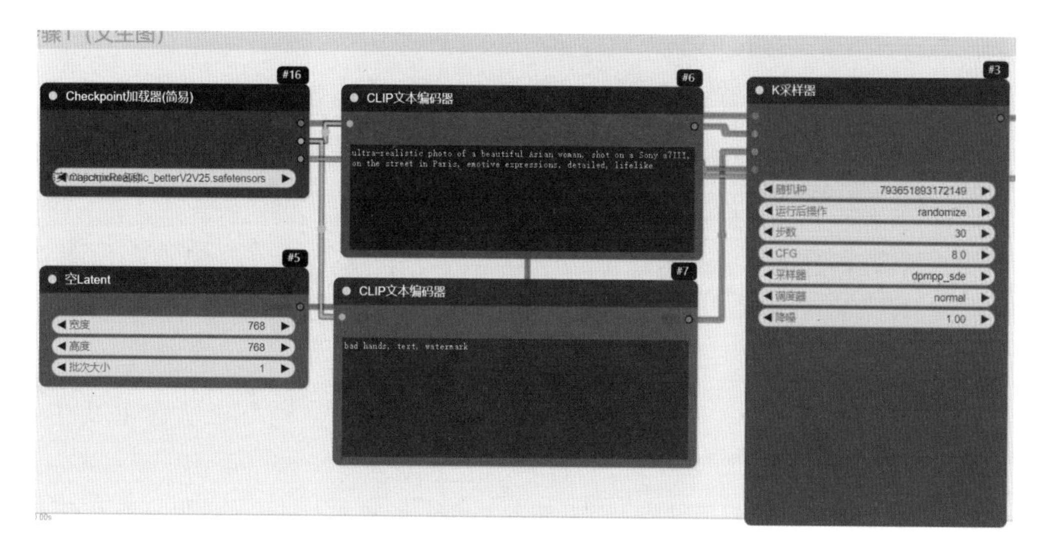

图 13-10　工作流节点标号

13.2.2　基于 Gradio 的界面开发

本节我们将基于 Gradio 制作一个简易的 Web 页面，我们先来学习如何调用 API。

（1）写一个函数用于调用 API。

```
def process image(prompt,API_json_adress):
```

（2）读取保存的 API 工作流。

```
with open(API_json_adress, "r", encoding="utf-8") as f:
  API_json = json.loads(f.read())
```

（3）将提示词保存到 API 工作流文件里对应的节点处。

```
API_json["6"]["inputs"]["text"] = prompt
```

（4）把 API 工作流发送到 ComfyUI 的网页地址并运行。

```
url ="http://127.0.0.1:8188/"
API_prompt ={"prompt":API_json}
respone = requests.post(url=url+"prompt",json=API_prompt)
```

（5）获取最终的结果，将其图片路径保存起来。因为不知道运行多久结束，所以通过循环，每隔一段时间向 ComfyUI 发送请求，获取当前任务运行完毕后的结果图，运行结束后会将任务结果放入 history 队列里，并且每个任务会有一个名称，即第一行代码的变量 prompt_id 获取的值。

得到的结果图片名称最终会在工作流的最后一个显示图片节点的信息里。例如，在 13.2.1 节文生图 API 工作流文件里，9 号节点是显示最终图片的节点，所以在下面的第 7 行代码里，将 outputs 后的中括号里的数字改为 9。

```
1 prompt_id = respone.json()["prompt_id"]
2 while True :
3     respone =requests.get(url=url+"history/"+prompt_id)
4     if respone.json()=={}:
5             time.sleep(5)
6             continue
7     image_name = respone.json()[prompt_id]['outputs']['9']['images']
      [0]["filename"]
8     response_image = "D:\AI 绘画\Blender_ComfyUI\ComfyUI\output//" +
      image_name
9     break
10 retrn response_image
```

最后，我们制作一个界面并将上述几步的 Python 函数加入进去。这里只展示 Gradio 界面的代码，不对代码进行讲解，大家可以去官网查看文档进行学习（https://www.gradio.app/guides/the-interface-class）。当然只要理解了前 5 步的 API 函数怎么写，我们就可以在任何界面调用 ComfyUI 了。

```
iface = gr.Interface(
    process_prompt,
    inputs=[gr.Textbox()],
    outputs=["image"],
)
iface.launch()
```

开发的 Web 界面如图 13-11 所示。

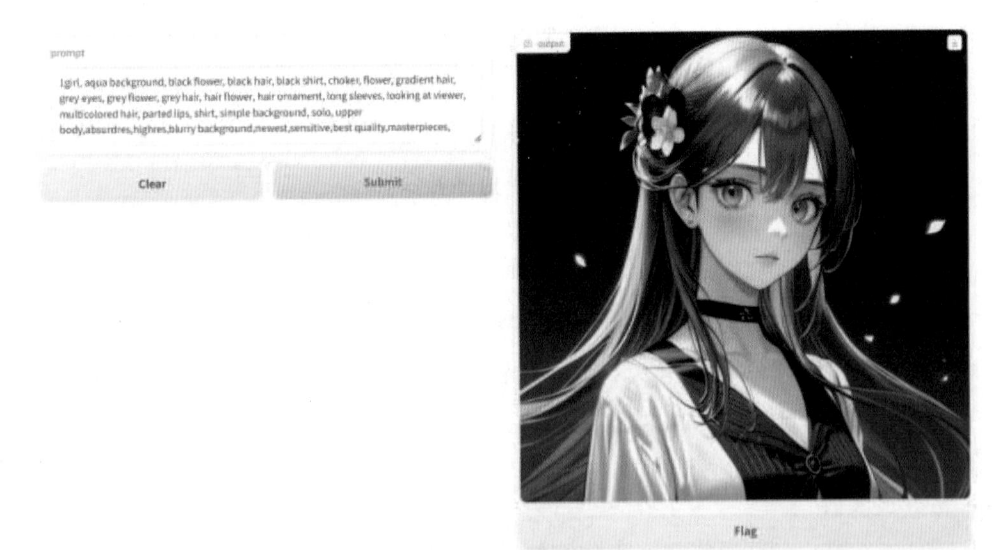

图 13-11　开发的 Web 页面展示

第 14 章 NodeComfy 开发平台

本章我们将介绍最佳开发平台——NodeComfy，具体内容包括 ComfyUI 与 NodeComfy 的关系、NodeComfy 平台简介、NodeComfy 平台工具的使用以及 NodeComfy 快速入门指南。

14.1 程序员视角下的 ComfyUI 与 NodeComfy

ComfyUI 作为一个创新的工具平台，其核心价值在于能够快速整合最新的 AI 生成技术（AGI），为设计师群体开辟了广阔的创意实现空间。其独特的 Graphic Coding（图形化编程）模式极大地降低了技术门槛，使非技术背景的设计人员也能轻松驾驭复杂的视觉创意项目。然而，这一优势在程序员视角下却呈现出一定的局限性。

对于习惯直接操作代码、追求高效逻辑处理能力的程序员而言，ComfyUI 的图形化界面在应对动态数据处理、构建复杂逻辑分支时显得相对笨拙且不够直观。程序员往往更偏好通过编程语言的严谨逻辑来直接、高效地解决这类问题。例如，自动从源地址抓取图片，根据用户定义的规则灵活处理这些图片，并将处理结果以合适的方式展示给用户，或者根据预设规则动态生成提示词等。这些任务在 ComfyUI 的图形化环境中执行可能会遇到效率低下、逻辑表达受限等问题。

鉴于此，NodeComfy 应运而生，作为专为程序员设计的工具，它弥补了 ComfyUI 在动态逻辑处理方面的不足。NodeComfy 不仅保留了图形化操作界面的便捷性，通过拖曳等简单操作即可快速构建工作流，更重要的是，它能够将这些工作流无缝转化为高效的代码逻辑，满足程序员对于精确控制和灵活编程的需求。

尤为值得一提的是，NodeComfy 还为程序员带来了一项惊喜功能：通过简单的拖曳操作，即可为任意复杂的工作流自动生成一个直观、易用的用户界面（UI），并将该界面封装成在线的 Web APP。这项功能不仅极大地简化了将设计作品转化为实际应用的流程，还通过 Web APP 的形式有效保护了工作流的隐私性和安全性，同时让最终用户能够通过扫码等便捷方式直接体验工作流背后的 AI 生成效果，实现了设计、开发与应用的无缝衔接。

综上所述，ComfyUI 与 NodeComfy 各有千秋，前者以图形化编程的便捷性服务于设计师群体，后者则以高效的逻辑处理能力和对程序员的友好性填补了前者在动态任务处理方面的不足，两者共同构成了一个完整的应用开发生态系统。

14.2 NodeComfy 平台简介

NodeComfy 项目巧妙地将 JavaScript（以及 Node.js 生态）与 ComfyUI 的优势相结合，旨在打造一个对 JavaScript 开发者友好的环境，使得开发者能够利用自己熟悉的编程语言和技术栈，轻松实现复杂的 AI 应用。通过 NodeComfy，JavaScript 开发者可以更加灵活地利用 ComfyUI 提供的 AGI 能力，将设计思路快速转化为可执行的代码逻辑，实现图片处理、数据分析、自动化工作流等多种应用场景，极大地拓展了 AI 编程的边界和可能性。

NodeComfy 不仅降低了学习门槛（无须额外学习 Python 等语言），同时也方便 ComfyUI 使用者将任何工作流更好地转为 API 调用，提高了开发效率，使开发者能够更加专注于业务逻辑和 AI 应用的创新，而非编程语言的转换。

NodeComfy 对于程序员来说有以下优点。

- 全面的开发者支持。NodeComfy 不只是一套 SDK，更是一个综合性的开发平台。它配备了详尽的在线开发者文档，覆盖了所有函数的详细信息，包括名称、参数、返回值、取值范围及合法性要求等，极大地降低了学习成本。此外，通过使用 VS Code 侧边栏插件，开发者可以更方便地查询文档，提升开发效率。
- 无缝的云端开发体验。平台内置了在线 GPU 资源，使得开发者在编写完代码后能够立即运行，无须担心本地硬件限制、环境配置或兼容性问题。这种开箱即用的体验，让开发者能够专注于业务逻辑的实现，而非被技术细节所困扰。
- 丰富的工具与库资源。NodeComfy 提供了多种版本的 Library 和工具，旨在加速开发流程。例如，在线代码生成工具能够将复杂的工作流直接转换为代码，显著减少手动编码的时间。同时，UI 绑定工具让开发者能够通过简单的鼠标单击操作快速生成用户界面，并轻松分享给团队成员或用户进行体验，极大地提升了开发效率和用户体验的迭代速度。
- 专业的技术支持团队。平台背后有专业的技术团队作为支撑，能够在开发者遇到问题时提供及时、专业的帮助。这种全方位的技术支持，让开发者在开发过程中更加安心，能够更快地解决遇到的问题，推动项目顺利进行。

NodeComfy 的网站地址为 https://nodecomfy.com/，该网站有 3 个页面，即工作流、交流区及在线 ComfyUI，分别如图 14-1 至图 14-3 所示。

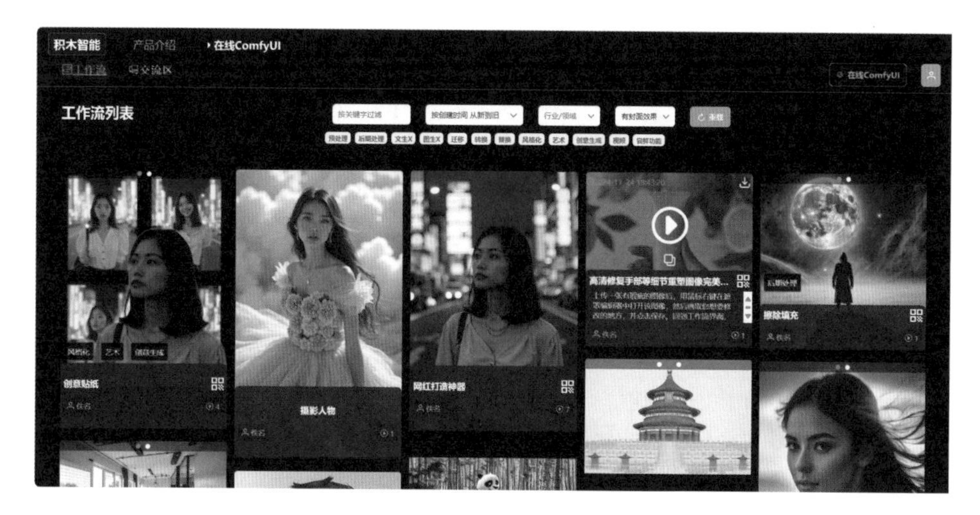

图 14-1 NodeComfy 首页

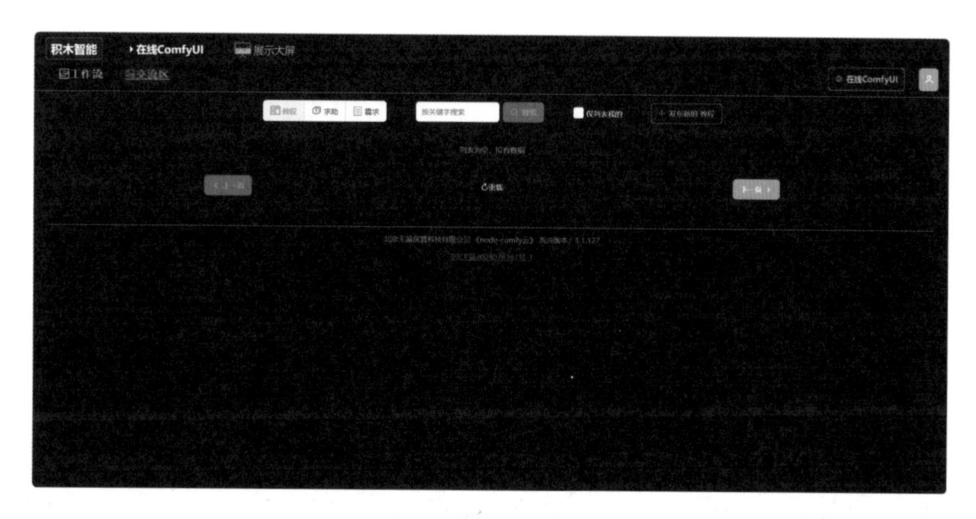

图 14-2 NodeComfy 交流区

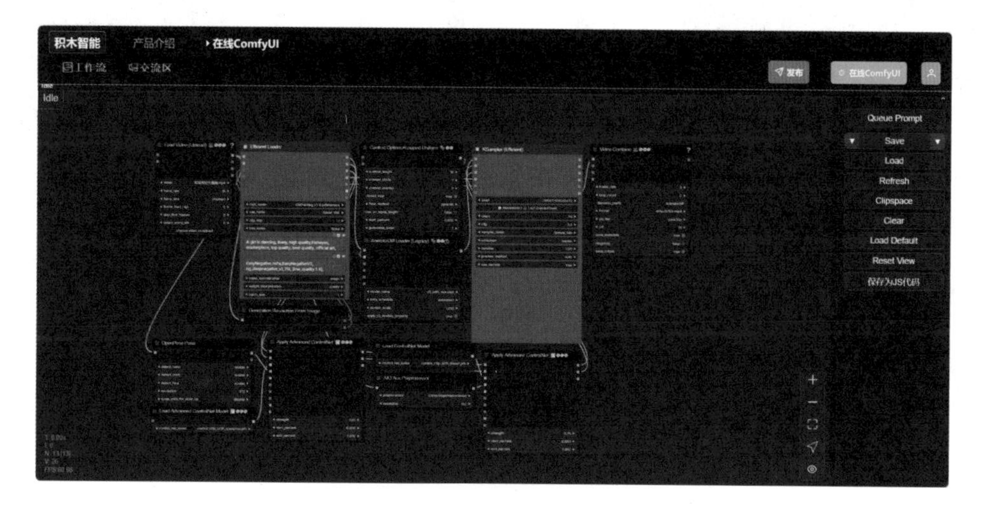

图 14-3 在线 ComfyUI

14.3 NodeComfy 平台工具的使用

NodeComfy 网站平台上有许多实用的工具，包括将 ComfyUI 工作流转换为 JavaScript 代码、在线 ComfyUI、NodeComfy API 文档、ComfyUI 常用工作流区和交流区。接下来具体介绍。

1．将 ComfyUI 工作流转换为 JavaScript 代码

打开 NodeComfy 网站后，将进入图 14-1 所示的工作流页面，单击右上角的“在线 ComfyUI”按钮，会弹出 3 个选项，分别为导入工作流、新建工作流及创建空白工作流。用户可在此上传并使用自己的工作流。导入工作流后，进入在线 ComfyUI 页面。此时，单击图 14-3 右侧所示的“保存为 JS 代码”按钮，即可将上传的 ComfyUI 工作流文件（json 文件）转化为 JavaScript 代码。

2．在线 ComfyUI

单击图 14-1 所示的 NodeComfy 工作流页面的任意一个工作流或单击该项目页面右上角的在线 ComfyUI 按钮，即可跳转到在线 ComfyUI 页面，如图 14-3 所示。

3．ComfyUI 常用工作流

打开 NodeComfy 网站，即可进入工作流列表页面，在此页面中展示了许多常用的工作流。单击任意一个工作流，将会弹出两个选择，分别为使用在线 ComfyUI 打开和使用在线 APP 打开，如图 14-4 所示。单击使用在线 ComfyUI，即可进入如图 14-3 所示的在线 ComfyUI 页面；单击使用在线 APP 打开，即可进入在线 APP 页面，如图 14-5 所示。

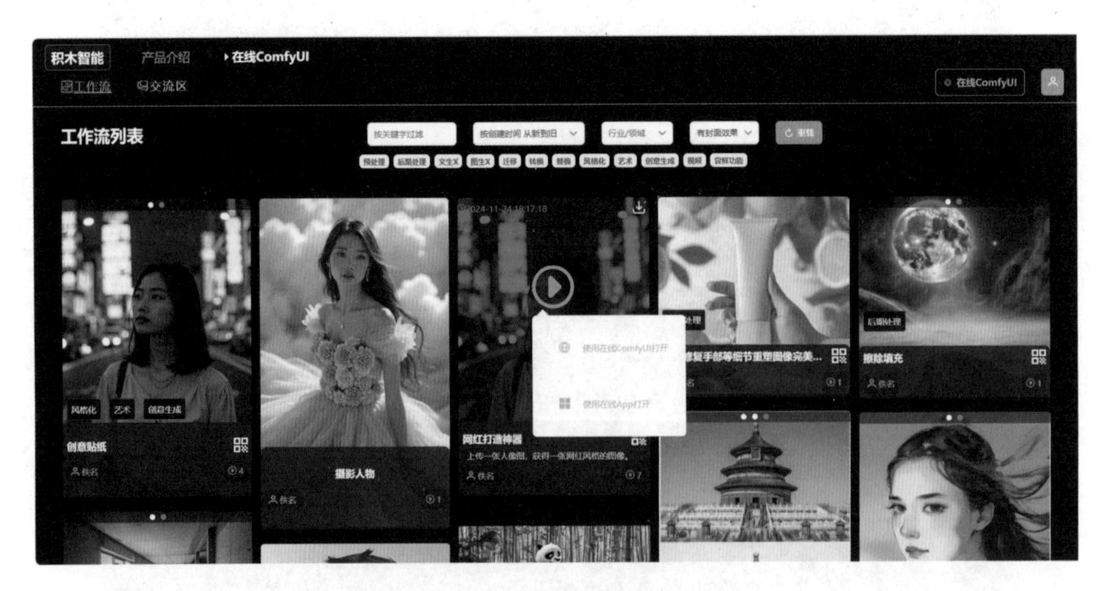

图 14-4　两种打开工作流的方式

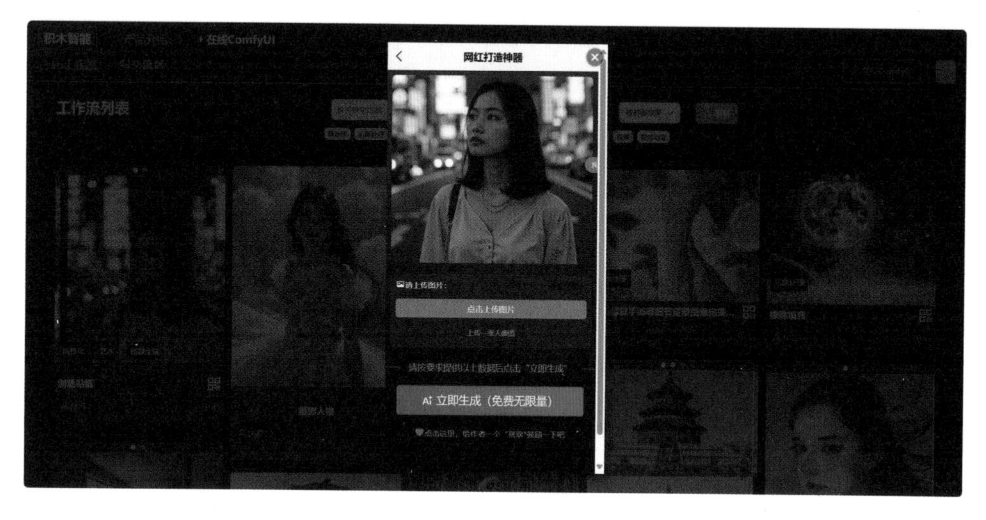

图 14-5 在线 APP 页面

14.4 NodeComf 文生图实战案例

本节我们以一个文生图代码为例快速入门 NodeComfy。

NodeComfy 将 ComfyUI 的各节点以函数的形式装进了 node-ai/nodecomfy-web 库中。所以调用一个节点的方法与调用函数一样，我们只需要根据函数的参数要求，将合适的值传入，并取该函数的返回值，即可完成调用。这里函数的参数是一个 Object，里面的成员的名称就是节点的 Input 引脚的名称。而返回值就是节点的 Output 引脚的内容。示例代码如下：

```
1  const ckpt = pipeline.CheckpointLoaderSimple({
2          ckpt_name: "majicmixrealistic-v7.safetensors"
    });

3  const vae = pipeline.VAEDecode({
4          samples: sampler.latent,
5          vae: ckpt.vae,
    });
```

上面是一段调用加载模型节点并使用该节点的输出代码，在这段代码中，pipeline.CheckpointLoaderSimple 表示调用 ComfyUI 工作流的 CheckpointLoaderSimple 节点（不论该节点是 ComfyUI 内置的还是用户自己安装的插件，均可按名称调用）；然后向该节点传入变量 ckpt_name，表示设置该节点需要加载的模型的名称（字符串）；最后将函数的返回值（节点的输出）赋给变量 ckpt，以供其他节点使用，即随后的第 5 行调用 ckpt 的输出 vae，将其输入节点 VAE Decode。这个代码的编写过程，和在 ComfyUI 用可视化的方式进行创建节点、修改节点属性值、连线节点等这些操作极其相似，这里仅是用代码写了出来。注意，所有函数的名称、参数对象及各值类型、返回值类型等，均在 nodecomfy.com 网站里可查。

接下来我们开始制作一个完整的文生图工作流。

（1）导入 NodeComfy 库并创建一个文生图实例（函数）。

```
import NodeComfy from '@node-ai/nodecomfy-web'
async function runExample() {
}
```

（2）向函数里添加密钥，即向 userToken 键值对里添加一个 Access Token。Access Token 每个账户仅有一个，可以单击 NodeComfy 网站右上角的用户图标，然后单击用户资料菜单，最后在许可证一页中获取 Access Token。

```
const nc = new NodeComfy({ userToken:'' , WebSocket });
```

（3）主动检测一下配置，返回 true 表示成功（一般情况下只要网络没问题，都不会失败）。

```
    let r = await nc.checkConfigs();
    console.log('checkConfigs', r);
```

（4）从这一步开始构建文生图工作流。

```
    const pipeline = nc.getPipeline();
    // 当使用同一个 pipeline 多次调用时，记得先清空之前的内容
    // pipeline.clear();
```

（5）加载模型，注意底模（大模型），请根据实际存在的模型来设置。

```
const ckpt = pipeline.CheckpointLoaderSimple({
        ckpt_name: "majicmixrealistic-v7.safetensors"
    });
```

（6）设置生成图片的宽高与数量。

```
const latent = pipeline.EmptyLatentImage({
        width: 512, height: 512,           // 生成图的分辨率
        batch_size: 1                      // 只生成一张
    });
```

（7）设置正向和反向提示词。

```
const positive = pipeline.CLIPTextEncode({
        text: 'beautiful scenery nature glass bottle landscape, purple
galaxy bottle',                            // 正向提示词
        clip: ckpt.clip
    });

const negative = pipeline.CLIPTextEncode({
        // 反向提示词
        text: 'worst quality, low quality, text, watermark',
        clip: ckpt.clip
    });
```

（8）设置采样器参数。

```
const sampler = pipeline.KSampler({
        model: ckpt.model,
        positive: positive.conditioning,
        negative: negative.conditioning,
        latent_image: latent.latent,
        // 采样器、步数等
        sampler_name: "euler",
        scheduler: "normal",
        seed: parseInt(0xFFFFFF * Math.random()),
        steps: 25
    });
```

（9）将画好的图片解码并保存。

```
const vae = pipeline.VAEDecode({
    samples: sampler.latent,
    vae: ckpt.vae,
});

pipeline.SaveImage({
    images: vae.image,
    filename_prefix: "MyGen",
});
```

至此，工作流便构建完毕，接下来，我们使用 NodeComfy 官方提供的浏览器版 SDK 将该工作流提交，并等待其运行和返回结果。关于 NodeComfy 的浏览器版 SDK 的使用，请参考网站上的完整教程。这里仅展示调用的核心过程。

submit 函数的返回值是一个数据包，里面包含有所有工作流相关的返回数据。其中我们最关心的就是生成的图片 / 视频等（数组），通过 resultsToUrl 函数，就可以将这个数组转换成在互联网上可以直接访问的 URL 数组，从而方便通过浏览器查看结果。

```
1  r = await nc.submit(null, { livePreview: true });

2  console.log(r);
3  console.log(nc.resultsToUrl(r));}
```

完整的 JavaScript 工作流代码如下：

```
import NodeComfy from '@node-ai/nodecomfy-web'

async function runExample() {
    const nc = new NodeComfy({ userToken: '', WebSocket });

    let r = await nc.checkConfigs();
    console.log('checkConfigs', r);

    const pipeline = nc.getPipeline();
```

```
    // pipeline.clear();

    const ckpt = pipeline.CheckpointLoaderSimple({
        ckpt_name: "majicmixrealistic-v7.safetensors"
    });

    const latent = pipeline.EmptyLatentImage({
        width: 512, height: 512,
        batch_size: 1
    });

    const positive = pipeline.CLIPTextEncode({
        text: 'beautiful scenery nature glass bottle landscape, purple
gala xy bottle',
        clip: ckpt.clip
    });

    const negative = pipeline.CLIPTextEncode({
        text: 'worst quality, low quality, text, watermark',
        clip: ckpt.clip
    });

    const sampler = pipeline.KSampler({
        model: ckpt.model,
        positive: positive.conditioning,
        negative: negative.conditioning,
        latent_image: latent.latent,

        sampler_name: "euler",
        scheduler: "normal",
        seed: parseInt(0xFFFFFF * Math.random()),
        steps: 25
    });

    const vae = pipeline.VAEDecode({
        samples: sampler.latent,
        vae: ckpt.vae,
    });

    pipeline.SaveImage({
        images: vae.image,

        filename_prefix: "MyGen",
    });

    r = await nc.submit(null, { livePreview: true });

    console.log(r);
    console.log(nc.resultsToUrl(r));
}
```